EXPOSITION UNIVERSELLE INTERNATIONALE

de BRUXELLES (1910)

Groupe VII. — Classe 41

Produits Agricoles non Alimentaires

RAPPORT

DE LA

SECTION FRANÇAISE

PAR

M. F. BOUSQUET

DOCTEUR EN MÉDECINE, PHARMACIEN DE PREMIÈRE CLASSE

LICENCIÉ ÉS-SCIENCES.

LONS-LE-SAUNIER

IMPRIMERIE ET LITHOGRAPHIE LUCIEN DECLUME

1912

Exposition Universelle internationale de Bruxelles (1910)

RAPPORT

DE LA

SECTION FRANÇAISE

EXPOSITION UNIVERSELLE INTERNATIONALE
de BRUXELLES (1910)

Groupe VII. — Classe 41. 53. 54

Produits Agricoles non Alimentaires

RAPPORT

DE LA

SECTION FRANÇAISE

PAR

M. F. BOUSQUET

DOCTEUR EN MÉDECINE, PHARMACIEN DE PREMIÈRE CLASSE

LICENCIÉ ÈS-SCIENCES.

LONS-LE-SAUNIER

IMPRIMERIE ET LITHOGRAPHIE LUCIEN DECLUME

1912

INTRODUCTION.

La Classe 41 qui, après l'Exposition de 1900, avait toujours été réunie à la Classe 54 (engins, instruments et produits des cueillettes) s'est trouvée de nouveau avoir à l'Exposition de Bruxelles son autonomie. Rappelons qu'elle comprend, d'après la nomenclature officielle de 1900 :

Plantes textiles : coton ; lin et chanvre en gerbes, en graines et en filasse ; ramie ; phormium tenax ; fibres végétales diverses.

Plantes oléagineuses en tiges et en graines.

Graisses et huiles non comestibles.

Plantes à tannin.

Plantes tinctoriales, médicinales, pharmaceutiques.

Tabacs en tiges, en feuilles et graines de tabac (1).

Houblon. Cardères, etc.

Plantes et graines des prairies naturelles et artificielles.

Laines brutes, lavées ou non lavées.

Crins et soies d'animaux domestiques.

Plumes, duvets, poils, etc.

C'est donc en réalité une classe de matières premières, celles-ci d'une très grande diversité et touchant à un grand nombre d'industries. Aussi, l'on conçoit que, d'une part, les industriels exposant dans diverses autres classes y aient présenté les substances qui sont la base de leurs fabrications et que, d'autre part, les exposants de la classe 41 aient montré, à côté des produits végétaux et animaux qu'ils utilisent, les transformations qu'ils leur font subir et leur forme commerciale définitive. Il se dégage d'une telle manière de procéder, un enseignement pro-

(1) Pour mémoire, rattaché à la classe des Manufactures de Tabac.

fitable pour les visiteurs, et par là même un élément de succès pour l'Exposition.

La nomenclature précédente déterminera la division en chapitres du présent travail ; certains de ceux-ci se trouveront écourtés par suite de l'abstention des catégories d'exposants correspondantes, qui étaient représentés dans les manifestations internationales antérieures.

Un chapitre spécial sera consacré à l'Exposition organisée par la Chambre de Commerce de Bayonne, synthétisant les productions de la région landaise et pyrénéenne, et ressortissant à de nombreuses classes.

D'une manière générale, les exposants français de la Classe 41 étaient groupés à Bruxelles dans le Pavillon de l'Agriculture Française, édifié dans une partie très fréquentée de l'Exposition.

Cependant, nos compatriotes algériens, qui avaient fait un effort considérable dans toutes les classes de l'Exposition, démontrant supérieurement la prospérité et l'avenir de notre belle colonie, étaient réunis non loin de là dans leur pavillon, situé dans l'emplacement réservé aux colonies françaises.

Un grand nombre des productions ressortissant à la Classe 41, particulièrement les plantes industrielles, donnent lieu à des mouvements importants d'échanges avec l'étranger ; d'autre part, leur culture ou leur récolte sont localisées à certaines régions Il nous a donc semblé intéressant de donner quelques indications statistiques sur le commerce dont ils sont l'objet ; nous avons utilisé à cet effet, certains documents publiés par l'Office de Renseignements Agricoles de la Direction de l'Agriculture, notamment la Notice sur le Commerce des Produits agricoles (dont la dernière édition remonte à 1906) et la Statistique Agricole Annuelle (1909).

Ces deux sources de documents présentent malheureusement des lacunes : en ce qui concerne les exportations et importations, tout d'abord, les statistiques sont dressées par l'Administration des Douanes, qui utilise à cet effet les acquits, où la Nomenclature du tarif est littéralement suivie, nomenclature trop étroite dans un grand nombre de cas pour l'objet qui nous occupe. D'autre part, la Notice sur le Commerce des Produits

Agricoles, dressée par les professeurs départementaux d'agriculture pour leurs départements respectifs, n'a pas été faite par eux sur un plan uniforme et, alors que les renseignements abondent pour un certain nombre, il est impossible pour d'autres d'en tirer les indications intéressantes à notre point de vue : c'est ainsi, pour citer un exemple, que pour les départements de l'Oise, de Maine-et-Loire et de Seine-et-Oise, aucune indication n'est donnée de la culture des plantes médicinales, alors que, précisément, elle y a quelques-uns de ses centres principaux.

Avant de commencer l'examen particulier de chacune des catégories de productions ressortissant à la Classe 41, nous donnerons ici quelques chiffres relatifs à la Belgique les concernant, et dont le rapprochement avec ceux cités plus loin pour la France donnera un aperçu des échanges entre les deux pays.

Tout d'abord, voici, pour les principales, la surface cultivée et la production obtenue en 1909 par la Belgique :

	Surface cultivée	Production
Houblon	1.913 hectares	17.513 quintaux.
Lin	15.906 —	? —
Colza (graines)	627 —	12.228 —

Pendant la même année, le mouvement des échanges avec l'étranger a été le suivant :

	IMPORTATIONS		EXPORTATIONS	
	Quantités kgrs	Valeurs frs	Quantités kgrs	Valeurs frs
Laines	59.593.888	178.781.664	18.439.509	90.353.594
Graisses animales autres que de poissons et saindoux	33.737.570	31.038.565	38.960.058	35.843.253
Coton	66.907.780	93.669.492	»	»
Lin (Graine et filasse)	174.680.878	83.288.253	60.076.167	96.121.867
Chanvre —	18.835.583	14.375.706	7.545.174	8.299.621
Ecorce à tan	10.413.937	833.115	11.320.005	905.600
Houblon	3.007.353	6.831.421	1.137.766	2.605.484

Exposition Universelle Internationale de Bruxelles (1910).

COMITÉS D'ADMISSION ET D'INSTALLATION.

Groupe VII. — Agriculture.

Président.........	M. VIGER, Sénateur.
Vice-Président	M. NOULENS, Député.
Secrétaire-général.	M. VACHER, Marcel, ancien Député.
Délégué du - Commissaire général.	M. MARTEL, É.

Classe 41. — Produits agricoles non alimentaires.

Président.........	M. DABAT.
Vice-Président....	M. COUTURIEUX, Ch.
Secrétaire........	M. RACAGEL, Paul.
Trésorier........ ..	M. GRELLOU.

JURY SUPÉRIEUR INTERNATIONAL

Président d'Honneur :

M. HUBERT, Ministre de l'Industrie et du Travail.

Président :

M. BERNARD, Ministre d'Etat, Président de la Commission Supérieure de Patronage.

Vice-Présidents :

MM.

VIGER, Sénateur, ancien ministre (France).
Dr RICHTER (Allemagne).

Sir Cecil HERTSLET (Angleterre).
Don Prospero COLONNA, Prince de Sonnino (Italie).
Jonkheer van de POLL (Pays-Bas).
Le baron JANSSEN (Belgique).

Rapporteur général :

M. J. GODY, Commissaire général adjoint du Gouvernement belge à l'Exposition de Bruxelles.

Secrétaire :

M. MAVANT, Rapporteur général du Gouvernement.

Membres :

Allemagne.

MM.

Le Dr RICHTER, Sous-secrétaire d'Etat à l'Office Impérial de l'Intérieur, à Berlin.

Von BARY, à Anvers.

Dr Von BUTTINGER, Conseiller Intime du Gouvernement.

MATTHIAS, Conseiller Intime Supérieur.

Angleterre.

Sir Cecil HERTSLET, Consul général d'Angleterre, à Anvers.

Sir Albert SPICER, membre de la Commission britannique.

Sir Boverton REDWOOD, membre de la Commission britannique.

Belgique.

MM.

Le baron ANCION, Sénateur.

L. LAMBERT, membre du Conseil supérieur de l'Industrie et du Commerce.

Ch. MORISSEAUX, directeur général au Ministère de l'Industrie et du Travail.

A. VERCRUYSSE, Sénateur.

Brésil.

M. Carlos PEREIRA DE LYRA, Député.

Chine.

M. TANG-TSAI-FOU, chargé d'affaires de Chine à La Haye.

Espagne.

M. Muntados LUIS, président du Fomento du Travail national.

Etats-Unis.

M. Lewis S. WARE, président de la Section des Etats-Unis d'Amérique à l'Exposition.

France.

MM.

VIGER, Sénateur, ancien ministre.

Emile DUPONT, Sénateur, président du Comité Français des Expositions à l'étranger.

PICARD, président du Comité d'Organisation de la Section Française à l'Exposition.

Ferdinand DREYFUS, Sénateur.

Italie.

MM.

Don Prospero COLONNA, Prince de Sonnino, Sénateur, président du Comité National Italien pour les Expositions à l'étranger.

Mario ORLANDI, Secrétaire général du Comité National Italien pour les Expositions à l'étranger.

Japon.

M. MATSUDA, Secrétaire de la Légation Impériale du Japon.

Pays-Bas.

MM.

Le Jonkheer C.H.F. Van de POLL, ancien président de la Société industrielle des Pays-Bas.

Baron de WASSENAAR DE ROSANDE, membre de la Première Chambre des Etats-Généraux.

Perse.

M. Louis CŒTERMANS, Consul général de Perse à Anvers.

Turquie.

M. Diran Bey NORADOUNGHIAN, premier Secrétaire d'Ambassade.

MEMBRES DU JURY (France).

Jurés titulaires :

MM. DABAT, Léon, Directeur de l'Hydraulique au Ministère de l'Agriculture, Officier de la Légion d'Honneur, Paris.
ARTUS, négociant en huiles et graisses animales, à Paris.
GODARD, directeur de l'Ecole d'Agriculture, Philippeville (Algérie).
EMDEN, Louis, administrateur de la Brasserie « La Comète », à Paris.

Jurés suppléants :

MM. THIERCELIN, négociant en Safrans, à Pithiviers (Loiret).
COUTURIEUX, Charles, pharmacien-chimiste, ancien chef de Laboratoire des Hôpitaux de Paris, Chevalier de la Légion d'Honneur, à Paris.

Expert :

M. BOUSQUET, Fernand, docteur en médecine, pharmacien de 1re classe, licencié ès-sciences, à Paris.

RÉCOMPENSES DÉCERNÉES AUX EXPOSANTS.

Exposants hors concours, comme membres du Jury, Experts.... 8
Grand prix.. 13
Rappel de grand prix 5
Diplôme d'honneur.. 23
Médaille d'or.. 51
— d'argent... 67
— de bronze 27
Mention honorable 11

Plantes textiles : coton, lin et chanvre en gerbes, en graines et en filasse ; *ramie, phormium tenax* ; fibres végétales diverses.

Sauf le chanvre et le lin, les plantes textiles sont presque toutes d'origine exotique ; seule, l'Algérie produit en abondance la ramie, l'alfa, le crin végétal, et de grands efforts sont faits par ses colons pour développer la culture du coton, qui donne déjà des résultats appréciables. Le lin intéresse aussi la Classe 41 à d'autres titres, puisqu'il fournit une huile non comestible, très siccative, utilisée pour la peinture et pour la fabrication des soudes dites *en* gomme, et que la graine a un large emploi en médecine, soit en nature comme laxatif mucilagineux, soit réduite à l'état de farine pour la préparation des cataplasmes émollients.

Le fruit du chanvre (chenevis) fournit d'ailleurs aussi une huile susceptible de certaines applications industrielles ; la graine broyée est également la base du pain de chenevis, amorce très employée pour la pêche.

Voici, pour les textiles proprement dits, les chiffres d'importations et d'exportations pour 1907, 1908, 1909 ; on trouvera plus loin, au chapitre des graines oléagineuses, ce qui concerne la graine de lin et de chènevis.

1° **IMPORTATIONS.**

Fruits, tiges et filaments à ouvrer.

MARCHANDISES ET PROVENANCES			Unités	QUANTITÉS			VALEURS		
				1909	1908	1907	1909	1908	1907
Lin	Brut	Belgique	Q. M.	1.292	1.457	1.061			
		Russie	—	520	1.602	5.870			
		Autres pays	—	4	3	281			
	Totaux			1.816	3.062	7.212	27.240	48.992	115.338
	Teillé	Belgique	—	51.911	54.181	44.882			
		Russie	—	748.342	884.367	764.984			
		Autres pays	—	7.365	6.813	9.519			
	Totaux			807.618	945.361	819.385	74.300.856	72.792.797	77.022.184
	Peigné		—	1.334	707	774	173.420	81.305	93.053
	Étoupes		—	103.236	105.484	87.030	6.710.340	6.329.040	5.656.963
Chanvre	En tiges		—	3.042	807	14	60.840	16.140	284
	Broyé ou teillé	Allemagne	—	8.508	15.952	23.611			
		Angleterre	—	44.975	41.606	73.316			
		Russie	—	44.352	51.097	37.612			
		Italie	—	120.562	90.256	101.813			
		Autres pays	—	39.209	39.693	49.685			
	Totaux			257.606	238.604	286.037	19.062.844	17.895.300	22.596.958
	Peigné	Italie	—	2.209	2.314	6.600			
		Autres pays	—	70	18	301			
	Totaux			2.279	2.332	6.901	414.081	338.140	1.118.035
		Italie	—	20.354	21.717	27.520			
		Autres pays	—	17.390	16.673	28.183			
	Totaux			37.744	38.390	47.703	2.679.824	2.802.470	3.720.825
Jute	Brut, en brins, teillé, tordu et étoupes	Angleterre	—	167.824	197.232	396.506			
		Indes angl	—	837.427	719.632	753.793			
		Autres pays	—	10.062	6.395	9.708			
	Totaux			1.015.313	923.259	1.159.007	45.689.085	46.162.950	69.540.422
Ramie en tiges ou teillée			—	14.953	17.335	15.248	1.094.475	1.126.775	1.219.868
Phornium tenax, abaca et végétaux filamenteux non dénommés, bruts, teillés ou en étoupes			—	217.429	253.826	219.833	9.867.690	11.913.285	11.262.751
Joncs, roseaux bruts et sparte			—	75.494	105.852	109.880	3.282.608	4.205.205	4.066.556
Fibres de coco, chiendent, piassava et iztle			—	78.371	77.242	72.088	7.837.100	7.724.200	7.208.799
Osier brut ou écorcé			—	1.180	1.407	2.116	70.800	84.420	130.576
Paille ou laine de bois			1.000 kg.	1.073	844	837	25.050	34.800	18.450

2° EXPORTATIONS.

MARCHANDISES ET PROVENANCES			Unités.	QUANTITÉS			VALEURS		
				1909	1908	1907	1909	1908	1907
Lin	Brut	Belgique	Q M.	542.994	521.341	630.890			
		Autres pays..	—	163	933	234			
	Totaux			543 157	522.274	631.124	8.147.355	7.834.110	10.097.984
	Teillé	Angleterre...	—	3.263	1.112	1.620			
		Belgique	—	12.758	13.834	15.843			
		Autres pays..	—	2.251	664	1.604			
	Totaux			18.272	15.610	19.067	2.558.080	1.951.250	2.478.710
	Peigné		—	2.525	1.145	1.641	631.250	229.000	328.200
	Etoupes		—	80 713	41.110	59.442	6.457.040	3.083.250	4.755.360
Chanvre	Broyé ou teillé	Angleterre...	—	887	456	551			
		Belgique	—	1.434	623	1.232			
		Allemagne...	—	—	—	292			
		Autres pays..	—	1.705	997	471			
	Totaux			4.026	2.076	2.546	342.210	186.840	241.870
	Etoupes		—	9.592	13.277	4.878	671.440	995.775	380.484
	Peigné		—	276	108	195	37.260	15 660	31.200
Jute brut en brins, teillé, tordu et étoupes			—	10.860	32.369	17.465	543.000	1.780.295	1.135.225
Ramie	en tige ou teillée ...		—	1.252	1.997	977	100.160	139.790	83.045
	peignée		—	2.895	1.266	1.027	1.172.475	493.740	410.800
Phornium tenax, abaca et végétaux filamenteux non dénommés bruts, teillés ou en étoupes			—	30.428	30.711	37.428	1.217.120	1.228.440	1.871.400
Joncs, roseaux bruts et sparte			—	7.818	7.291	5.157	469.080	437.460	309.420
Osier brut ou écorcé			—	13.887	10.891	14.369	833.220	653.460	862.140
Paille ou laine de bois			1.000 kg.	269	210	139	40.350	31.500	20.850

La comparaison de ces chiffres donne, en résumé :

	VALEURS			Taux d'accroissement.	
	1907	1908	1909	1907-08	1908-09
Aux importations	203.752.612	171.521.019	171.271.203	— 15,8	— 0,1
Aux exportations	22.985.838	19.029.070	23.179.690	— 17,2	— 21,8
Excédents des importations	180.766.774	152.491.949	148.091.513		

On voit que, plus particulièrement pour le lin et le chanvre, les mouvements d'échange avec la Belgique sont très actifs.

Le lin est cultivé dans un grand nombre de départements, mais avec une grande prédominance dans ceux du Nord. Cette culture se trouve en progression dans l'Aisne (390 hectares, produisant brut de 800 à 1200 francs à l'hectare), la Haute-Marne (10 à 15.000 quintaux de tiges vendues annuellement en Belgique), le Nord (3.590 hectares, donnant 26.000 quintaux de filasse et 19.700 de graine), le Pas-de-Calais (2.090 hectares cultivés, 18.800 quintaux de filasse et autant de graine), la Seine-Inférieure (3.630 hectares, donnant 7 à 8.000 kgr. à l'hectare de lins de tête achetés par l'exportation, les autres qualités filées dans le département, au total, 23.600 quintaux de filasse et 18.900 de graine).

On constate par contre une diminution dans les Côtes-du-Nord (4.030 hectares, produisant 25.000 kgr. de filasse et 16.000 de graine), dans le Lot-et-Garonne, la Haute-Savoie, le Tarn-et-Garonne (200 hectares), où les cultivateurs récoltent seulement la filasse utile aux besoins du ménage, la Vendée (870 hectares, produisant 4.260 quintaux de filasse et 4.000 de graine).

Citons encore le Finistère 680 hectares, 4.400 quintaux de filasse et 4.600 de graine), l'Ille-et-Vilaine (450 hectares, 3.200 quintaux de filasse et 2.610 de graine), la Loire-Inférieure (650 hectares, 4.550 quintaux de filasse et 1.950 de graine) et la Somme (760 hectares, 5.240 quintaux de filasse et 3.950 de graine).

Il est à remarquer que la filasse des Côtes-du-Nord est expédiée à Lille et Roubaix, tandis que les filasses du Nord, du Pas-de-Calais et de la Seine-Inférieure sont en majeure partie exportées en Belgique et rouies aux environs de Cambrai. Les graines qui ne sont pas exportées en même temps servent à l'extraction de l'huile, et les tourteaux employés à la nourriture des animaux.

Le chanvre a des habitats voisins de ceux du lin. Sa culture est presque partout en décroissance, malgré l'attrait des primes qui lui sont accordées ; les principaux départements producteurs sont :

L'Ain (380 hectares, donnant 2.960 quintaux de fibre et 3.990 de graine), la Corrèze (630 hectares, 5.980 quintaux de fibre et 3.150 de graine), les Côtes-du-Nord (350 hectares, produisant 2.450 quintaux de filasse, utilisée sur place pour la plus grand e partie), la Creuse (540 hectares, 3.240 quintaux de filasse, 2.160 de graine), l'Indre-et-Loire (480 hectares, produisant 5.000 quintaux de filasse et 2.880 de graine), l'Ille-et-Vilaine (400 hectares, 3.100 quintaux de filasse, 1.700 de graine), la Loire-Inférieure (400 hectares, donnant 4.800 quintaux de filasse, dont 1.860 quintaux pour le canton de Mauves), le Maine-et-Loire (1.340 hectares, produisant 12.000 quintaux de filasse et 6.700 de graine), le Morbihan (1.810 hectares, donnant 18.100 quintaux de filasse et 9.000 de graine), la Sarthe (4.530 hecta-res, 49.830 quintaux de filasse, 22.650 de graine), la Vendée (90 hectares, donnant 850 quintaux de filasse et 750 de graine, en partie consommés sur place, l'autre partie expédiée dans d'autres régions de la France), la Vienne (290 hectares, donnant 3.200 quintaux de filasse et 1.700 quintaux de graine), enfin la Hte-Vienne (600 hectares, 4.300 quintaux de filasse, 2.400 de graine). Les autres départements ne produisent guère que pour la consommation locale (1).

Le coton et la ramie ne sont pas des productions de la mé-tropole, non que ces arbres ne puissent s'y acclimater, mais en raison du rendement peu lucratif relativement aux cours impo-sés par la production plus facile des colonies et des pays exo-tiques ; c'est pourquoi les essais qui avaient été faits, dans le Vaucluse notamment, à la suite de la ruine de la culture de la garance, ont dû être abandonnés.

En Algérie, au contraire, la culture de la ramie a pris un cer-tain développement et, si, tout d'abord, par suite des difficultés rencontrées pour le décortiquage et le dégommage, son essor n'a pas répondu aux espérances, les qualités spéciales de lon-gueur, de résistance et de brillant de ses fibres lui ont donné une place marquée dans la fabrication des étoffes d'ameuble-ment, du linge damassé, des batistes, etc. Quant à la culture du coton, elle s'est déjà suffisamment développée pour donner les

(1) Les chiffres cités, tant pour le lin que pour le chanvre, se rapportent à l'année 1909.

plus grandes espérances, à mesure que les colons acquièrent plus d'expérience, tant en ce qui concerne les méthodes de culture que les variétés les plus propres à donner sur leurs terrains les meilleurs rendements.

La production moyenne des dix dernières années en chanvre et en lin est exposée dans le tableau suivant, d'où l'on peut tirer les conclusions suivantes : la surface ensemencée en chanvre a diminué de près de moitié tandis que le rendement s'améliorait considérablement ; les espaces cultivés en lin, au contraire, tendent plutôt à augmenter, tandis que leur rendement subit une dépression.

Production de la France de 1900 à 1909.

ANNÉES	CHANVRE									LIN								
	Surfaces	Production totale en filasse	Quantité totale de graine récoltée	Production moyenne par hectare		VALEUR TOTALE		Valeur moyenne du quintal		Surfaces	Production totale en filasse	Quantité totale de graine récoltée	Production moyenne par hectare		VALEUR TOTALE		Valeur moyenne du quintal	
				en filasse	en graine	en filasse	en graine	en filasse	en graine				en filasse	en graine	en filasse	en graine	en filasse	en graine
	hect.	Quintaux	Quintaux	Quint.	Quint.	francs	francs	francs	francs	hect.	Quintaux	Quintaux	Quint.	Quint.	francs	francs	francs	francs
1900	26.790	185.120	85.990	6,91	4,32	18.157.730	2.303.400	98,08	26,78	21.260	194.160	125.150	9,14	5,89	14.404.400	3.582.480	74,19	28,62
1901	25.760	200.000	79.770	7,76	3,23	14.067.830	2.369.560	70,33	29,70	25.132	248.040	155.200	10,02	6,19	16.123.360	4.734.910	65,04	30,50
1902	21.374	153.620	49.190	7,18	2,35	11.559.000	1.551.670	75,22	31,54	21.996	179.730	114.260	8,17	5,19	15.984.240	3.109.730	88,93	27,21
1903	22.672	180.600	91.460	7,96	4,12	11.752.580	2.834.720	65,07	30,99	23.640	197.710	138.260	8,36	5,85	20.303.840	3.214.580	102,69	23,24
1904	20.784	159.260	95.640	7,66	4,60	13.146.840	2.885.350	82,54	30,16	26.882	237.890	154.380	8,84	5,74	25.141.000	3.688.700	105,68	23,89
1905	19.141	166.340	88.470	8,69	4,62	10.916.990	2.894.140	65,63	32,71	27.113	206.450	146.020	7,61	5,38	22.367.580	3.730.700	108,34	25,54
1906	18.947	123.280	54.420	6,50	2,92	9.368.560	2.033.540	75,99	37,36	27.519	209.150	164.110	7,60	5,97	25.581.610	4.350.700	122,31	26,51
1907	17.266	150.410	70.390	8,71	4,13	11.179.990	2.999.460	74,33	42,61	29.080	236.780	198.650	8,14	6,83	29.221.000	5.512.540	123,41	27,75
1908	15.030	140.240	75.780	9,33	5,12	10.371.710	3.151.150	73,95	41,58	28.570	217.210	183.510	7,60	6,42	24.572.980	4.992.480	113,13	27,20
1909	14.780	136.120	70.750	9,20	4,78	10.669.640	2.626.980	78,90	37,60	20.450	138.320	110.750	6,76	5,42	15.163.240	3.052.700	109,62	27,56
Moyennes décennales	20.254	159.499	76.186	7,87	3,76	12.119.087	2.564.997	75,98	33,67	25.164	206.544	149.029	8,20	5,92	20.886.325	3.996.952	101,12	26,82

Les fibres diverses comprennent l'alfa, le crin végétal, et, aussi, la fibre de bois, pour ne parler que de celles ayant donné lieu à des expositions.

L'alfa est encore une production de l'Algérie, où il occupe des espaces considérables, surtout dans le département d'Oran; traitées comme le lin et le chanvre, ses feuilles peuvent les remplacer avec d'autant plus d'avantage que les produits obtenus résistent facilement à l'action de l'eau. L'alfa a également un débouché considérable en papeterie, où il fournit des papiers très durables, qualité précieuse pour la conservation des imprimés. C'est enfin la base de toute l'industrie de la sparterie.

Le crin végétal est constitué par la fibre du palmier nain, obtenue par un simple peignage mécanique, séchée au soleil puis mise en cordes. Sa couleur naturelle est verte, mais il est souvent teint en noir pour ses usages, qui sont les mêmes que ceux du crin animal, avec l'avantage d'un moindre prix de revient : ameublement, literie, sellerie, carrosserie, etc.

Voici, d'après la Chambre de Commerce d'Alger, les quantités de crin végétal exportées annuellement, avec la part de la Belgique :

Années	Quantités totales exportées en quintaux	Quantités expédiées en Belgique
1903	388.069	56.943
1904	301.436	37.212
1905	437.163	56.064
1906	413.594	54.842
1907	448.403	46.096
1908	451.535	45.996

Quant à la fibre de bois, elle est l'objet d'une industrie prospère; ses applications sont multiples : emballages de toutes sortes de marchandises, arbustes, fleurs et fruits ; litières pour animaux domestiques; clarification des eaux, jus, sirops, mélasses ; rembourrages pour tapisserie et carrosserie; literie économique et hygiénique, hourdis de planchers et placement entre les solives et lambourdes pour amortir le bruit. Ces fibres peuvent être tressées en cordes pour l'emballage de pièces mécaniques, noyaux pour fonderies ; garniture des touries de produits chimiques, des tuyaux de vapeur, des jeunes arbres pour les prévenir de la gelée et de la dévastation du bétail. On les colore pour orner les étalages, etc.

Le sorgho à balai, millet à balais, est cultivé à la fois dans le Midi de la France et en Algérie.

Dans la métropole, il donne lieu à une culture prospère dans l'Ardèche (420 hectares, l'hectare produisant 6.300 quintaux de grains et 3.800 quintaux de paille), la Drôme, le Gard (3.600 hectares, produisant 40.000 quintaux de grains et 47.000 quintaux de paille, transformée sur place en balais), la Haute-Garonne (1.500 hectares donnant 38.000 quintaux de grains et 15.000 quintaux de paille, presque toute travaillée sur place), la Gironde (80 hectares), le Lot-et-Garonne (production totale : 21.146 quintaux, un hectare rapportant en moyenne 500 à 600 francs), le Tarn-et-Garonne (1.300 hectares, donnant 26.000 quintaux de graine et 13.000 quintaux de paille, manufacturée dans le département) le Vaucluse, dont les produits sont plus blancs et plus longs que ceux de Gascogne, et approvisionnent non seulement l'industrie locale, mais aussi les fabricants du Nord et de l'Est (1359 tonnes en 1902) (1).

En Algérie, on le trouve dans les trois départements.

Les mouvements d'échanges pour la paille de millet à balai sont les suivants :

	Quantités en quintaux			Valeur en francs		
	1909	1908	1907	1909	1908	1907
1° Importations	22.105	21.996	26.733	1.105.250	1.099.800	1.336.650
2° Exportations	2.385	1.513	887	119.250	75.650	44.350

HORS-CONCOURS

M. CARRAFANG, Pierre, à Saïda et à Mascara (Oran).

Alfas, Sparterie, Papeterie.

SOCIÉTÉ COOPÉRATIVE COTONNIÈRE de PHILIPPEVILLE.

La Société Coopérative Cotonnière de Philippeville est une des trois sociétés coopératives cotonnières algériennes, créées

(1) Les chiffres cités se rapportent à 1909.

au début de l'année 1908, avec des statuts uniformes dressés par M. Godard, Directeur de l'Ecole d'Agriculture de Philippeville, Président et fondateur de celle de cette dernière ville, de l'amabilité duquel nous tenons les renseignements suivants, dont nous lui exprimons ici toute notre gratitude.

Note sur les Sociétés Coopératives Cotonnières d'Algérie.

Les trois Sociétés coopératives cotonnières algériennes, de Philippeville, Bône et Orléansville sont à proprement parler des Sociétés coopératives de transformation et de vente. Elles ont, en effet, pour but l'égrenage des cotons récoltés par leurs adhérents et la vente des produits, fibres et graines, qui en résultent.

Elles approvisionnent en outre leurs adhérents en graines de choix provenant, soit de leurs récoltes, soit de dons de l'Association Cotonnière Coloniale française.

Après quelques essais faits sur plusieurs variétés à partir de 1904 tant sous l'impulsion de l'Association Cotonnière Coloniale et d'un collaborateur généreux (M. Dufêtre) qu'à l'Ecole d'Agriculture de Philippeville, la culture a été ramenée à deux variétés principales, à peu près exclusivement adoptées ; ce sont : la variété égyptienne Mit Afifi (longue soie) et la variété américaine Mississipi (courte soie). Celle-ci plus précoce, mais de moindre valeur, est surtout cultivée dans les stations où la maturité du Mit Afifi serait incertaine.

La culture n'a pas encore pris, loin de là, toute l'extension dont elle est susceptible.

La Société coopérative cotonnière d'Orléansville cultive environ 100 hectares, représentant de 1200 à 1500 quintaux de coton brut et de 400 à 500 quintaux de coton fibres ; et les Sociétés de Bône et de Philippeville, chacune de 25 à 40 hectares, représentant de 250 à 400 quintaux de coton brut et de 85 à 130 quintaux de coton fibres.

Les cultures de la région d'Orléansville sont pratiquées avec irrigation ; toutes celles de Philippeville et la plus grande partie de celles de Bône, sont faites sans irrigation, celle-ci n'y étant pas indispensable.

Dès leur apparition sur le marché cotonnier, les cotons algériens ont obtenu la faveur des acheteurs, aussi bien en raison de leurs qualités industrielles que du bon état de propreté sous lequel ils sont présentés — conséquence des soins observés pour les cueillettes.

Les cotons de Mit Afifi sont surtout vendus aux filatures de l'Est de la France et les Mississipi à celles de la région de Roubaix. Toutefois, une grande partie de la récolte de Mit Afifi 1909 de la Société d'Orléansville a été vendue à Liverpool, où elle a été bien appréciée.

Les prix réalisés ont varié, nécessairement chaque année avec les cours ; mais il faut noter que, jusqu'ici, ils ont toujours représenté les plus hauts cours du moment.

Le fonctionnement des Sociétés coopératives est celui des Sociétés du même genre. Leurs statuts les autorisent à faire à leurs adhérents des avances sur récoltes livrées à l'usine d'égrenage. Cette faculté a été jusqu'à présent très peu utilisée.

GRANDS PRIX.

AVERSENG, Mme Vve Lucien, El Affroun (Alger).

M. Pierre Averseng, fondateur de la maison, en 1847, est l'inventeur du crin végétal ; dès 1849, il en produisait à Toulouse environ 25 tonnes.

Peu après, il s'installait en Algérie, à Chéragas, et, de là, à El Affroun.

L'usine a aujourd'hui cinq grandes annexes dans le Chéliff et en Kabylie : elle produit 6.000 tonnes et occupe 400 ouvriers. Sa production comprend toutes les qualités, qui sont exportées dans le monde entier.

BORGEAUD, Jules, 12, Boulevard Carnot, à Alger.

Alfa et crin végétal.

BRUNEL, Charles, 19, Boulevard Carnot, à Alger.

Cotons bruts et égrenés, graines de cotons.

DIPLOMES D'HONNEUR.

CHAMBRE DE COMMERCE D'ORAN, *à Oran*.

L'Alfa et ses dérivés.

COMICE AGRICOLE D'ORLÉANSVILLE.

Coton.

GUILLON, Philibert, 18, rue Abel, à Paris.

La maison P. Guillon, spécialement connue à Paris pour ses fournitures en fibres de bois et fourrages d'emballages, exposait ici les échantillons des diverses sortes de fibres au naturel et coloriées, avec des cordes de fibre du diamètre de 5, 10. 15, 20, 25 et 30 mm., ainsi que plusieurs caissettes toutes garnies et contenant de très beaux raisins, fruits et œufs.

Il faut remarquer que M. Guillon, fondateur de sa maison en 1871, a été dès l'année 1886 l'innovateur en France de la fibre de bois, produit qui venait seulement d'être fabriqué en Amérique en petites quantités pour des essais en literie. Il en préconisa l'usage dans les emballages en contribuant par lui-même à l'employer et à la faire connaître dans sa clientèle ; bientôt, des usines s'établirent dans la région parisienne, pour se développer ensuite en France et à l'étranger ; aujourd'hui, cette industrie est très prospère et connue presque universellement ; nous avons vu plus haut de quelles nombreuses applications elle est l'objet.

ROBERT, Paul et Joseph, Orleansville.

Coton.

M. Robert exposait du coton égrené de la variété égyptienne.

SITGÈS J.-J. frères, à Alger.

Alfas.

SOCIÉTÉ ANONYME FRANCO-AFRICAINE DES PATES D'ALFA, 4, rue de Stockholm, à Paris.

Alfas pour papeterie.

SOCIÉTÉ DE L'UNION AGRICOLE D'AFRIQUE, à Saint-Denis-du-Sig (Oran).

Cette Société exposait des échantillons de coton brut et égrené, ainsi que des graines de la variété Egyptienne dite Yannovitch. Depuis 1904, époque de la reprise de la culture du coton en Algérie, elle n'a cessé de s'occuper de cette importante question. Dès le début, elle a fait en terrain irrigable des essais des variétés égyptiennes suivantes : Abassi, Mit-Afifi et Yannovitch, avec des graines fournies par les soins de l'Association Cotonnière Coloniale.

La variété Yannovitch ayant été reconnue comme celle donnant les meilleurs résultats dans la région, tant au point de vue quantité que qualité, c'est cette seule variété qu'elle a cultivée, et, par une sélection sérieuse faite chaque année avec le plus grand soin, elle est arrivée à de très beaux résultats, comme précocité et rendement.

La moyenne des dernières années a été de 15 à 16 quintaux métriques à l'hectare avec 33 $^0/_0$ de matière fibreuse.

Un petit essai a été aussi fait en 1910 avec une nouvelle variété égyptienne, le Noubary, dont les graines provenaient de la maison Vilmorin-Andrieux ; les résultats ont été merveilleux au point de vue rendement, mais la qualité serait, paraît-il, un peu inférieure à celle du Yannovitch ; pour arriver à une sérieuse comparaison, la Société a fait en 1911 une nouvelle plantation de deux hectares avec les graines sélectionnées de la récolte de 1910.

STÉPHANOPOLI et Cie, 12, rue de la Liberté, à Alger.

La Société Stéphanopoli et Cie, formée en 1905 au capital de 50.000 francs, pouvant être porté à 800.000, a pour but l'exportation de tous produits algériens, laines, peaux et cuirs, huile, alfa, crin végétal, lièges bruts et préparés. Elle a à cet effet des agents généraux dans chaque centre important de l'Europe, chargés de la renseigner par des rapports hebdomadaires sur tout ce qui concerne son commerce.

Elle exposait du crin végétal, des variétés extra, supérieur et courant, de l'alfa à bouquet, à sparterie et à papeterie. Nous la retrouverons quand nous parlerons des laines.

MÉDAILLES D'OR.

ASSOCIATION COTONNIÈRE COLONIALE, Faubourg Saint-Eugène, *à Oran.*

Les produits envoyés par cette Société, dont le Directeur est M. Otten, l'ont surtout été au point de vue de l'égrenage ; son usine étant seule dans le département, tous les cotons qui y sont cultivés sont égrenés et emballés par ses soins. L'usine fait la sélection des graines, qui sont ensuite remises gratuitement aux planteurs.

Les cotons envoyés à Bruxelles étaient de trois variétés d'origine égyptienne : le Mit-Afifi, l'Abassi et le Yannovitch, se cultivant avec irrigation et produisant à l'hectare de 15 à 18 quintaux de coton brut qui rend à l'égrenage 32 $^0/_0$ de fibres. Celles-ci ont 38 à 42 millimètres de longueur, sont très nerveuses et d'un beau brillant, et appréciées dans l'industrie au même titre que les cotons égyptiens.

Le rapport brut de l'hectare est de 1200 à 1500 francs, les frais pouvant être estimés à environ 500 francs.

BORGEAUD, Charles, 12, rue Nationale, à Constantine.

Alfas.

COMICE AGRICOLE DE L'EST DE LA MITIDJA (Alger).

Crin végétal.

CRÉDIT FONCIER DE FRANCE (Domaine de l'Habra et de la Macta) (Oran). M. Alfred VEAURY, Directeur, à Perregaux.

Cotons.

De BOUCHONY, propriétaire, à Mareuil, membre de la Société Coopérative Cotonnière de Philippeville.

Cotons.

DREVETON Gustave, à Nemours (Oran).

La maison Dreveton existe depuis 1844 ; elle fait le commerce des céréales, des laines, de l'alfa, des caroubes, etc., et fabrique le crin végétal dans trois usines sises à Nemours, à Nedromah et à Sidi-Brahim. Ces usines fonctionnent automatiquement par de nouveaux procédés qui permettent le peignage et le cordage mécaniques. Ce dernier procédé, invention des fils de M. G. Dreveton, ne fonctionnent encore que dans ses usines : les produits obtenus jouissent d'une grande vogue sous la dénomination de crin de Nemours. Leur production totale annuelle est de 3.000 tonnes de crin végétal.

RÉALÉ Auguste, à Oran.

Sorgho à balais.

SOCIÉTÉ AGRICOLE LYONNAISE DU NORD DE L'AFRIQUE, à Bône. M. PÉPIN, directeur.

Coton, variété Mit-Afifi.

SOCIÉTÉ ANONYME DES COTONS D'ALGÉRIE, à Alger. M. MALBOT, Administrateur-Délégué.

Cotons bruts et égrenés.

SYNDICAT AGRICOLE D'EL AFFROUN.

Crin végétal.

SYNDICAT COMMERCIAL ET INDUSTRIEL D'ORAN.

Sorgho à balais.

SYNDICAT DU LITTORAL CHERCHELLOIS.

Crin végétal.

TRACQUI Auguste, propriétaire, à El Arrouch, membre de la
Société Coopérative Cotonnière de Philippeville.

Cotons.

MÉDAILLES D'ARGENT.

ARMAND Léon, Arrière Port de l'Agha, à Alger.

Sorgho à balais. — Domaine de Baraki : 200 hectares. —
Production 3.000 quintaux.

BARROT Raymond et BEL Auguste, à Plilippeville, membres
de la Société Coopérative Cotonnière de Philippeville.

Cotons.

Veuve BOUTONNET et COUDERT, à Kherba (Alger).

Crin végétal.

COSSÉ Ed., à Bône (Constantine).

Alfas.

CROZE Jules, à Oran, Usine à Bab El Hassa (Maroc).

Crin végétal.

DEGAND Joseph, à Valée, membre de la Société Coopérative
Cotonnière de Philippeville.

Cotons.

DELACOSTE A., frères, à Oran.

Crin végétal.

DUMONT Jean, à Oran.

Crin végétal.

FILLASTRE André, à Philippeville, membre de la Société
Coopérative Cotonnière de Philippeville.

Cotons.

LEROYER, à *El Arrouch*, membre de la Société Coopérative
Cotonnière de Philippeville.

Cotons.

MIRAILLÈS et DEROS, *54, rue d'Arzew, à Oran.*

Crin végétal.

MOLL André, à Isserbourg.

Crin végétal.

MORATO Barthélemy, à Philippeville.

Alfa papeterie.

PANIER Alfred, à Cherchell.

Crin végétal.

PRÉTREL Charles, à Tunis.

Les cotons exposés par M. Prétrel sont de la variété Biancavilla, originaire de Sicile, susceptible d'être cultivée sans *irrigation* et par les procédés du « Dry-Farming ». Elle donne un rendement d 13 à 14 quintaux de fibres brutes (non dénoyautée) ayant une valeur de 150 à 155 francs le quintal dénoyauté.

Les graines de cette même variété sont très bonnes et très oléagineuses, elles donnent un tourteau excellent pour la nourriture du bétail. Le coton Biancavilla est très hâtif et sa période de fructification est ainsi plus longue, d'où une plus abondante récolte. Si on le cultive avec irrigations, le rendement brut de la fibre atteint en moyenne 18 quintaux et, si les conditions climatériques s'y prêtent, on arrive parfois à 19 et 20 quintaux.

C'est une courte soie que, par des sélections minutieuses, on pourra certainement arriver à obtenir plus longue, ce qui entraînera une valeur commerciale plus élevée ; M. Prétrel a déjà fait des essais heureux dans ce sens, que suivent à sa suite de nombreux colons en Tunisie.

RAMONATXO *frères, à Philippeville*, membres de la Société Coopérative Cotonnière de Philippeville.

Cotons.

ROTH, *à St-Charles*, membre de la Société Coopérative Cotonnière de Philippeville.

Cotons.

SAHUT *Auguste, à Nédromah.*

Crin végétal.

SAMSON *Charles, à Rovigo (Alger).*

Cotons.

SOCIÉTÉ DOMANIALE ALGÉRIENNE, *Boulevard Carnot, 3, Alger* (Domaine du Chapeau de Gendarme).

Sorgho à balais.

TRICOT J.-B., *à Vallée,* membre de la Société Coopérative Cotonnière de Phillippeville.

Cotons.

MÉDAILLES DE BRONZE.

BONNET *Antoine, à Carnot (Alger).*

Crin végétal.

CHAVE *Alexandre-Daniel, à Zurich (Alger).*

Crin végétal.

CLÉRA *Emile, à Saïda (Oran).*

Alfa.

CONESSA *José, à Oran.*

Les échantillons de crin végétal envoyés par M. Conessa provenaient de ses usines de Bou Sfer et d'Oran, alimentées par le palmier provenant des terrains communaux et privés des environs d'Oran. Sa production annuelle est de 20 à 25.000 kilogrammes.

CRÉMADÈS, quartier St-Charles, à Oran.

Alfa sparterie et Alfa papeterie.

DENOUN Jacob, à Oued Taria (Oran).

Crin végétal.

GOURDON Léon, à Bou-Tlelis (Oran).

Crin végétal.

GUTERSOHN Georges, 12, rue de la Paix, à Oran.

Alfa sparterie et papeterie.

LABERENNE, à Robertville (Constantine).

Graines de sorgho.

NAHON, Judas, à Sidi-bel-Abbès (Oran).

Crin végétal.

QUÉNOT et Cie, à Oran.

Alfas et crin végétal.

RAMUS, Émile, à Ferfour (Constantine).

Sorgho.

SACHET, Jean, à Lourmel (Oran).

Crin végétal et alfa.

THOMAS, Henri, à Charmes-sur-Moselle.

Ecorces et fibres.

YACONO, Jean, à Bizerte.

M. Yacono avait exposé du coton en coque, de la variété égyptienne qu'il cultive dans sa propriété située à Menzel

Abdérahmin, près Bizerte, sur un espace de 6 hectares ; le rendement est de 10 quintaux brut par hectare.

MENTIONS HONORABLES.

BENCHETRIT, *Léon, à Nemours (Oran)*.
Crin végétal.

YUNG, *Pierre, à Lourmel (Oran)*.
Crin végétal.

Nous devons logiquement rapprocher des exposants précédents ceux dont l'industrie est basée sur les déchets de textiles, tels les marchands de chiffons ; ceux-ci, réunis en collectivité, s'étaient attachés à montrer les ressources qu'ils tirent des objets de rebut et déchets variés, après un triage et un classement méthodique, aboutissant aux catégories suivantes d'objets utilisables :

1° Caoutchoucs classés pour la refonte ;
2° Chiffons de laine classés, pour effilochages et fabrication de draps et couvertures à bon marché ;
3° Chiffons de toile et de coton pour fabrication du papier et du carton ;
4° Chiffons pour essuyage de machines ;
5° Chiffons pour polissage.

Le Jury a décerné à ces exposants les récompenses suivantes :

M. C. Baurgard, à Paris, Médaille d'argent.
MM. E. Boubée et Cie, à Paris, Médaille de bronze.
MM. Abel et fils, à Paris,   —
M. C. Osmalin, à Paris,   —

Nous retrouverons, dans le chapitre des déchets animaux, ce qui a trait à l'Exposition de MM. Verdier-Dufour et Cⁱᵉ, une des plus importantes maisons de cette catégorie.

CHAPITRE II.

Plantes oléagineuses en tiges et en graines. — Graines et huiles non comestibles.

Les plantes oléagineuses d'origine française sont nombreuses; mais, si la culture de l'olivier, dont l'huile comestible est toujours recherchée, a conservé son importance, celle du pavot noir, à produit également comestible (huile d'œillette), et, surtout, celle du colza, de la navette (fournies par des crucifères) ont beaucoup perdu de leur importance. Pour toutes celles qui sont employées à l'éclairage, en effet, la concurrence des huiles minérales, du gaz, de l'électricité, a considérablement restreint leurs débouchés; pour le graissage, également, les huiles minérales ont pris la meilleure part; dans la fabrication du savon, enfin, les corps gras d'origine exotique, dont les qualités spéciales et le prix de revient sont avantageux, ont acquis une importance très grande, sans compter que, dans l'alimentation, les corps gras végétaux d'origine exotique ont pris une place de plus en plus marquée, aujourd'hui que l'industrie a permis de les débarrasser de certains caractères de goût et d'odorat qui nuisaient à leur diffusion.

La graine de lin tient une large place parmi les plantes oléagineuses, car l'huile qu'on en extrait a des propriétés toutes particulières, grâce auxquelles elle est largement utilisée dans la préparation des peintures, des vernis, etc.; cette propriété est sa facile oxydabilité au contact de l'air, grâce à laquelle elle se transforme en une masse résineuse transparente; l'addition de matières colorantes, de gommes-laques, de résines, conduit aux diverses applications industrielles de l'huile de lin.

Les chiffres d'importations et d'exportations pour les graines et fruits oléagineux vont nous montrer la justesse des observations précédentes; nous retrouverons ici ceux qui se rapportent aux graines de lin et de chenevis.

1° Importations.

	QUANTITÉS EN Q. M.			VALEURS EN FRANCS		
	1909	1908	1907	1909	1908	1907
Arachides en cosses — Espagne	5.722	4.921	4.026			
Côte Occ. d'Afr..	28.351	977	22.413			
Possessions anglaises d'Afr...	438.548	273.101	351.197			
Sénégal	1.610.750	1.042.580	1.200.072			
Établissem^ts français dans l'Inde	»	31.251	7.708			
Indes holland....	40.030	60.383	33.933			
Indes anglaises..	25.641	114.171	8.125			
Autres pays.....	43.041	13.447	4.936			
Totaux	2.192.083	1.540.831	1.632.410	55.898.117	42.835.102	45.707.480
Arachides décortiqués — Indes anglaises..	870.799	364.426	691.088			
Établis^ts français dans l'Inde....	634.230	403.722	417.246			
Autres pays.....	96.378	79.927	65.706			
Totaux	1.601.407	848.705	1.174.040	49.003.054	29.597.818	41.091.400
Graines de niger	30.832	3.560	42.659	761.550	92.560	1.109.134
— ravison	57	4.336	4.856	1.026	95.392	111.688
— coton	323.409	341.357	385.483	6.144.771	7.168.497	8.866.109
Graines de lin — Russie	98.646	46.164	51.694			
Indes anglaises..	515.577	511.268	905.610			
Rép. Argentine..	914.936	1.136.019	849.897			
Autres pays.....	85.847	123.167	83.798			
Totaux	1.615.006	1.816.618	1.890.999	53.295.198	56.315.158	66.184.965
Graines de chenevis	72.563	91.203	96.383	1.792.306	2.052.068	2.216.809
Graines de sésame — Turquie	16.710	22.467	48.978			
Indes anglaises..	358.849	246.261	593.904			
Chine	204.003	229.405	25.748			
Autres pays.....	12.711	14.137	42.138			
Totaux	592.273	512.270	710.768	20.196.509	19.978.530	24.660.720
Graines de moutarde y compris le colza des Indes — Indes anglaises..	540.111	369.854	584.143			
Autres pays.....	48.975	22.543	21.224			
Totaux	589.086	392.397	605.367	23.563.440	14.911.086	21.187.845
Graines d'œillette	93	134	113	4.929	6.968	5.876
— de pavot	257.896	212.792	292.489	9.800.048	8.447.842	11.114.582
— de colza d'Europe	223	2.265	1.376	8.586	85.391	48.160
— de navette	1.280	115	2.174	40.320	3.565	67.394
Coprah (amandes desséchées de coco)	1.310.553	1.520.047	972.770	60.940.715	61.409.899	38.910.800
Amandes de palmiste....	50.369	34.902	70.443	1.747.804	1.012.158	2.042.847
Graines de touloucouna, mowra et illipé	60.330	145.975	109.512	1.508.250	3.503.400	2.737.800
Autres	294.829	246.151	269.180	7.400.208	6.153.775	6.729.500

2° Exportations.

		QUANTITÉS EN Q. M.			VALEURS EN FRANCS.		
		1909	1908	1907	1909	1908	1907
Arachides	en cosses........	153.125	105.644	89.551	4.088.438	2.979.161	2.596.979
	décortiquées.....	107.163	55.781	70.403	3.536.379	2.063.897	2.675.314
Graines de lin	Belgique........	11.489	37.405	36.449			
	Autres pays.....	6.340	9.913	18.300			
Totaux.............		17.829	47.318	54.749	677.502	1.703.448	2.135.211
Graines de chenevis.....		3.632	7.946	5 505	112.592	230.434	159.645
— sésame......		45.347	34.598	10.309	1.587.145	1.366.620	381.433
— moutarde....		4.293	1.153	2.961	188.033	48.426	118.440
— œillette......		1.870	3.218	8.377	100.045	167.336	435.604
— pavot........		246	418	3.152	9.840	17.138	122.928
— colza		34.065	22.402	35.375	1.328.535	851.276	1.273.500
— navette......		2	»	7	68	»	231
Autres.................		10.601	7.985	11.186	295.278	215.595	302.022

La culture du colza occupe 1.030 hectares dans l'Ain (production : 9.370 quintaux de grains (1) ; 760 dans l'Ardèche
(7.600 quintaux) ; 1.730 dans le Calvados, où elle était autrefois très florissante (31.140 quintaux en 1909) ; 1.540 dans la
Charente (10.780 quintaux) ; 850 dans la Drôme (7.860 quintaux) ; 3.060 dans l'Eure (55.080 quintaux) ; 890 dans l'Isère
(10.770 quintaux) ; 570 dans la Haute-Loire (9.120 quintaux);
1.900 dans Maine-et-Loire (22.800 quintaux) ; 700 dans le Puy-
de-Dôme (18.900 quintaux) ; 720 dans le Rhône (6.050 quintaux) ; 1.240 en Saône-et-Loire (22.320 quintaux) ; 10.200 hectares, soit le 1/3 de la surface cultivée de la France entière,
dans la Seine-Inférieure, après y avoir occupé une beaucoup
plus grande place (216.800 quintaux de graine en 1909) ; 550
dans la Vienne (7.150 quintaux) ; 1.760 dans la Haute-Vienne
(24.640 quintaux).

Elle est peu importante dans l'Allier, la Côte-d'Or, la Creuse,
l'Ille-et-Vilaine, l'Indre, le Loiret, le Nord, où elle se restreint
de plus en plus, le Pas-de-Calais, la Haute-Saône, la Savoie,
les Deux-Sèvres, la Somme, la Vendée.

(1) Chiffres de 1909.

La culture de la navette et, surtout, de l'œillette, ont de
de moins en moins d'importance ; on les trouve disséminées de
part et d'autre dans diverses régions de la France ; citons, en
particulier, l'Ain (navette, 720 hectares, 6.770 quintaux ; œillette, 20 hectares, 190 quintaux) ; l'Aisne (œillette, 40 hectares, 440 quintaux) ; l'Aube (navette, 250 hectares, 2.500 quintaux) ; le Cher (œillette, 30 hectares, 210 quintaux) ; la Côte-
d'Or (navette, 720 hectares, 10.080 quintaux) ; la Creuse
(navette, 130 hectares, 910 quintaux) ; l'Ile-et-Vilaine et l'Indre
(navette, chacun 100 hectares, 1.120 quintaux) ; le Jura (navette,
530 hectares, 3.180 quintaux) ; la Haute-Marne (navette, 380
hectares, 4.940 quintaux) : la Nièvre (240 hectares, 2.880 quintaux) ; le Nord (œillette, 70 hectares, 980 quintaux, huile consommée pour l'alimentation) ; l'Oise (œillette, 30 hectares, 300
quintaux) ; le Pas-de-Calais (œillette, 1.500 hectares, 31.500
quintaux) ; la Saône-et-Loire (navette, 1.500 hectares, 18.000
quintaux) ; la Seine-et-Marne (œillette, 150 hectares, 2.250
quintaux) ; la Somme (œillette, 1.470 hectares, 17.640 quintaux) ;
l'Yonne (navette, 100 hectares, 870 quintaux ; œillette, 44 hectares, 360 quintaux).

Ainsi, comme pour le chanvre et le lin, si la surface ensemencée a décru pour les plantes oléagineuses, par suite de
l'augmentation du rendement, la production totale a progressé,
au moins pour le colza et la navette ; car, la surface ensemencée
en œillette ayant diminué de près de moitié, la production a
néanmoins baissé. C'est ce qui ressort du tableau ci-contre :

Production de la France de 1900 à 1909.

ANNÉES	COLZA					NAVETTE					ŒILLETTE				
	Surfaces	Production totale	Production moyenne par hectare	Valeur totale	Valeur moyenne du quintal	Surfaces	Production totale	Production moyenne par hectare	Valeur totale	Valeur moyenne du quintal	Surfaces	Production totale	Production moyenne par hectare	Valeur totale	Valeur moyenne du quintal
	Hectares	Quintaux	Quint.	Francs	Francs	Hectares	Quintaux	Quint.	Francs	Francs	Hectares	Quintaux	Quint.	Francs	Francs
1900	38.715	425.310	10,98	12.175.170	28,62	6.109	35.166	5,75	1.012.540	28,79	6.624	62.013	9,36	2.315.450	37,53
1901	33.444	379.332	11,34	11.231.950	29,61	6.625	30.349	5,81	963.900	31,76	5.190	42.784	8,24	1.773.790	41,45
1902	35.073	388.943	11,09	9.819.120	25,24	7.435	36.489	4,90	1.057.320	28,97	6.048	62.269	9,20	2.474.850	40,96
1903	32.729	376.435	11,50	8.982.750	23,86	7.271	37.161	5,11	1.199.550	32,27	5.574	43.685	7,83	1.511.360	34,59
1904	34.601	527.541	15,24	12.941.650	24,53	7.134	54.361	7,62	1.510.610	27,78	5.481	61.603	11,23	2.074.770	33,67
1905	31.933	496.327	15,54	13.344.610	26,88	6.123	49.777	8,12	1.452.600	29,18	3.957	52.476	13,26	1.662.398	30,91
1906	27.774	371.005	13,35	11.591.470	31,24	5.862	44.876	7,65	1.375.710	30,65	3.894	56.764	14,57	2.045.130	36,02
1907	29.113	487.410	16,74	15.757.500	32,32	5.213	44.755	8,58	1.387.910	31,01	4.029	59.118	14,67	2.234.890	37,80
1908	32.430	505.530	15,59	15.359.800	30,38	5.290	64.370	12,17	1.959.080	30,43	4.050	59.340	14,64	2.073.510	34,94
1909	32.980	541.090	16,40	14.888.430	27,51	5.500	59.060	10,73	1.754.150	29,70	3.400	54.160	15,92	2.104.770	38,86
Moyennes décennales	32.879	449.892	13,68	12.609.240	27,83	6.256	45.636	7,29	1.367.339	29,96	4.824	55.421	11,49	2.023.091	36,50

L'olivier, par contre, conserve sensiblement la même intensité de culture ; par suite des conditions climatériques qu'elle exige, elle ne se fait que dans douze départements du Midi, dont cinq ont une production peu importante. L'Algérie et la Tunisie, qui sont sous une latitude plus favorable encore que le midi de la France, cultivent l'olivier avec succès. Ainsi, la Tunisie possède 11.425.522 oliviers (chiffres de 1908-09) donnant une production totale de 550.000 hectolitres d'huile.

Dans les Basses-Alpes, l'olivier, comme l'amandier, qui a les mêmes habitats, est limité à la partie sud du département, où il tend à disparaître à mesure que les canaux d'arrosage permettent de le remplacer sur les coteaux par des cultures fourragères ou par des cultures maraîchères et de primeurs.

Dans les Alpes-Maritimes, l'olivier s'étend sur toutes les communes du littoral et remonte dans les vallées jusqu'à une altitude de 400 à 600 mètres, suivant l'exposition. Il couvre une superficie d'environ 30.000 hectares, avec une production irrégulière, variant entre un million et douze millions de kilogrammes d'huile, surtout négociée dans les deux centres de Nice et de Grasse.

L'olivier occupe une place considérable dans l'agriculture de la Corse, où il vient spontanément sur les coteaux qui jouissent d'une température élevée, et réussit même dans les sols pierreux et secs, qui seraient impropres à toute autre végétation. Là, comme dans les Alpes-Maritimes. la production est très irrégulière, surtout parce que les soins culturaux sont nuls ou à peu près. La superficie totale des oliveraies du département est de 13.091 hectares.

Dans le Var, l'olivier, bien qu'ayant perdu depuis trente ans les deux tiers de son importance, occupe encore une très large place dans les régions moyenne et nord, mais la production, qui est de 3 à 6 millions de kilogrammes d'huile suivant les années, tend encore à diminuer. En résumé, les départements à oliviers ont fourni en 1909 :

	Production totale	Valeur totale	Valeur moyenne par quintal
Basses-Alpes................	1.430	35.750	25
Alpes-Maritimes.............	114.700	2.523.400	22
Ardèche....................	6.710	120.780	18
Aude......................	1.930	48.250	25
Bouches-du-Rhône...........	54.150	1.516.200	28
Corse.....................	68.180	1.159.060	17
Drôme.....................	2.000	100.000	50
Gard......................	42.400	1.484.000	35
Hérault...................	27.120	1.220.400	45
Pyrénées-Orientales	6.100	274.500	45
Var...	139.000	4.865.000	35
Vaucluse..................	22.100	884.000	40

La production totale des dix dernières années en olives a été la suivante :

Années	Production totale en quintaux	Valeur totale en francs	Valeur moyenne du quintal en francs
1900............	1.085.790	20.544.070	18 93
1901............	1.062.720	19.458.110	18 30
1902............	1.334.826	24.123.070	18 07
1903............	939.780	19.194.870	20 42
1904............	1.242.040	23.732.940	19 10
1905............	851.820	20.457.960	24 01
1906............	897.680	19.422.060	21 63
1907............	821.300	16.988.540	20 68
1908............	1.252.120	34.769.160	27 76
1909............	485.820	14.231.340	29 29
Moyennes décennales.....	997.389	21.292.212	21 35

L'amandier fournit une huile utilisée en parfumerie et pour les usages pharmaceutiques ; mais il est surtout cultivé pour ses fruits consommés tendres ou séchés : il croît, comme nous le disions plus haut, dans les mêmes régions que l'olivier : Basses-Alpes, Corse (surtout), Hérault, Lot, Var et Vaucluse ; par exception, sa production est insignifiante dans les Alpes-Maritimes.

D'autres huiles que celles dont nous venons de parler nous intéressent au point de vue de leur origine agricole ; un certain nombre d'entre elles ont des usages autres que comestibles et ressortissent par cela même à la classe 41 ; nous nous contenterons de les énumérer : huile de chènevis (tirée de la graine du chanvre), huile de lin (peinture, fabrication des sondes en gomme), huile de cornouiller sauvage (éclairage, savonnerie), huile de coton (tirée des semences du cotonnier), huile de fusain (peinture, éclairage), huile de marmotte (tirée du noyau de merisier, remède populaire), huile de pignon d'Inde (savonnerie), huile de noix (éclairage).

Toutes ces huiles donnent lieu à des mouvements d'échanges intéressants, que l'on trouvera dans les tableaux suivants, où nous nous n'avons pas fait figurer l'huile d'olive, qui n'a que des usages alimentaires.

1° Importations.

		Quantités en quintaux			Valeurs en francs		
		1909	1908	1907	1909	1908	1907
Huiles fixes pures	de lin....	8.679	8.517	8.218	647.455	603.004	616.350
	de coton	220.427	430.088	313.347	16.664.281	30.996.336	22.560.984
	de sésame	355	1.203	165	24.318	83.007	11.385
	d'arachides	916	1.028	7.596	58.624	67.848	501.536
	de colza	129	173	198	9.675	12.110	13.860
	d'œillette	6	11	11	666	1.232	1.100
	de navette	174	182	89	12.687	13.286	6.497
	autres	922	1.830	2.055	69.150	137.250	154.125

2° Exportations.

		Quantités en quintaux			Valeurs en francs		
		1909	1908	1907	1909	1908	1907
Huiles fixes pures	de lin	3.338.200	2.436.900	3.813.300	2.537.032	1.754.568	2.898.108
	de coton	2.637.100	2.379.900	1.896.900	2.083.309	1.808.724	1.441.644
	de sésame	12.320.200	5.731.400	1.094.390	8.624.140	4.011.980	7.660.730
	d'arachides	17.270.900	5.975.900	5.759.800	11.830.567	4.242.889	4.089.458
	de colza	1.784.000	1.484.300	2.172.700	1.248.800	1.039.010	1.520.890
	d'œillette	811.600	751.600	1.072.600	961.746	901.920	1.179.860
	de pavot	390.700	357.600	275.000	421.956	393.360	250.250

Enfin, un certain nombre de sucs végétaux se rattachent à la Classe 41 ; citons le beurre de coco, matière grasse extraite de la noix de coco, ayant à la fois des usages alimentaires, de plus en plus répandus, maintenant qu'on est arrivé à la purifier parfaitement, et des emplois industriels (fabrication des savons) et même médicinaux (surtout dans les pays de langue anglaise), les gommes, d'applications très variées, etc., etc.

HORS CONCOURS.

BORG, Félix, à Bougie.

M. Borg, classé hors Concours comme membre du jury, possède une usine modèle pouvant fabriquer 2.500 litres d'huiles d'olive lampantes par dix heures de travail, et aménagée avec les derniers perfectionnements.

PLISSON, Alfred, 68, rue J.-J. Rousseau, à Paris.

La maison Delamotte, aujourd'hui dirigée par M. A Plisson, est universellement connue pour l'excellente qualité et la souplesse de ses instruments en gomme pour l'usage de la chirurgie. Les matières premières qui en sont la base sont les huiles d'olives, d'œillette et de lin, et le caoutchouc ; elles doivent, pour conduire au résultat cherché, être de qualité irréprochable : aussi, la maison Plisson fait-elle préparer ses huiles avec des graines triées avec le plus grand soin, et le caoutchouc, de premier choix, est vulcanisé avec la quantité de soufre strictement nécessaire.

GRAND PRIX.

CHARNELET, 103, rue Lafayette, à Paris.

La maison Charnelet, fondée en 1882, traite spécialement les gommes pour les nettoyer et les neutraliser avant de les employer pour la fabrication de vernis et de peinture émail, connue sous le nom de Pastorine.

DIPLOMES D'HONNEUR.

COMICE AGRICOLE DE BOUGIE, à Bougie.

Huiles d'olive lampantes.

STÉPHANOPOLI et Cie, à Alger.

Les huiles exposées par MM. Stéphanopoli et Cie étaient de différentes qualités : première pression, deuxième pression, industrielle.

MÉDAILLES D'OR.

CHARLEMAGNE A., à Tisi-Ouzou.

Huiles d'olive lampantes.

La maison Charlemagne, la plus ancienne de Tizi-Ouzou, est munie d'un outillage moderne qui lui permet de fabriquer dans les meilleures conditions des qualités d'huile de table très appréciées ; elle produit également la qualité industrielle, dite huile lampante, en quantité égale, soit 100.000 kilogrammes annuellement de l'une et de l'autre.

HUILERIES ET SAVONNERIES DE KABYLIE, à Mirabeau.

Huiles d'olive lampantes.

ROUYER et Cie, à Bougie.

Huiles d'olive lampantes.

TAMZALI, Ismaël, à Bougie.

Huiles d'olive lampantes.

MÉDAILLES D'ARGENT.

CAUDRILLIER, à Akbou.

Huiles d'olive lampantes.

GRELLOU, Alfred, à Paris.

M. A. Grellou, Directeur de l'importante maison L. François, A. Grellou et Cie, manufacture générale de caoutchouc, gutta-percha, fils et câbles électriques, qui occupe aujourd'hui 275 ouvriers, exposait des huiles essentielles et des huiles fixes, de palme, de ricin, d'arachide, de lin, de colza, etc. Ces produits, entrant dans la composition des mélanges destinés à constituer les diverses sortes de caoutchouc pour l'utilisation industrielle, forment avec le caoutchouc brut le principal élément de fabrication, et ils se recommandent par la pureté et la finesse de leur qualité. C'est grâce à cette bonne qualité des produits manufacturés que la maison François, Grellou réussit presque chaque année à obtenir les fournitures de l'État ou des administrations par adjudications ou par marchés de gré à gré. Ajoutons que les ouvriers et employés sont intéressés aux bénéfices.

HADJ AMZIANE (les fils de), à Tizi-Ouzou.

Huiles d'olive lampantes.

LE RIVALIN, 43, rue de Valois, à Paris.

La Société le Rivalin est une société anonyme au capital de 700.000 francs, fondée en 1886 par M. Rivalin, pour la fabrication de peintures laquées et enduits sous-marins, dans la composition desquels entrent les gommes et les huiles siccatives. Ces peintures, qui ne contiennent aucune trace de plomb, sont hygiéniques et inaltérables ; une des spécialités de la maison est le Brillant Rivalin.

MANTOUT, Alfred, aîné, à Alger.

Huiles d'olive lampantes.

MORATO, Etienne, à Bougie.

Huiles d'olive lampantes.

SOCIÉTÉ COCOREX, à Pantin.

La Société Cocorex, société anonyme au capital de 350.000 francs, a pour spécialité la purification de l'huile de coprah supérieure, pour la rendre absolument exempte d'acides gras et de bonne conservation, ce qui en fait un produit alimentaire de goût fin, parfaitement blanc. Cette maison a pour spécialité le Crema, produit pour feuilletage ; elle vend également à la savonnerie. La mise en boîtes du produit est mécanique, et la production annuelle est de 1.600.000 kilogrammes, avec une exportation active en Angleterre, en Hollande, en Egypte et dans les Balkans.

CHAPITRE III.

Plantes à tanin. — Plantes tinctoriales.

Nous avons réuni dans un même chapitre les plantes tinctoriales et les plantes à tanin, qui n'ont en apparence aucun point commun. Cependant, certaines familles botaniques sont riches en plantes des deux catégories, si bien que l'industrie de la tannerie rencontre des difficultés pour l'utilisation de leur substance tannante, à laquelle la matière colorante est intimement liée, et, en outre, l'industrie du cuir utilise un certain nombre de colorants végétaux. La consommation du cuir, en progression continue dans le monde entier, aussi bien pour ses applications au vêtement que dans ses utilisations industrielles, a entraîné une progression parallèle des besoins en matières tannantes ; aussi, les nations européennes, auxquelles suffisait autrefois la production de leurs arbres à tanin, ont dû bientôt recourir aux végétaux exotiques, dont la consommation est en progression constante.

Il est difficile de faire la part, dans les chiffres que nous fournissent les statistiques douanières, de ce qui revient respectivement aux tanins indigènes et aux tannins exotiques, surtout en ce qui concerne les extraits tannants, dont l'industrie est essentiellement française. Cette industrie utilise d'abord les végétaux indigènes, et particulièrement le châtaignier, dont elle entraînera la disparition à plus ou moins brève échéance, mais elle transforme aussi les végétaux exotiques, dont la production entre ainsi dans la statistique générale des exportations. Celles-ci l'emportent, d'ailleurs, de beaucoup sur les importations, aussi bien pour les matières tannantes proprement dites que pour les extraits tannants, ainsi qu'on le verra dans le tableau suivant, qui renferme également les chiffres relatifs aux plantes tinctoriales, dont deux seulement y figurent : le safran, sur la culture duquel nous avons donné au Chapitre IV quelques détails, et la garance, sur laquelle nous reviendrons plus loin.

Teintures et tannins.

1° Importations.

	QUANTITÉS EN Q. M.			VALEURS EN FRANCS		
	1909	1908	1907	1909	1908	1907
Garance en racines, moulue ou en paille..........	643	886	875	35.365	48.730	48.140
Écorces à tans moulues ou non — Espagne.........	114	742	3.361			
Belgique........	3.475	3.863	6.627			
Algérie..........	26.606	26.946	28.347			
Zone franche....	2.488	2.994	4.547			
Autres pays......	3.373	2.125	5.980			
Totaux.............	36.056	36.670	48.862	455.818	437.929	521.209
	Kilogrammes	Kilogrammes	Kilogrammes			
Safran — Espagne.........	68.800	69.086	90.387			
Autres pays.....	2.900	1.178	2.258			
	71.700	70.264	92.645	4.660.500	4.567.160	6.021.925
Extrait de châtaignier et autres sucs tanins extraits des végétaux.............	3.094.900	2.831.007	2.672.780	649.929	566.201	534.555

2° Exportations.

	Kilogrammes	Kilogrammes	Kilogrammes			
Garance en racines moulue ou en paille..........	9.200	7.700	227	5.060	4.235	12.485
Écorces à tans moulues ou non — Belgique.........	4.916.500	6.251.500	73.516			
Allemagne........	8.979.100	11.033.500	176.394			
Suisse..........	4.287.600	4.819.400	52.806			
Italie...........	3.261.600	2.659.200	24.372			
Autres pays	1.632.700	1.089.300	10.559			
Totaux	23.077.500	25.852.900	337.647	2.907.765	3.076.495	3.714.117
Safran	46.500	37.418	44.793	3.022.500	2.432.170	3.359.475
Extrait de châtaignier et autres sucs tanins extraits des végétaux.............	73.236.400	66.343.000	58.872.497	15.379.644	13.268.600	11.774.500

Passons d'abord en revue les plantes exotiques à tanin : les colonies françaises, disséminées sous tous les climats, se trouvent par là-même susceptibles d'alimenter l'industrie française pour certaines d'entre elles. Quelques-unes même ont des habitats communs avec certaines régions de la France, et nous donnerons de suite les détails qui les concernent.

Ce sont d'abord les écorces des conifères : l'*Abies canadensis*, qui croît surtout dans l'Amérique du Nord, fournit l'écorce de *hemlock*, dont l'extrait, coloré en rouge, s'emploie mélangé à d'autres tanins ; l'*Abies excelsa*, variété de sapin croissant en Hongrie, en Bohême et dans le Jura, dont l'écorce seule renferme du tanin et donne un extrait non coloré ; les diverses variétés de pin, dont on utilise la sous-écorce : pin d'Alep (*Pinus alepensis*), arve (*pinus cembra*), pin maritime (*pinus maritima*), qui donnent des tanins rosés (en particulier, la région méditerranéenne de la France exporte de cette dernière sorte aux tanneurs indigènes arabes) ; le mélèze (*larix europea*).

Comme autres écorces, nous trouvons : l'écorce d'*aulne* (Japon, Russie), aussi riche que celle du chêne ; l'écorce de *bouleau* (Russie, Norvège, Allemagne, Amérique du Nord), qui fournit des cuirs de première qualité, mous, souples tout en étant bien pleins, à fleur très douce et de teinte très claire ; l'écorce du *mimosa* (Afrique du sud, Océanie), que nos colonies pourraient facilement produire, et qui donne un cuir très ferme et rose clair ; l'écorce de *palétuvier* ou *mangrove*, très riche en tanin (jusqu'à 42 $^0/_0$), donnant un cuir très rouge et ferme et qui s'emploie mélangée à d'autres espèces, qu'elle sert d'ailleurs à falsifier. Le mangrove est produit en grande abondance par Madagascar, qui expédie, surtout sur Hambourg et Anvers, 100.000 quintaux environ de bois bien épuré ; on en trouve aussi en Indo-Chine et dans la Guinée française, mais il y est moins riche.

Parmi les bois, nous trouvons surtout le *quebracho* (*aspidosperma quebrachs*, variétés colorado et blanco), originaire de l'Argentine, du Brésil, de l'Uruguay, de la Guyane. Il arrivait autrefois en France sous forme de bûches, de copeaux ou de poudre grossière, mais des fabriques d'extraits s'étant montées en Argentine, c'est de plus en plus sous forme d'extrait sec qu'il est expédié au Hâvre, d'où il est livré, soit aux tanneurs, soit aux fabricants d'extraits qui le transforment en extraits liquides. Il constitue un très bon tanin, à employer surtout au début du tannage. Citons encore le *micocoulier*, arbre de toute la région méditerranéenne, presque uniquement utilisé en France pour la confection des fourches.

Parmi les feuilles tannantes, le premier rang revient aux *sumacs*, arbustes de la famille des Térébinthacées, genre *Rhus*, variétés *R. cariaris* (sumac des corroyeurs) et *R. myrtifolia* (R. des teinturiers), surtout originaires d'Espagne, d'Italie, du Portugal, d'Australie et d'Amérique, mais qu'on trouve aussi en France : *sumac fauvis*, analogue à celui de Sicile ; *sumac Donzère* (vallée du Rhône, Donzère et Montélimar) ; *sumac Redon ou Redoul* (bords du Lot, du Tarn et de la Garonne); *sumac pudis*. Les sumacs, souvent falsifiés, donnent un cuir souple et clair ; on en fait des extraits d'un emploi avantageux. On emploie aussi les *feuilles de manglier* ou palétuvier, et les *feuilles de lentisque*, que produit la Corse en abondance et qui servent surtout à la fraude.

Les excroissances pathologiques, dénommées *galles*, ne sont pas les moins intéressantes des substances tannantes, car ce sont les plus riches en tanin, et on les emploie surtout pour la préparation de celui-ci. Les plus importantes sont les *galles de chêne* (galles d'Alep, de Smyrne, de France, rove, gallons, etc.), de *rhus* (galles de Chine), de *tamarix*, de *pistachier*.

Les fruits sont également très riches en tannin : galle du gland de chêne européen ou *knoppern* (Hongrie) ; *valonées*, ou cupules écailleuses du gland du chêne vélani (*Quœrcus œgilops*, Orient, Asie Mineure, S. E. de l'Europe), donnant un très bon tanin, fournissant un cuir ferme, et vendues souvent sous la forme plus avantageuse et plus riche d'écailles, ou *Trillos ; dividivi*, gousse du *Cœsalpina coriara* (Vénézuela), à tanin rouge ; *bablahs*, fruit de l'*acacia arabica; algarobillas*, cupule du fruit d'une sorte de caroubier, très riche en un tanin qu'on peut extraire à froid et tannant très vite, pour fournir un cuir plein et souple, très clair ; enfin, les *myrobolans*, fruits de différentes espèces de *Terminalia* de l'Inde, qui donnent le tanin le plus économique et le meilleur marché, à employer concurremment avec d'autres.

Parmi les bulbes et racines tannantes, n'est guère intéressante que la *canaigre*, ou *rumex hymenosepalus*, plante herbacée, dont la racine, assez riche en tanin, est employée soit en nature, soit sous forme d'extrait, et donne un cuir très clair, mais mou.

Le commerce d'importation fournit à l'industrie des sucs tannants d'un certain intérêt, mais tous très colorés : 1° le *cachou*, provenant de diverses variétés d'acacias (Egypte, Asie Mineure), renfermant plus de 50 $^0/_0$ de tanin ; 2° le *gambier*, extrait des feuilles de l'*Uncaria gambir* (Rubiacées, Inde, Malaisie); 3° le *kino*, extrait de végétaux de plusieurs familles (Afrique, Bengale, Amérique, Colombie).

On voit de quelle variété sont les matières végétales que peut utiliser la tannerie. Avant de passer à celles dont la production est prépondérante à la France, nous énumérerons celles qui sont utilisées plus particulièrement par les tanneurs indigènes dans nos colonies :

Guadeloupe. — Ecorces du palétuvier, de moureiller.

Guyane. — Ecorces de yayamados, de manglier.

Martinique. - - Ecorces de chéne des Antilles, du manglier rouge.

Nouvelle-Calédonie. — Ecorces de *Baloghia pancheri*, de manglier.

Madagascar et Taïti. — Ecorces de manglier, de bancoulier.

Réunion. — Ecorces du bois noir, du filao, du bancoulier, du bois de natte, du faux benjoin, de jamrosa, d'andrèze.

Sénégal. — Ecorce de khaya, ghenes et tiges de sorgho noir, gousses de gonakié, baablah et dividivi.

Tonkin. — Konnao ou faux gambier.

La production nationale de plantes à tanin, exception faite de celles, beaucoup moins importantes, déjà citées ci-dessus, réside surtout dans deux espèces, l'écorce ou le bois de chêne et le bois de châtaignier.

Le chêne a été pendant longtemps la seule matière tannante employée en tannerie, et on n'utilisait alors que l'écorce ; puis, lorsqu'on commença à faire des extraits, on utilisa également le bois, mais cette fabrication est peu répandue en France. On l'y trouve en Bretagne et surtout dans la Nièvre, mais elle tend plutôt à décroître, car cet extrait est très difficile à décolorer ; cela constitue pour nos régions boisées une sauvegarde que nous ne retrouverons malheureusement pas pour le châtaignier.

Les principales espèces de chênes indigènes, qui se retrouvent pour la plupart en Europe sont les suivantes : *chêne rouvre (Quercus robur)*, arbre des collines et des plateaux ; *chêne pédonculé (Q. pedonculata)* arbre des plaines et des vallées ; *chêne sessiliflor (Q.sessiliflora)* comprenant le *chêne* blanc, très répandu dans le Midi ; *chêne vert (Q. ilex)* fréquent dans le Var et le Gard, d'où son écorce était exportée autrefois en quantité considérable aux usines de Worms, d'Annonay, de Millau, pour le tannage du veau blanc, mais dont l'emploi a périclité depuis l'emploi du box calf, obtenu par le tannage au chrome ; *chêne kermès (Q. coccifera)*, dont on utilise surtout l'écorce de la racine, sous le nom de *garouille*, et qui abonde dans le Midi (Aude, Hérault, Tarn, Gard, Pyrénées-Orientales) et en Algérie ; comme le suivant, il donne un tannin très coloré en rouge ; *chêne liège (Q. suber)*, qui a les mêmes habitats.

Ajoutons que dans nos colonies des Antilles (Martinique, Guadeloupe, Guyane) on utilise le *chêne des Antilles (Catalpa longissima)* et qu'on trouve dans tous les pays étrangers de nombreuses variété de chênes, *chêne de Banister (Q. Banisteri), chêne-saule (Q. phellos)* en Europe ; *chêne rouge (Q. rubra), chêne noir ou quercitron (Q. tinctoria), chêne blanc (Q. alba), chêne-chataignier (Q. castanea)* aux Etats Unis.

De toutes ces espèces de chênes, c'est le chêne rouvre qui, en France, fournit de beaucoup la plus grosse quantité d'écorce ; on évalue le rendement annuel des forêts soumises au régime forestier à 43 millions de kilogrammes d'écorce sèche, tandis que les chênes yeuse et tausin des Basses-Pyrénées, de la Provence et des Landes n'en produisent que 5 millions. La Corse, pour sa part, exporte à l'étranger près de 1500 tonnes d'écorce à tan et en fournit à la métropole une trentaine de tonnes.

Si l'on se rappelle que les valonées, les knopperns, les galles, sont également produites par le chêne, on concevra le rôle important que joue cet arbre dans l'industrie de la tannerie.

Sans entrer dans des détails sur la culture du chêne et la récolte de son écorce, rappelons que la meilleure est recueillie sur le taillis de vingt à trente ans, que l'écorçage naturel a lieu au printemps, (on a expérimenté également l'écorçage à la vapeur, qui peut se faire en toute saison, mais donne lieu à un léger déchet en tanin), et peut se faire sur pied (procédé interdit par l'administration des forêts) ou après abatage. Les écorces sont ensuite séchées à l'air, puis bottelées ; quelquefois, elles sont meulées pour activer la dessiccation ; on les classe alors, suivant leur coloration, en écorce jaune, rouge, blanche, noire, suivant un ordre de qualité décroissant.

Le *châtaignier* (*Castanea vesca*), au contraire du chêne, ne croît guère que dans l'Europe méridionale, et tout particulièrement en France, en Espagne et en Italie. Il n'y a pas plus d'une quarantaine d'années qu'il est utilisé en tannerie, et c'est rarement sous forme de bois qu'on l'emploie, mais presque toujours sous forme d'extraits à 25° B., si bien que nous sommes amenés dans cette étude à envisager en même temps cette forme industrielle, étroitement liée à celle du châtaigner lui-même. Ces extraits constituent un des tanins le meilleur marché, d'où la grande diffusion de leur emploi.

Le châtaignier pousse dans presque toutes les régions de la France, mais c'est surtout dans la Savoie, le Dauphiné, les Pyrénées, l'Auvergne, le Rouergue, le Limousin, le Périgord, la Bretagne et la Corse qu'il trouve ses terrains de prédilection et y forme de véritables forêts. Ce sont toutes des régions accidentées, où la culture était, il y a une vingtaine d'années, restée très en retard sur celle du reste du territoire, où les voies ferrées, d'établissement coûteux, n'ont pu se développer beaucoup et où, partant, les populations étaient plus pauvres et plus arriérées.

Le châtaignier y avait, sur les autres bois, la supériorité de fournir un fruit nourrissant, consommé en grande partie par les habitants du pays, mais il n'y était l'objet d'aucun soin ; aussi les troncs séculaires n'arrivaient plus à donner que des fruits chétifs, et n'ont pu offrir qu'une médiocre résistance aux atteintes de la maladie du châtaignier, qui a sévi sur plusieurs régions, notamment en Bretagne. Les demandes des fabriques d'extraits qui se multipliaient dans ces régions trouvèrent une oreille d'autant plus complaisante dans leurs habitants qu'ils pouvaient utiliser le sol des châtaigneraies pour une culture plus rémunératrice, telle que celle de la pomme de terre : dans le Rouergue, par exemple, une nouvelle ligne de chemin de fer ayant traversé le département, de splendides châtaigneraies ont fait place à des champs de pommes de terre, dont cette région est devenue une des plus grandes productrices. Même phénomène en Bretagne, région où l'extrait de châtaignier a été fabriqué pour la première fois et où, d'un avis unanime, il ne restera plus un châtaignier d'ici deux ou trois années.

La décroissance de la production en châtaignes est démonstrative de ce qui précède : de 3.948.040 quintaux en 1900, elle est descendue en 1909 de près de moitié, à 2.085.060 quintaux, fournis pour près des trois quarts par cinq départements :

Ardèche	220.580	quintaux.
Aveyron	119.500	—
Corrèze	570.200	—
Corse	285.670	—
Dordogne	227.460	—
	1.433.410	—

Actuellement, la France, y compris la Corse, compte plus de trente usines d'extraits de châtaignier, consommant annuellement environ 600 millions de kilogr. de bois pour la fabrication des extraits, dont la valeur dépasse 40 millions de francs valeur moyenne : 18 fr. le kilogr.) ; ces extraits sont exportés surtout en Allemagne et en Angleterre. On peut estimer que cette consommation représente la destruction de 150 hectares de châtaigneraies par an, et il est regrettable que rien n'ait été fait pour enrayer ce déboisement intensif, le plus souvent fait à blanc, soit pour y substituer une culture plus rémunératrice, soit que, dans certaines régions, comme les Pyrénées et la Corse, la transhumance ou le pacage empêchent le développement des jeunes pousses, ne pussent-elles servir qu'à la fabrication des cercles de barriques.

4

Aussi, dans certaines régions, les usines d'extraits seront-elles elles-mêmes appelées à disparaître ; en Bretagne (Redon, La Guerche, St-Nicolas-des-Eaux, près Pontivy, Montreuil-sur-Isle, dont trois seulement traitent 100 à 150 tonnes par jour) d'ici peu de temps ; dans les Pyrénées (Ossès, Sauveterre de Béarn, Coaraz-Nay, Gabastou, Tarbes, Tournaille, Montréjeau) dans sept à huit ans.

Dans la Corrèze, 70.000 mètres cubes de bois disparaissent annuellement, traités soit à l'usine de Cornil, soit à celle de St-Denis-des-Murs (Hte-Vienne); le Cantal a deux usines à Maurs, une à La Val-de-Cère et fournit 30.000 quintaux d'extrait ; le Puy-de-Dôme, une à Condal ; l'Aveyron, une à Rodez et une à Panchot; l'Allier, une importante à Couze.

Vers les Cévennes, on trouve les usines de St-Jean-du-Gard, de Concoul, de Génolac, du Vigan, de Ste-Eulalie-d'Olt, de Banassac-la-Canourgue et de Niègles-Prades (deux). L'Ardèche fournit ainsi 70.000 quintaux d'extrait. Dans le Tarn, on rencontre celle de La Bruyère, dans l'Hérault, celle de Bédarieux. La Savoie et la Haute-Savoie (usine de La Rochelle), envoient en partie leur bois, soit à Lyon, soit à Genève.

Enfin, en Corse, où le châtaignier couvre encore plus de 45.000 hectares, la fabrication de l'extrait est en progression, et il disparaît environ 150.000 stères de bois par an dans les usines de Barchetta, la plus ancienne, de Casamozza, la plus importante, et de Folelli. Plus de 15.000 tonnes d'extrait sont ainsi exportés annuellement.

Si nous passons maintenant aux plantes tinctoriales, nous n'aurons à envisager, au point de vue de la culture nationale, que la garance, dont la production a fait autrefois la richesse de toute une région, puisque son exportation se chiffrait par 31 millions de francs.

Cette culture n'a malheureusement presque plus qu'un intérêt historique, à cause de la concurrence que lui a faite la production industrielle de l'alizarine, principe colorant de la garance, que les chimistes ont réalisée synthétiquement à des prix tels que le cours de la racine de garance tomba en 1872 de 74 francs à 17 francs les 100 kgr., taux où elle était loin d'être rémunératrice.

Ce fut l'origine d'une crise agricole terrible dans le département du Vaucluse, et surtout dans l'arrondissement de Carpentras, où elle était pour ainsi dire la seule culture bien développée, et il fallut de longues années à cette région pour retrouver sa prospérité, que lui a rendue la culture des primeurs. Il faut noter toutefois que les prix de la garance, dont la supériorité tinctoriale sur l'alizarine elle-même existe, s'étant un peu relevés, on constate un certain accroissement des quantités exportées par la France.

Quant aux matières colorantes végétales exotiques, sur lesquelles la statistique des douanes ne nous donne aucun renseignement, elles sont d'un emploi industriel qui n'est pas négligeable. Citons les principaux :

1. *Le bois de Campêche* (*Hematoxylum campestrianum*), arbre de la famille des Légumineuses, originaire de l'Amérique Centrale et des Antilles, utilisé pour la teinture en noir et en bleu ; son principe colorant est l'hématine ou hématoxyline.

2. Le *bois de Brésil ou de Pernambuco* (*Cæsalpinia crista*) teint en rouge.

3. Le *bois de Santal rouge* (*Pterocarpus indicus*).

4. Le *Quercitron* (*Quercus nigra ou tinctoria*), variété de chêne qui croit dans l'Amérique septentrionale, donnant une teinture jaune.

5. Le *bois jaune ou bois de Cuba* (*Morus tinctoria*).

6. Le *bois de fustet* (*Rhus cotinus*), qui colore en jaune.

7. Le *rocou*, produit qui existe tout formé autour des graines du *Bixa orellana*, originaire des Antilles, de la Guyane et des Indes Orientales, donnant une matière colorante rouge et une jaune.

8. Le *carthame*, fleurs du *Carthamus tinctorius* (Inde, Egypte, Europe méridionale), servant à la teinture rose et, aussi, souvent, à la falsification du safran.

9. Les *orseilles*, fournies par des variétés de lichens, et de couleurs variées : o. brune, du lichen pulmonaire ; o. jaune, du lichen des murailles; o. bleue et o. rouge, provenant des orseillés de terre et de mer, suivant qu'on a traité ou non par les alcalis.

10. L'*indigo*, matière colorante bleue tirée de diverses plantes, *Isatis tinctoria* (Crucifères), *Polygonum tinctorium* (Polygonées), *Asclepias tingens* (Asclépiadées), *Galega tinctoria*, et surtout les *indigofera* (Légumineuses), toutes plantes des régions tropicales.

On voit combien sont nombreuses et intéressantes les plantes ressortissant à ce chapitre ; malheureusement, beaucoup sont exotiques et figuraient, à l'Exposition de Bruxelles, soit dans les sections coloniales, soit dans les sections étrangères ; pour ce qui concerne la France, dont cependant, nous l'avons vu, la production est importante, relativement aux plantes à tanin, un seul exposant en montrait à la classe 41 ; il faut en rapprocher l'Exposition de Safrans de la maison Thiercelin et Charrier, sur laqulle nous reviendrons, cette plante étant plus pharmaceutique que tinctoriale, vu son coût élevé. Ainsi, les plantes à tanin étaient représentées par :

COMPAGNIE FRANÇAISE DES EXTRAITS TINCTORIAUX ET TANNANTS, Le Hâvre.

Cette importante maison, fondée en 1905, n'exposait à la classe 41 que les matières premières lui servant à la fabrication des extraits, ceux-ci figurant aux classes 87 et 89.

C'étaient les bois, racines, écorces, fruits, tiges, feuilles des végétaux, surtout exotiques, employés en teinture et en tannerie : campêche, bois jaune, fustet, bois rouge, quercitron, quebracho, gaude, épine-vinette, sumac, garouille, valonées, myrobolans. mangrove, mimosa, etc., dont elle tire, par transformation, purification et concentration, des produits utilisés directement par les industriels : hématol pâte, hématines cristallisées, extrait de bois de Panama (nouveauté), extraits décolorés ou non de quebracho, dont M. E. Dubosc, fondateur de la maison, a le premier découvert l'application à la tannerie et a vulgarisé l'emploi, mimosa, etc.

On pouvait particulièrement remarquer du bois de campêche provenant de plantations faites pour l'acclimatement de cette essence dans les possessions françaises de l'Afrique occidentale.

Cette Société, dont la production moyenne annuelle est de 35 à 40.000 tonnes, d'une valeur de 12 à 15 millions de francs, dont les deux tiers sont exportés dans le monde entier, a une installation industrielle munie des derniers perfectionnements, non seulement en ce qui concerne la fabrication, mais aussi l'hygiène des ouvriers et employés.

Les œuvres sociales sont d'ailleurs à la hauteur de la production industrielle, et comprennent caisse de secours mutuels pour les ouvriers, assurant gratuité des frais médicaux et pharmaceutiques, allocation de salaires réduits pendant six mois, secours aux veuves, secours et retraites aux anciens ouvriers et employés.

La Compagnie française des extraits tinctoriaux et tannants, déjà titulaire de nombreuses récompenses, parmi lesquelles deux grands prix à Paris (1900) et deux grands prix à Liège (1905), a obtenu, pour son Exposition de la Classe 41, un nouveau grand prix, comme elle en a obtenu un autre à la Classe 87.

CHAPITRE IV

Plantes aromatiques, médicinales, pharmaceutiques.

Le climat de la France, grâce à sa grande variété, est, suivant la nature du sol, éminemment propice à la production des plantes médicinales et des plantes aromatiques ; celles ci trouvent en outre, dans la région méditerranéenne, une température favorable au développement des fleurs, et particulièrement des fleurs à parfum. Certes, sauf en ce qui touche ces dernières, il ne s'agit pas de ce qu'on peut appeler une grande culture, et c'est pourquoi il est assez difficile de trouver des documents précis concernant la production de nombreuses plantes médicinales ; celles-ci, en dehors de certaines régions où se localise la culture de certaines variétés, ne donnent lieu qu'à un commerce disséminé, et, par suite, difficile à chiffrer. On s'explique également pourquoi, pour ces deux catégories de produits agricoles, les cultivateurs proprement dits figurent difficilement dans les Expositions internationales, où ils sont représentés plutôt par les industriels qui les utilisent comme matières premières.

C'est ainsi que, pour les plantes aromatiques proprement dites, quatre exposants seulement, dont trois pour l'Algérie, figuraient à Bruxelles :

TRAMU, Alfred, à Aix-les-Bains.

M. Tramu, qui, déjà récompensé d'une médaille d'or à l'Exposition de Londres, a obtenu à Bruxelles un diplôme d'honneur, s'est adonné à la culture du Cyclamen, qu'il a propagée dans les deux Savoies, et des fleurs duquel il extrait lui-même les principes odoriférants.

DURAND, H., à Chébli, Alger.

M. Durand exposait des essences tirées du géranium rosat (*Pelargonium capitatum*), plante de la famille des Géraniacées, dont le parfum se rapproche de celui de la rose et trouve un terrain propice en Algérie. Il exposait également des feuilles de verveine odoriférante.

Le jury l'a récompensé d'une Médaille d'argent; de même que :

THOMAS, E., à Azazga (Alger).

Membre du Comice agricole de Tizi-Ouzou, qui exposait également de la verveine. Une Médaille d'or a été accordée au Comice agricole de Tizi-Ouzou.

MATTEI, à Bastia.

Cédrats.

Dans la section des plantes médicinales, au contraire, nous allons rencontrer de nombreux exposants, dont l'ensemble montre nettement la grande variété des produits utilisés dans l'art de guérir, depuis les plantes monocellulaires, comme les ferments et les levures, jusqu'aux plantes d'organisation élevée. Beaucoup d'exposants, en outre, avaient adjoint à ces simples des spécimens des principes actifs auxquels ils doivent leurs propriétés curatives et des préparations dont les uns et les autres sont la base, et qui constituent pour la France une branche d'exportation florissante.

HORS CONCOURS.

COUTURIEUX, Ch., à Paris.

M. Couturieux a été l'initiateur de l'utilisation dans un but médicinal de l'emploi des végétaux inférieurs en thérapeutique, où ils ont donné des résultats très appréciables, soit qu'on les employât à leur état de vie active, soit qu'on les utilisât dans leur phase de vie ralentie, soit encore qu'on en ait extrait les éléments actifs, pour même les associer à des corps minéraux, dont ils facilitent l'absorption dans l'organisme. M. Couturieux montrait dans son exposition les diverses levures utilisées en thérapeutique dont il s'est fait le propagateur, levure de bière (Levurine) et ses éléments actifs (Levurine extractive, Cytuline), levure de cidre (Cidrase), levure de vin (Œnase), ferment lactique (Lactymase), et, comme application de la première, son association à l'iodure de potassium (Iodurase) et au bromure de potassium (Bromiase).

L. THIERCELIN et CHARRIER, à Phithiviers.

La maison Thiercelin et Charrier est une des plus anciennes du Gâtinais, sa fondation remontant à 1810 ; elle fait exclusivement le commerce du Safran garanti pur, et a des maisons d'achats dans tous les pays producteurs.

Elle emploie environ 150 personnes pour le triage, la sélection, le broyage, l'emballage du safran en petits sacs, en petits paquets ou en boîtes.

La plupart de ces opérations se font à l'aide de la force motrice à vapeur ou électrique.

Les produits de la maison Thiercelin et Charrier ont acquis une réputation universelle et ses produits sont estimés dans le monde entier. Déjà récompensée d'une médaille d'or à Paris en 1889 et d'un grand prix à Paris en 1900, elle était Hors Concours à Bruxelles, l'un de ses chefs faisant partie du jury.

BOUSQUET, Dr F., à Paris.

Les produits exposés par M. Bousquet appartenaient à diverses familles de plantes ; au premier rang, le Pavot à opium, dont la culture a une si grande importance, puisque le suc qu'on en retire, l'opium, est la base de nombreuses préparations pharmaceutiques, et la source d'où l'on tire des alcaloïdes tels que la morphine, la codéine, que l'industrie chimique a même permis de perfectionner en leur enlevant certaines de leurs propriétés nocives. Des spécimens des diverses variétés d'opium accompagnaient ceux de la plante-mère. Puis, l'Aconit, racines et feuilles, plante journellement utilisée dans l'art médical ; enfin, la Drosera, qui, comme les précédentes, est appliquée à la cure des affections des voies respiratoires.

GRANDS PRIX.

MIDY, à Paris.

La maison Midy a fait connaître dans le monde entier de nombreux produits pharmaceutiques, dont la plupart ont pour base les plantes médicinales qui constituaient son intéressante exposition ; citons de beaux échantillons de Coca, de noix de Kola, d'écorces de *Betula lenta* et de *Cascara sagrada*, de semences de Colchique, de *Geranium Robertianum*, de *Sizygium Jambolanum*, dont le choix aussi bien que la présentation ont été particulièrement remarqués.

RAPPELS DE GRAND PRIX.

Les établissements BYLA Jeune, à Gentilly (Seine).

Les établissements Byla jeune, fondés en 1893, par M. Pierre Byla, se sont spécialisés dans la préparation des produits biologiques médicinaux et des énergétènes végétaux, qui nous intéressent plus particulièrement ; ils représentent en effet les sucs des différentes plantes médicinales fraîches les plus usités, dont ils renferment tous les principes tels qu'ils existent dans la plante vivante, en conservant leur caractère colloïdal

Les plantes, choisies dans leur terrain d'élection, récoltées au moment le plus favorable, sont broyées ou pulpées, puis traitées à froid, à l'abri de l'air, de la lumière et de la chaleur, par expression, suivant le cas, soumises à l'exolyse en présence de solvants appropriés, absolument neutres.

Les sucs recueillis sont ensuite chimiquement dosés et expérimentalement éprouvés. Grâce à la méthode de conservation créée et suivie par M. Byla, les énergétènes présentent d'une année à l'autre une constance parfaite d'activité fonctionnelle.

En exposant, d'une part, les plantes initiales, d'autre part ces préparations intéressantes, qui les concrètent pour ainsi dire, M. Byla donnait une démonstration de l'activité incessante des chercheurs, grâce auxquels l'emploi des simples, qui semblait avoir été détrôné par celui de leurs principes actifs, jouit aujourd'hui d'un renouveau basé sur des acquisitions scientifiques précises.

Auguste *FAMELART, rue Ferdinand Duval, à Paris.*

M. Famelart, qui dirige depuis de longues années une importante maison d'herboristerie médicinale, montrait, en de forts beaux échantillons, une grande quantité des productions de notre pays : capitules de petite centaurée, fleurs et capitules de pensées sauvages, fleurs de violettes, de mauve, de guimauve, de coquelicots, de tilleul, de sureau, de camomille ; feuilles de noyer, d'eucalyptus. de diverses solanées, de digitale, d'oranger, racines de guimauve, de valériane, de douce-amère, etc.

TROUETTE, rue des Immeubles-Industriels, à Paris.

La maison Trouette-Perret, une des plus importantes maisons françaises de produits pharmaceutiques, utilise principalement des produits végétaux, dont plusieurs ont été vulgarisés par elle. Citons en particulier le Papayer (*Carica papaya*), plante de la Réunion qui a la curieuse propriété de contenir un ferment digestif analogue à la pepsine animale : la Papaïne, et le Guaco, d'origine mexicaine, utilisé intus et extra pour la cure des prurits. Du Papayer, M. Trouette montrait un fort bel échantillon portant à la fois des fleurs et des fruits à diverses phases de maturité ; citons encore, avec les feuilles et les racines de guaco, du faham, de l'aya-pana, de l'orge naturel et malté, de l'anacardium occidentale, etc.

DIPLOMES D'HONNEUR.

BEYTOUT* et *CISTERNE*, 4, boulevard Poissonnière, à Paris.

MM. Beytout et Cisterne avaient fait une fort belle exposition de plantes médicinales à propriétés dépuratives et laxatives, qu'ils utilisent pour la confection d'un produit renommé, la Tisane des Trappistes ; on pouvait remarquer en particulier de beaux échantillons de Petite Centaurée, de feuilles et racines de Saponaire, de fleurs et capitules de Pensées sauvages.

DERBECQ, boulevard Beaumarchais, à Paris.

M. Derbecq a vulgarisé l'emploi d'une plante qui constituait l'élément principal de son exposition, le *Grindelia robusta*, originaire du Mexique et des États-Unis, doué de propriétés utilisées dans les affections des voies respiratoires, et particulièrement la coqueluche.

Ce sont les capitules et les sommités fleuries qui en forment les parties plus particulièrement actives, et qui constituent la base des préparations faites par M. Derbecq.

JOSSET* frères, 116, rue La Boétie, à Paris.

Les produits exposés par MM. Josset frères étaient constitués en partie par les dérivés du pin maritime ; l'écorce gemmée du pin maritime, dont ils montraient des échantillons choisis, possède des propriétés thérapeutiques supérieures aux produits qui en sont retirés industriellement, et qu'ils condensent par distillation en une eau concentrée connue sous le nom d'Hydro-Gemmine Lagasse.

Ils montraient en outre de beaux spécimens de Tilleul de la Meuse.

KOEHLY, 2, Rodier, à Paris.

Dans la vitrine de M. Koehly, on pouvait admirer une série de beaux échantillons de diverses variétés de plantes médicinales :

graines de Moutarde blanche, graines de Ricin, racines de Rhubarbe, feuilles et follicules de Séné, toutes substances de propriétés purgatives, les unes par action mécanique, comme la moutarde ; les autres, comme la rhubarbe, le séné, par la présence de principes actifs du groupe de l'émodine.

Louis THOUVENIN (D^r), à Bonnelles (S.-et-O.).

Le Dr Thouvenin avait une exposition particulièrement intéressante : il montrait d'abord une gerbe de seigle envahie par l'ergot, maladie parasitaire qui atteint dans certaines conditions les céréales, le parasite se substituant peu à peu au grain dont il prend à peu près la forme, pour donner une substance douée de propriétés médicinales intéressantes, mais toxique ; il faut remarquer que les farines obtenues avec des grains mélangés d'ergot ont donné lieu à des empoisonnements. Le Dr Thouvenin, qui s'est livré à des études sur ce sujet, a montré au jury un moyen simple et à la portée de tous de déceler la présence de ce champignon dans une farine ; il a exposé également 5 ou 6 procédés divers de conservation de l'ergot ; enfin, son exposition comprenait de l'orge et divers produits desquels sont retirés les alcaloïdes qui entrent dans la préparation de ses divers produits.

MÉDAILLES D'OR.

Emile ARNAL (D^r), 14, avenue des Ternes, à Paris.

Les plantes exposées par M. le Dr Arnal appartenaient à deux catégories : 1° plantes marines, en particulier *fucus vésiculosus*, plantes riches en iode, qu'il utilise pour la préparation de produits d'action analogue à l'huile de foie de morue ; 2° plantes médicinales diverses : branche d'eucalyptus, fleurs de camomille, de mauves, de violettes, pétales de roses, baies de genièvre.

Pierre BOUCARD (D^r), 111, rue la Boétie, à Paris.

Le Dr Pierre Boucard exposait une plante de la classe des ferments figurés, le ferment lactique, agent de la transformation du sucre de lait en acide lactique. Alors que, dans les fermentations industrielles, celui-ci agit toujours parallèlement à d'autres ferments, son application à la médecine humaine, dont le but est de substituer aux fermentations anormales du tube digestif un milieu favorable au rétablissement de ses fonctions naturelles, exige des cultures pures. Celles-ci sont obtenues par le Dr Boucard dans des bouillons riches en azote et en hydro-carbones, qu'il ensemence aseptiquement avec une culture pure et sélectionnée de bacilles lactiques. Pour l'application thérapeutique, on emploie des cultures sèches obtenues en traitant des cultures riches par des procédés d'évaporation et de centrifugation qui retiennent les bacilles ; ces derniers sont mélangés à des hydro-carbones et adoptent un état de vie ralentie sans exigence vitale qui leur permet une longue conservation.

Georges CHEVRIER (D^r), rue du faubourg Montmartre, à Paris.

M. le Dr Chevrier montrait de beaux échantillons de feuilles de Coca ; cette plante, d'origine exclusivement sauvage lorsqu'elle a été introduite en thérapeutique, est aujourd'hui cultivée sur une grande échelle, tout comme le quinquina, dans les îles de l'Archipel Malais.

DELOUCHE, 2, place Vendôme, à Paris.

L'exposition de M. Delouche comprenait principalement des Rhamnées et des Polygonées, *Rhamnus frangula*, *Rhamnus purshiana*, *Cascara Sagrada*, racine de *Podophyllum peltatum*, *Rheum peltatum*, qui ont toutes des propriétés purgatives qu'elles doivent principalement à l'émodine, et qui sont la base d'une préparation très connue, les Pilules Boissy, qui a un débouché important en Belgique.

Auguste FAGARD, 23, avenue de la Motte-Piquet, à Paris.

Les plantes exposées par M. Fagard étaient, d'une part, des plantes médicinales de culture de la famille des Solanées (Belladone, Jusquiame, Datura), ou des Scrofularinées (Digitale) sous les trois formes employées en pharmacie pour les préparations antiasthmatiques : tiges, feuilles, semences, coupées ou en poudre ; d'autre part, des produits des Conifères : bourgeon de sapin, produits oléorésineux (gommes, térébenthines, résines, goudron végétal) qui sont utilisés pour la préparation de l'Elatine Bouin.

FLACH, 8, rue de la Cessonnerie, à Paris.

La belle exposition de M. Flach était consacrée, en premier lieu, à une riche collection des diverses variétés de quinquinas cultivés qui, on le sait, ont pris aujourd'hui la prépondérance, par suite de leur richesse en quinine, sur les quinquinas sauvages. D'autre part, il y avait joint de nombreux spécimens de plantes médicinales indigènes, fleurs et racines de guimauve, fleurs de camomille, fruits de coloquinte, feuilles de mélisse, de menthe, de romarin et de sauge.

Augustin MARIE, à Avignon (Vaucluse).

M. Augustin Marie, président de la Société Scientifique des Pharmaciens du Sud-Est, ancien président du Tribunal de Commerce d'Avignon, avait, pour sa part, réuni ses travaux personnels à des échantillons de cultures faites dans ses propriétés.

Parmi ses travaux personnels, citons une étude sur la génération des truffes, des coupes micrographiques de mycélium de truffes, avec photographies de deux de ces coupes ; une monographie fort intéressante : « l'Agriculture, l'Horticulture, la Sylviculture, la Viticulture dans le département de Vaucluse », qui en est à sa seconde édition.

Comme plantes, on pouvait remarquer : des échantillons de fleurs et de plantes de la famille des Labiées des monts de Sorgues et du Ventoux, base d'une liqueur finement parfumée ; des feuilles et tiges de Camphriers recueillies dans une de ses propriétés.

MARIUS et LÉVY, à Paris.

Plantes cultivées pharmaceutiques.

RICARDOU (Maison Ginner et Cie, à Cannes.

M. Ricardou, qui habite dans la région favorisée des Alpes-Maritimes, avait réuni dans son exposition diverses plantes de la flore des Alpes, qui entrent dans la composition de différentes compositions pharmaceutiques.

SOCIÉTÉ SCIENTIFIQUE DES PHARMACIENS DU SUD-EST, à Montpellier.

Cette Société, fondée il y a treize ans sous le patronage des pharmaciens et des professeurs de l'Université de Montpellier, possède un laboratoire où sont utilisées les plantes qui faisaient l'objet de son exposition : Chiretta, Evonymus, Podophyllum, Houblon, Squine, Bouleau blanc, etc.

MÉDAILLES D'ARGENT.

AUGÉ et Cie, à Lyon.

Dans la vitrine de MM. Augé et Cie, on pouvait remarquer, d'une part, des plantes médicinales, telles que la rhubarbe qui, on le sait, est également utilisée dans nos jardins comme plante d'ornement, et certains produits animaux comme la gélatine, largement utilisée dans l'industrie pharmaceutique comme base de la fabrication des capsules, des ovules, des suppositoires, et la kératine, principe constituant de la corne, employée pour l'enrobage des substances médicamenteuses.

BONETTI frères, rue Vaivin, à Paris.

MM. Bonetti frères montraient des plantes telles que la centaurée, le quinquina calisaya cultivé, des galles, qui constituent la matière première employée pour la préparation du tannin médicinal, et du fucus, plante marine ressortissant à la Classe 54.

DURET et RABY, à Marly-le-Roi.

La vitrine de MM. Duret et Raby renfermait, d'une part, une belle exposition d'écorces de Rhamnées : Cascara sagrada (*Rhamnus purshiana*) et Bourdaine (*Rhamnus frangula*); d'autre part, de l'Agar-agar ; ce dernier produit, originaire du Japon et des Iles Malaises, est une substance gélatineuse extraite de certaines variétés d'algues, et qui joue un grand rôle alimentaire chez les populations côtières de race jaune. Exclusivement utilisé jusqu'ici en Europe pour la préparation des crèmes artificielles et, dans les laboratoires, pour la culture des microorganismes, il est aujourd'hui largement employé en thérapeutique, où MM. Duret et Raby ont vulgarisé son emploi, comme adjuvant mécanique de la médication laxative.

FEIGNOUX, Raoul, à Montreuil-sous-Bois.

M. Feignoux, qui dirige une importante maison d'extraits pharmaceutiques, avait consacré son exposition aux plantes les plus employées pour leur préparation ; citons, particulièrement, ses échantillons de coca, de quinquinas rouges cultivés, de *Rhamnus frangula*, de noix de kola, de cascara sagrada, de salsepareille, etc.

GIRARD, 14, rue St-Lazare, à Paris et LAPEYRE, à la Capelle St-Martin.

M. Lapeyre et M. Girard montraient des herbiers renfermant tout particulièrement des plantes cultivées médicinales, la plupart en bon état de préparation. C'est là une excellente forme démonstrative pour l'enseignement, car les plantes mises dans le commerce subissent du fait des manipulations des dommages qui rendent difficile l'étude de leurs caractères.

JABLONSKI-CHAPIREAU Veuve, à Paris.

La maison Jablonski-Chapireau est une des plus anciennes qui se soient spécialisées dans la fabrication des cachets azymes, si répandus aujourd'hui et qui constituent une forme pharmaceutique essentiellement française. La qualité des cachets azymes dépend essentiellemant de celle des farines employées à la confection de la pâte qui sert à les préparer ; les spécimens montrés par la maison Jablonski-Chapireau ne laissaient en rien à désirer sous le rapport de la finesse et de la blancheur.

OSSIAN HENRY, R., à Bazainville (Seine-et-Oise).

Les produits de la maison Ossian-Henry, tirés en grande partie de l'exploitation de son propriétaire, présentent un intérêt particulier ; car, bien que tous tirés des céréales ou de la pomme de terre, dont ils sont les constituants, ils constituent néanmoins des matières premières pour la parfumerie et la pharmacie, les produits secondaires ou résiduels de la fabrication étant employés pour l'alimentation du bétail et des animaux de basse-cour (son, drèches, etc.) et les eaux de lavage étant utilisées en arrosages pour la fertilisation du sol. C'est donc, au premier chef, une industrie agricole qu'elle exploite, dans des conditions économiques parfaites. Voici leur énumération :

1° Amidon...
1° Amidon de froment en poudre impalpable spécial pour la fabrication des cachets azymes pharmaceutiques ;
2° Fleur impalpable pour la parfumerie fine ;
3° Amidon grillé pour les industries des apprêts et teintures ;
4° Amidon commun en cristaux pour encollages divers.

2° Gluten....
1° Gluten de froment sec en feuilles et pulvérisé pour la confection des pilules médicamenteuses ;
2° Gluten de froment sous forme de farines, de pâtes alimentaires et de pain pour l'alimentation des diabétiques et contre les maladies de l'estomac, etc. ;
3° Gluten sous forme de colles employées dans diverses industries ; cuir, carton, etc.

3° Fécule....
  1° Fécule supérieure pour l'alimentation ;
  2°   —   pour la transformation en dextrines ;
  3°   —   qualité secondaire pour l'alimentation du bétail.

4° Dextrines ... De diverses nuances pour toutes les industries employant des produits gommeux.

5° Grains torréfiés... Blé, orge, gruau d'avoine, seigle, féverolles, torréfiés pour les usages diététiques.

R. VOIRY, à Vincennes.

Parmi les plantes exposées par M. Voiry, nous citerons les pétales de roses, les fleurs de souci et de lavande, les feuilles de *datura stramonium*, dont l'emploi en médecine est en grande partie absorbé pour la confection des cigarettes et fumigations antiasthmatiques.

MÉDAILLES DE BRONZE.

DEGRAVE, Albert-Julien, à Paris.

L'exposition de M. Degrave était constituée par de la tourbe fibreuse, cette substance qui n'est plus tout à fait un végétal et qui n'est pas encore un minéral, et constitue le combustible des régions pauvres. Cette tourbe possède des propriétés absorbantes et désodorisantes très marquées, susceptibles d'applications médicales qu'on n'a pas encore suffisamment utilisées ; à côté de ses échantillons de tourbe, M. Degrave montrait un certain nombre des produits dérivés applicables à l'art de guérir.

DELAVIGNE-VOLNEY, à Vernon (Eure).

M. Delavigne-Volney cultive lui-même dans ses propriétés des plantes médicinales qu'il utilise pour la confection de Tisanes pectorales, dépuratives, Poudre laxative, etc. Citons les fruits de cornouiller, de mûrier des haies, les baies d'épinevinette, de myrtille, les prunelles, les cerises ; des plantes à tannin ou à principe amer : gentiane, houblon, centaurée, camomille, des plantes aromatiques, fleurs de sureau, violettes, baies de genièvre, sauge, les racines de grande cousoude, de patience, de saponaire, etc.

Dr *GARÇAIN*, *à Bastia.*

M. le Dr Garçain montrait des échantillons d'une plante autrefois très utilisée en médecine comme vermifuge et bien déchue aujourd'hui, la mousse de Corse, mélange d'algues qu'on récolte sur les côtes de la Corse et de la Provence.

LEGRAS*, *41, rue d'Alsace, à Paris.

Nous trouvons, dans la vitrine de M. Legras, des dérivés des céréales pour l'usage diététique, surtout de l'orge mondé et de l'orge malté. On sait que celui-ci est la base de la fabrication de la bière, dont certaines qualités, connues sous le nom d'extraits de Malt, sont très employées en médecine comme boisson de choix et comme reconstituant dans un certain nombre d'affections. C'est à une telle préparation que M. Legras utilise les produits dont il montrait des échantillons.

MARESSE*, *à Paris.

Quinquina cultivé, Petite Centaurée.

PION*, *Henri, à Fougerolles.

Fleurs de Lavande.

RAVENET*, *à Paris.

M. Ravenel exposait un certain nombre de plantes médicinales cultivées : Eucalyptus, Menthe, Lavande, Hysope, Guimauve, etc., et des échantillons de produits médicinaux exotiques, Coca, Séné, etc.

VINCENT*, *Emile, à Turenne.

Feuilles de Centaurée.

MENTIONS HONORABLES.

GUIBERT, *rue St-Maur, à Paris.*
Feuilles de frêne, Capitules d'origan.

JAMOT, *Avenue Montaigne, à Paris.*

LAVOCAT, *Antoine, à Lyon.*
Avoine et maïs pour usages diététiques.

LEFEBVRE, *à Rouen.*
Feuilles et follicules de séné.

MÉTEYÉ, *à Meslay-du-Maine.*
Quinquinas cultivés.

RIVIÈRE, *à Montreuil-sous-Bois.*
Capillaire de Montpellier.

SAINTON, *à Alger.*
Petite Centaurée.

CHAPITRE V.

Houblon, Cardères, etc.

Le Houblon est une production des contrées du Nord, du Centre et de l'Est de la France (on en cultive cependant une certaine quantité dans la Charente-Inférieure), mais la récolte nationale est loin de suffire à la consommation grandissante de la brasserie, surtout depuis la perte de l'Alsace, qui, comme toute la vallée du Rhin, possède des terrains propices à cette culture ; avec l'Allemagne, la Belgique et la Bohême fournissent à la France les houblons qui lui manquent. Les qualités sont d'ailleurs, aussi bien à l'étranger qu'en France, très diverses, et, si les houblons de Bohême sont particulièrement renommés, ceux de la Bourgogne jouissent aussi d'une estime particulière. Néanmoins, comme on pourra en juger par les chiffres suivants, notre exportation en cette matière est insignifiante :

Importations.

	1909	1908	1907			
Belgique.Q.M	3.896	3.740	4.549			
Allemagne.	18.777	17.543	13.890			
Autres pays	3.298	979	1.056			
Totaux...	25.971	22.262	19.495	6.492.250	5.565.500	5.663.550

Exportations.

Q.M.	743	691	1.754	185.750	172.750	508.660

Dans l'Aisne, le houblon est cultivé sur 50 hectares environ, avec une production en cônes moyenne de 13 à 14 quintaux (6 seulement en 1909) ; dans l'Aube (15 hectares, 42 quintaux) ; la Charente-Inférieure (7 hectares, 126 quintaux).

La Côte-d'Or est le département de l'Est le plus riche en houblonnières, qui y occupent 1.000 hectares, et la production, qui avait été en 1899 de 16.500 quintaux, n'a donné en 1903 que 9.000 quintaux; en 1909, que 3.710 quintaux, d'une valeur totale de 1.520.000 francs. Une petite partie de ce houblon est consommé dans les brasseries locales, le reste est acheté par celles de la France et même par le marché de Londres.

Dans le Loiret, aux environs d'Orléans, 75 ares produisent du houblon uniquement consommé sur place. La Haute-Marne en produit aussi une certaine quantité (350 quintaux pour le canton de Pruathoy) ; cette culture couvre environ 110 hectares dans le département. La Meuse n'y consacre que trois hectares, soit une production d'environ 30 quintaux.

En Meurthe-et-Moselle, la production moyenne est de 6.000 quintaux (1.700 seulement en 1909) sur une superficie de 570 hectares) et cette production ne suffit pas aux besoins des brasseries du département, qui sont très importantes.

Le houblon se cultive dans deux régions du département du Nord : l'une s'étend sur les arrondissements d'Avesnes et de Cambrai, où il est cultivé sur perches ; cette région produit la sorte connue sous le nom de *houblons de Busigny* ; l'autre est située dans l'arrondissement d'Hazebrouck, où on cultive sur fils de fer ; les houblons obtenus sont désignés sous les noms de *houblons de Boeschèpe* et de *houblons de Bailleul*. Au point de vue de la qualité, ces houblons, récoltés et séchés dans des conditions très semblables, sont très voisins ; ceux de *Boeschèpe* font une légère prime sur les deux autres sortes. Ces houblons sont en grande partie consommés dans la région et leur commerce est entre les mains de quelques négociants ; d'ailleurs, pour toute la région du Nord, c'est Alost, centre du commerce houblonnier belge, qui est le marché régulateur.

Citons encore le Pas-de-Calais (10 hectares, 60 quintaux) ; la Saône-et-Loire (17 hectares, 140 quintaux) ; les Vosges (10 hectares, 60 quintaux), pour 1909.

Voici quelle a été la production moyenne du houblon dans les dix dernières années :

	Surfaces en hectares	Production totale en quintaux	Production moyenne par hectare en fr.	Valeur totale	Valeur moyenne de l'hect.
1900	2.851	36.230	12,70	4.609.270	127 20
1901	2.992	32.000	10,69	3.039.190	94 96
1902	2.716	23.820	8,77	4.020.720	168 79
1903	2.913	33.160	11,38	9.623.950	290 21
1904	2.920	35.170	12,04	6.891 880	195 96
1905 . . . . . . ,	2.989	50.190	16,79	4.954.150	98 70
1906	3.055	41.530	13,59	5.089.750	122 56
1907	3.114	39.340	12,63	3.303.770	83 98
1908	3.003	51.570	17,01	2.717.520	65 78
1909	2.872	27.810	7,94	4.102.200	179 82
Moyenne décennale..	2.942	36.582	12,43	4.835.240	132 17

Les cardères sont les capitules desséchés d'une variété de chardon, le chardon à foulon, *Dipsacus fullonum*, qui fait l'objet d'une culture spéciale dans certaines régions de la France, donnant lieu à un mouvement d'exportation notable, sans que cette production figure aux importations. Le chardon est cultivé dans les terrains les plus divers, mais surtout dans les terrains pierreux ayant du fonds ; on les sème en rangs serrés, puis on les repique au mois de mai pour les espacer de 25 en 25 cm. On a soin de les pincer à la partie supérieure, afin de les multiplier et de leur donner une jolie forme en même temps qu'un rapport satisfaisant.

La quantité exportée pour les trois dernières années a en effet été de :

	Quintaux	Francs
1909	14.190	2.128.500
1908	13.908	2.086.200
1907	13.518	1.973.628

Cette culture est surtout localisée dans les Bouches-du-Rhône et le Vaucluse ; elle occupait dans le premier département, en 1909, une superficie de 991 hectares, donnant 14.865 quintaux de cardères, d'une valeur moyenne de 60 francs le quintal. Le Vaucluse, avec une surface de 376 hectares, en produit 3.760 quintaux, valant en moyenne 70 francs le quintal ;

les ventes se font sur les marchés d'Apt, Orange, Avignon, et, surtout, Cavaillon. Les acheteurs sont surtout des négociants d'Avignon, où deux ou trois cents ouvrières sont occupées à la préparation des chardons, qui sont écourtés à chaque extrémité, pour ne plus laisser que les capsules munies de leurs enveloppes rugueuses, seules utiles au peignage des draps. Les expéditions sont faites, soit en colis postaux, soit en grands barils, tant en France qu'en Australie, Russie, Allemagne.

En Seine-et-Oise, on trouve 127 hectares, produisant environ 1.905 quintaux ; enfin, les Basses-Alpes (10 hectares), l'Aude (13 hectares), l'Eure (12 hectares), ont une production beaucoup plus restreinte.

Malheureusement, cette culture n'était pas représentée à l'Exposition de Bruxelles, alors que, précédemment, à Liège, on avait pu remarquer les beaux produits d'une des plus importantes maisons d'Avignon, la maison Naquet.

HORS CONCOURS.

***EMDEN**, à Paris*.

M. Emden, Administrateur de la Société de distillerie, malterie et brasseries de « La Comète », exposait des échantillons de diverses variétés de houblon, les uns d'origine française, les autres provenant de Bavière et de Bohême.

MÉDAILLES D'OR.

***WEILL** Léopold et Cie, à Lunéville*.

La maison Léopold Weill, fondée en 1840 en Alsace, et transférée à Lunéville après 1870, s'occupe spécialement des houblons pour la brasserie, à laquelle elle en livre en moyenne 3 à 4.000 quintaux annuellement. Les houblons qu'elle exposait à Bruxelles provenaient des replants de Bohême, de Spalt et de Bavière, c'est-à-dire de plants de ces trois pays, transportés et cultivés en Lorraine, où, trouvant un terrain des plus favorables, ils ont donné un produit de qualité supérieure à ceux des plants originaux ; il est à noter que les mêmes essais faits en Alsace avec les mêmes plants n'ont pas donné d'aussi bons résultats. Ces houblons sont d'ailleurs très appréciés par les brasseurs, et commencent à être connus en Belgique.

CHAPITRE VII.

Laines brutes, lavées ou non lavées.

Le cheptel national compte une quantité notable de moutons, qui s'élevait en 1909 à 17.357.640 pour la France entière, avec une répartition très variable suivant les régions. Cependant, la tonte de ce troupeau est loin de suffire à la consommation de l'industrie, qui reçoit de l'étranger, et particulièrement des pays à production agricole intense, une grosse quantité de laines. On verra plus loin les facteurs économiques susceptibles d'influer sur l'élevage des ovidés, qui peut être rémunérateur par deux côtés, la production de la viande de boucherie, d'une part, celle de la laine d'autre part, la sélection des races permettant d'améliorer concurremment l'une et l'autre.

L'Australie (et, par répercussion, l'Angleterre), l'Espagne, l'Uruguay, la République Argentine et l'Algérie sont nos gros fournisseurs de laines, dont nous n'exportons qu'une quantité sept fois moindre que celle qui nous est fournie. Voici le détail de ces échanges :

1° Importations.

	QUANTITÉS EN QUINTAUX			VALEURS EN FRANCS		
	1909	1908	1907	1909	1908	1907
Graines de betteraves { Allemagne	39.611	31.931	32.782			
Graines de betteraves { Autres pays	1.499	1.280	1.185			
Totaux	41.110	33.211	33.967	4.111.000	2.656.880	2.717.360
Graines de luzerne et de trèfle	2.169	1.195	790			
Graines à ensemencer (y compris la jarosse) Russie	13.390	17.403	41.386			
Angleterre	17.833	14.096	15.954			
Allemagne	8.972	9.426	22.208			
Autres pays	13.933	15.800	28.741			
Totaux	53.378	56.725	108.289	5.231.044	5.672.500	10.828.900

2° Exportations.

	QUANTITÉS EN QUINTAUX			VALEURS EN FRANCS		
	1909	1908	1907	1909	1908	1907
Graines à ensemencer (y compris la jarosse) Angleterre	34.183	33.780	51.413			
Belgique	25.886	22.293	14.119			
Allemagne	32.466	28.369	18.891			
Suisse	10.263	7.176	6.578			
États-Unis	11.170	13.045	10.696			
Algérie	5.020	6.159	4.285			
Autres pays	22.944	22.988	16.613			
	141.932	133.708	122.595	17.457.636	16.713.500	15.324.375
Graines de betterave	24.892	10.653	9.493	2.240.280	958.770	854.370
— de luzerne et de trèfle	164.652	110.277	106.843	23.051.280	15.438.780	16.026.450

La culture des graines de plantes fourragères s'étend sur toute la France ; elle est plus particulièrement localisée, pour les graines de trèfle, de sainfoin et de luzerne, dans les départements du Centre, du Sud-Est et de la Bretagne; pour la graine de betterave, dans les départements du Nord.

L'Aisne produit des graines de betteraves : 108 hectares ensemencés en 1909 ont donné 854 quintaux, valant 175 fr. le quintal. Les Basses-Alpes font un commerce assez important, surtout des graines de sainfoin ; on en exporte environ 5 à 6.000 quintaux par an ; l'exportation réunie des graines de luzerne et de trèfle est moitié moindre. En 1909, les ensemencements ont porté, pour le trèfle, sur 430 hectares (produisant 2.160 quintaux); pour la luzerne, sur 270 (1.350 quintaux), et pour le sainfoin, sur 1573 (6.292 quintaux). Les Hautes-Alpes produisent surtout du sainfoin (2.000 quintaux par an). L'Ardèche récolte surtout de la graine de trèfle (6.000 quintaux, de 100 à 130 fr. le quintal) et de trèfle violet (3.000 quintaux, de 80 à 100 fr.). L'Aveyron a une production importante : trèfle (2.940 quintaux, valant 157 fr. le quintal), luzerne (1.614 quintaux à 135 francs) pour une surface cultivée de 2.200 hectares (en 1909).

Les Bouches-du-Rhône produisent surtout de la graine de luzerne : 2.485 hectares ont donné, en 1909, 4.473 quintaux, d'une valeur moyenne de 125 fr. ; une partie est exportée en Allemagne et en Autriche.

Au contraire, la Charente, qui est le plus gros producteur de graines de luzerne (4.538 hectares ensemencés, produisant 6.807 quintaux), donne aussi beaucoup de trèfle (2.352 hectares 4.704 quintaux), et une grosse quantité de sainfoin (2.271 hectares, 10.084 quintaux), il en est de même de la Charente-Inférieure : trèfle, 7.090 quintaux; luzerne, 6.409; sainfoin, 4.672.

Le Cher produit surtout du trèfle (2.446 quintaux dont 652 de trèfle jaune) avec 1.017 de luzerne et 1.452 de sainfoin. Dans les Côtes-du-Nord, on récolte, avec 1.412 quintaux de trèfle violet, 219 de luzerne, et d'excellentes graines d'ajonc-fourrage (variétés *queue de renard* et *corne de cerf*) dont on exporte à Londres et à Marseille, d'où elle est expédiée en Australie et en Indo-Chine, où elle serait utilisée pour consolider les remblais et les talus de chemins de fer.

Dans la Drôme, on cultive surtout la luzerne (production en 1909, 4.000 quintaux pour 1.000 seulement de luzerne) ; une partie est exportée en Suisse et en Allemagne.

En Eure-et-Loir, nous trouvons une grosse production de graines de betteraves (7.518 quintaux sur 537 hectares).

L'Ille-et-Vilaine produit surtout le trèfle violet (2.768 quintaux); l'Indre fait une grosse récolte : 7.100 quintaux de trèfle (2.100 de violet, 5.000 d'incarnat), 2.800 de luzerne et 1.600 de sainfoin ; l'Indre-et-Loire également, qui exporte, surtout en Allemagne, 2.000 quintaux de trèfle, 600 de luzerne (le 1/4 de la production) et 500 de sainfoin et produit 927 quintaux de graines de betteraves. L'Isère produit surtout du sainfoin (2.632 quintaux pour 1.594 de trèfle) et il prédomine dans le Loir-et-Cher : 3.570 de trèfle (dont 3.040 de trèfle jaune), 2.027 de luzerne et 5.180 de sainfoin ; dans le Loiret, le trèfle (8.100 quintaux, surtout incarnat) dépasse un peu le sainfoin (6.958 quintaux) outre une production de 348 quintaux de betterave ; dans la Meuse, c'est surtout du sainfoin (1.835 quintaux); en Saône-et-Loire, du trèfle (1.180 quintaux); en Seine-et-Marne, du sainfoin (5.033 quintaux). Dans le Nord, où la culture de la betterave industrielle est intense, la production de la graine est importante, mais elle a beaucoup diminué, par suite de la concurrence des graines allemandes ; elle est néanmoins encore supérieure à la consommation locale, et se fait surtout dans la partie Nord de l'arr. de Douai (700 hect. produisant 14.000 quintaux) et la partie S.-E. de celui de Lille (555 hect. donnant 22 à 25.000 quintaux). Le Pas-de-Calais, également à citer pour cette culture, produit seulement 1.430 quintaux. Dans le Tarn, la production de trèfle et de luzerne s'équivaut (3.000 quintaux de chacun) tandis que le Vaucluse est le plus gros producteur de luzerne (10.926 quintaux, pour seulement 1.600 de sainfoin) et que la Vendée produit seulement du trèfle (6.968 quintaux) et de la luzerne (4.786 quintaux).

Dans la Vienne, enfin, la production est, en certaines années, assez importante ; elle varie avec l'abondance ou la rareté des premières coupes. Dans le cas de bonnes premières coupes, la plus grande partie des secondes est utilisée pour la graine ; au contraire, lorsque ces premières coupes n'ont pas été satisfaisantes, on coupe également les secondes en fourrages.

En 1903, par exemple, ces cultures ont donné lieu au commerce suivant :

Graines de luzerne		Graines de trèfle		Graines de sainfoin	
Production hectol.	Exportation hectol.	Production hectol.	Exportation hectol.	Production hectol.	Exportation hectol.
10.550	8.350	16.200	11.200	68.600	53.900

Des graines de luzerne, 1/5 sont exportées en Belgique et 1/5 en Allemagne ; 4/5 des graines de trèfle vont en Angleterre et 1/3 de sainfoin en Allemagne.

Les producteurs de graines fourragères n'étaient malheureusement représentés à Bruxelles que par un seul exposant :

MÉDAILLES D'ARGENT.

M. BAHU-MERCIER, à Boissy-Fresnoy (Oise.)

M. Bahu-Mercier, qui dirige dans l'Oise une exploitation agricole de 130 hectares, a déjà obtenu de nombreuses récompenses dans les concours agricoles. Parmi les productions de son exploitation, sont les graines de betterave fourragère, de luzerne de pays, de trèfle breton, de dactyle, de fromenteil et de foin des prairies, dont il montrait dans son ex osition de fort beaux échantillons.

CHAPITRE VI.

Plantes et graines des prairies naturelles et artificielles.

Les pâturages sont abondants en France ; ils sont inégalement répartis sur l'étendue du territoire et, surtout, ne donnent pas lieu d'une manière proportionnelle à une culture de graines susceptible d'alimenter le commerce.

D'une manière générale, l'exportation de ces graines l'emporte nettement sur l'importation, particulièrement pour les graines de luzerne et de trèfle ; ce n'est guère que pour la betterave où la balance est en faveur de l'importation, provenant surtout d'Allemagne ; encore les quantités exportées ont-elles une tendance marquée à se rapprocher de celles achetées à l'étranger. Voici d'ailleurs les chiffres statistiques afférents :

1° Importations.

		QUANTITÉS EN KILOGRAMMES			VALEURS EN FRANCS		
		1909	1908	1907	1909	1908	1907
Laines en masse	Russie	739.000	835.125	1.711.456			
	Angleterre	41.243.400	34.720.316	29.110.610			
	Belgique	1.166.300	869.741	1.286.422			
	Espagne	15.087.900	6.184.774	13.158.752			
	Turquie	2.184.200	1.626.699	1.874.238			
	Australie	74.572.300	56.156.862	70.580.446			
	Uruguay	21.897.500	20.160.022	16.751.109			
	République Argentine	96.128.000	90.663.312	90.090.083			
	Algérie	12.824.900	6.752.970	13.475.497			
	Autres pays	16.181.000	10.709.294	13.336.684			
	Totaux	282.024.500	228.679.115	251.375.297	634.445.482	458.905.287	580.389.788
Déchets de laines — Bourre entière	Belgique	4.226.500	4.060.920	3.946.884			
	Allemagne	5.374.200	3.999.148	5.169.225			
	Autres pays	2.037.000	1.329.745	2.412.374			
	Totaux	11.637 700	9.389.813	11.528.483	33.749.330	24.695.208	36.026.859
	Bourre lanice et tontisse	621.700	466.737	904 072	528.445	373.390	795.583

2° Exportations.

		QUANTITÉS EN KILOGRAMMES			VALEURS EN FRANCS		
		1909	1908	1907	1909	1908	1907
Laines en masse	Russie	1.406.600	2.862.100	2.325.204			
	Angleterre	10.753.500	7.307.600	9.039.998			
	Belgique	17.493.100	11.986.600	14.075.489			
	Allemagne	5.159.500	3.837.200	6.914.124			
	Italie	1.744.400	1.799.000	1.325.320			
	Espagne	495.800	621.000	251.131			
	Suisse	1.751.000	2.020.700	2.205.424			
	Etats-Unis	906.800	66.600	436.327			
	Autres pays	1.516.000	2.027.600	1.230.476			
	Totaux	41.226.700	32.538.400	37.803.493	136.048.110	88.179.064	107.361.920
Déchets de laines — Bourre entière	Angleterre	1.017.300	487.500	507.428			
	Allemagne	5.225.300	5.549.000	6.239.545			
	Belgique	13.879.100	8.715.900	8.505.540			
	Autres pays	2.257.200	3.948.800	3.438.839			
	Totaux	22.378.900	18.701.200	18.691.352	47.443.268	34.971.244	40.747.147
	Bourre lanice et tontisse	279.500	243.100	555.320	223.600	182.325	455.362

L'élevage du mouton est surtout prospère dans les départements de moyenne altitude du centre de la France et dans les vastes plaines de la Beauce, où il utilise les herbes qui garnissent les chaumes après la récolte et ramasse les épis échappés au moissonneur ; il tend au contraire à diminuer dans les régions montagneuses. C'est qu'en effet le mouton, comme la chèvre d'ailleurs, arrive à dépouiller le pâturage de toute végétation, et la terre végétale, n'offrant plus ensuite aucune résistance, est entraînée lors des pluies abondantes ; il en est surtout ainsi pour les troupeaux transhumants, généralement trop nombreux pour l'espace sur lequel ils séjournent. De plus, le mouton et la chèvre rendent impossible tout reboisement, car ils paissent les jeunes pousses et dénudent les plants, qui ne peuvent croître. Aussi, la loi du 4 avril 1882 sur la conservation des terrains en montagne et le reboisement a-t-elle édicté des mesures conservatoires sévères, interdisant l'accès des périmètres de reboisement aux troupeaux.

D'autres facteurs ont influé sur la prospérité de l'élevage du mouton ; en premier lieu, l'avilissement du prix des laines, dû à la concurrence de l'Australie et de l'Argentine, le rendait moins rémunérateur, la laine devenant un produit secondaire, mais la sélection des races, l'amélioration des méthodes d'élevage, et l'élévation des cours de la viande de boucherie depuis 1901 tendent à compenser la crise qui en est résultée. Une autre cause a encore été la suppression progressive de la jachère. Aujourd'hui, un autre problème se pose, plus difficile à résoudre : c'est le manque de bergers qui se fait partout sentir, rendant difficile pour les cultivateurs la garde des grands troupeaux.

Dans l'Aisne, la race mérinos domine, mais on trouve également des races anglaises et leurs croisements. La toison est tassée, la mèche longue, le brin fin et nerveux ; la tonte est évaluée à environ 12.000 quintaux de laine en suint, qui est ramassée et rassemblée par des courtiers ou commissionnaires, pour le compte d'industriels du Nord.

Dans les Hautes-Alpes, une partie des troupeaux est formée de mérinos et de métis-mérinos, donnant une laine de bonne qualité (2 à 3 kil. par tête), les autres, Savournon (1 kil.

par tête), gros commun et algérien, sont grossières. La
production totale est de 300.000 kil. environ, vendue pour
la plus grande partie aux commissionnaires du Nord.

La production des Alpes-Maritimes est la suivante :

Métis-mérinos.......... 90.000 kil. (2 kil. par tête)
Race locale............. 44.000 kil.   —

Les Ardennes produisent surtout du mérinos, du métis-mérinos, donnant une laine abondante et de très bonne qualité, et
du dishley-mérinos, dont la laine est plus rare et moins bonne.
Les laines sont expédiées au marché de Reims, où elles sont
vendues aux enchères ; de même en est-il des laines de Champagne et du Soissonnais.

L'Ariège a plus de 300.000 moutons, dont les laines sont
vendues dans des foires spéciales appelées foires de la laine, à
Pamiers, à Foix et Saint-Girons.

L'Aube produit environ 4.000 quintaux de laine, presque
exclusivement fine (mérinos amélioré, croisement mérinos et
dishley-mérinos) ; la vente se fait par l'entremise d'intermédiaires qui l'expédient, soit aux filatures du Nord, soit aux
marchés de Dijon et de Reims.

L'Aveyron est le plus riche département pour l'espèce ovine :
son troupeau comprenait en 1909 : 584.880 têtes. Ce sont surtout des brebis laitières, presque toutes de la race du Larzac,
dont la tonte, faite en juin et juillet, donne lieu à un commerce
important. La laine est achetée dans les domaines par des
courtiers ou ramasseurs qui la revendent, soit aux filatures du
département, soit aux usines des départements voisins ; la
plus grande partie sert à fabriquer des draps de troupe ou des
étoffes de pays ; les seules stations du Midi en ont expédié en
1905, 644 tonnes.

Dans les Bouches-du-Rhône, le troupeau est également très
important (481.150 têtes en 1909) et formé par moitié de deux
races bien distinctes, le métis-mérinos d'Arles dans les plaines
du Bas-Rhône et de la Crau dans l'ouest, le barbarin dans l'est.
Les mérinos d'Arles sont seuls soumis au régime de la transhumance ; ils donnent une laine d'une grande finesse, recher-

chée pour la fabrication des draps fins ; la production est
d'environ 9.000 quintaux, vendue par des courtiers aux industriels des départements voisins ou de l'Alsace et du Nord. La
laine des barbarins est plus grossière, mais chaque animal en
donne jusqu'à 3 à 4 kilogrammes.

La laine produite dans le Cantal est assez fine et vendue
dans le pays, comme celle des bigets, recherchée par les habitants, car elle a la teinte naturelle qu'ils affectionnent pour
leurs vêtements. Le troupeau a d'ailleurs considérablement
diminué dans ce département.

Le mouton poitevin domine en Charente ; il possède une toison
peu fournie, et la laine est utilisée par les filatures et les fabriques de feutres du département : production, 3.500 à 4.000
quintaux. Les mêmes particularités s'observent dans la Charente-Inférieure.

Dans le Cher, on trouve deux races : la race berrichonne
donne une laine fine, blanche, à mèches longues demi-frisées ;
la race solognotte a une laine souvent gris rousseâtre. La
production, d'une valeur annuelle de 775.000 francs, va en
grande partie aux marchés de Reims et de Dijon, le reste à
Châteauroux et à Romorantin.

Le troupeau de la Corrèze comprend plus de 400.000 têtes,
partie de la race des causses du Lot, partie de la race
limousine ; la laine est de qualité ordinaire et peu abondante
dans cette dernière ; elle est utilisée dans les fabriques du
département où on l'utilise en partie pour la fabrication d'un
drap solide dit « droguet ».

La Corse, grâce à sa configuration et à la grande variété de
climats qu'elle présente, offre aux troupeaux des pâturages en
toute saison, la zone maritime au printemps et en hiver, la
montagne en été. Aussi, le nombre des moutons y augmente-
t-il, mais leur toison est constituée par un mélange de poil et
de laine grossière manquant d'élasticité, et peu recherchée par
le commerce. La production totale de la Corse est d'environ
140.000 kilogrammes.

Dans la Côte-d'Or, l'élevage est fait plus particulièrement en
vue de la production de la laine dans le Châtillonnais, où la
race mérinos est seule exploitée. Ces mérinos descendent des

premières importations de moutons à laine fine d'Espagne faites par Daubenton à Montbard en 1786, améliorés considérablement par sélection. L'agneau de 6 mois donne 1 kil. de laine, les brebis 4 kil., les adultes 4 kil. 500, les béliers 6 à 7 kil., ce qui est un très bon rendement ; or, les prix de cette laine fine ont progressé, de 1 fr. 50 en 1891 (cours moyen de la laine en suint, correspondant à 1/2 kil. de laine lavée à dos) à 2 fr. en 1907. La production totale de la Côte-d'Or en 1906 a été de 7.300 quintaux environ, vendue à des courtiers qui les expédient à Reims et dans le Nord. Il est à remarquer que le marché créé depuis 1900 à Dijon reçoit les laines du Midi, du Centre et de la région bourguignonne, mais n'est pas apprécié par les éleveurs de la Côte-d'Or.

La Creuse est un important centre d'élevage du mouton ; on y compte 405.000 têtes.

La Drôme vend environ 450.000 kil. de laines en suint, classées parmi les croisées inférieures, et achetées par des commissionnaires ou des négociants locaux.

L'Eure-et-Loir vient au second rang pour l'importance de son troupeau : 540.770 têtes en 1909 ; c'est le mérinos qui en forme le fond, avec une toison très étendue, une mèche de 8 cm. de longueur, un brin fin de 23 μ de diamètre, un suint épais et dur au toucher. La production de la laine peut-être estimée à 20 quintaux ; la vente se fait toujours à la ferme.

Dans l'Indre, le troupeau est également très important ; il dépasse 500.000 têtes, appartenant aux deux variétés de la race berrichonne, variété de Champagne (pour les 4/5) et variété de Crevant.

Le troupeau des Landes a considérablement diminué depuis l'extension des forêts de pins ; d'ailleurs, la laine de la race landaise est grossière, peu abondante (1 kgr. par tête) et utilisée pour la fabrication de vêtements tricotés par les bergers et pour la confection de matelas.

Dans le Loir-et-Cher, on tond en moyenne chaque année 160.000 moutons, donnant chacun 1 kgr. 900 de laine, partie dishley-mérinos, assez abondante et de bonne qualité, partie de berrichon et de solognot, plus commune. Le tout est acheté par des commissionnaires.

Mêmes races dans le Loiret, qui produit 7.891 quintaux de laine en suint et 504 de laine lavée à dos ; elle est utilisée par les manufactures d'Orléans, de Romorantin, de Chartres, de Reims et du Nord.

Dans la Marne, le mérinos pur domine en Champagne, le dishley-mérinos dans la Brie ; la laine est tantôt coupée en suint, tantôt après avoir été lavée à dos : la production de la première est de 1.500 quintaux, pour 4.000 de l'autre. Cette laine est vendue à des courtiers ou expédiée au marché de Reims, qui reçoit également une partie de celles de la Hte-Marne.

Les races du Pas-de-Calais : race artésienne, émanation du mouton flamand, et race boulonnaise, issue de la première avec des croisements de dishley et de dishley-mérinos, donnent une laine qui sert à la fabrication des étoffes grossières ou moyennes. Elle est achetée par des courtiers ou des marchands de Lille et de Roubaix.

Les laines produites par les Basses-Pyrénées peuvent être évaluées à près de 7.200 quintaux. Celles du Béarn sont ordinairement utilisées pour la matelasserie ; celles du pays basque sont achetées en suint, lavées et expédiées ensuite sur Tourcoing et Roubaix.

La production des Hautes-Pyrénées, qui a beaucoup diminué, est de 4.000 quintaux environ, sur lesquels un quart à peine est utilisé pour les besoins domestiques ; elle est apportée sur les marchés, le plus souvent en suint, et livrée aux négociants de Nay et d'Oloron pour la confection des bérets ou expédiée aux industriels du Nord.

En Seine-et-Marne, les troupeaux, autrefois presque exclusivement formés de mérinos et de métis-mérinos, comprennent une proportion de plus en plus grande des races berrichonne, solognote et southdown ; généralement achetée à la ferme, la laine commence à être portée aux grands marchés de Dijon et de Reims.

A Rambouillet, en Seine-et-Oise, se trouve une bergerie dont le troupeau de béliers est célèbre dans le monde entier ; ce sont des descendants directs des brebis et béliers choisis dans les meilleures caraques léonaises et installés en 1786 à la ferme expérimentale de Rambouillet dans le but de chercher à affranchir la France de l'importation des laines fines d'Espagne.

Les laines produites dans la Somme, dont le troupeau, quoique très diminué, est encore assez important, peuvent être divisées en deux catégories : 1° celle des métis-mérinos, fine ; 2° celle du type picard amélioré, sorte d'artésien dishley, demifine, longue. La laine est généralement livrée en suint, et vendue sur place à des commissionnaires, qui l'expédient sur les marchés de Reims et de Roubaix ; ce commerce se fait dans des conditions très défectueuses, les lots manquant d'uniformité et subissant de ce fait une dépréciation. La production moyenne est de 950.000 kgr.

La Vienne produit annuellement environ 400 tonnes de laine, dont les deux tiers sont vendus en suint ; la laine du mouton poitevin a un brin très long, mais elle manque de souplesse, celle des moutons charmois est supérieure.

Dans la Hte-Vienne, qui possède plus de 400.000 moutons, la laine s'est beaucoup améliorée par suite des croisements effectués ; elle se vend directement aux négociants ou industriels du pays, abstraction faite de celle qui est directement utilisée par les cultivateurs.

On rencontre dans l'Yonne diverses races : mérinos, dishleymérinos, charmois, berrichonne, et leurs croisements ; le commerce de la laine se fait à la ferme par l'intermédiaire de courtiers qui la ramassent pour le compte des industriels ; les envois aux marchés de Reims et de Dijon sont de plus en plus fréquents.

Si nous passons maintenant à l'Algérie, pays essentiellement agricole, nous y trouvons une population de moutons dépassant 10 millions de têtes pour les trois départements, et fournissant approximativement seize à dix-huit millions de kgr. de laine par année. C'est donc pour le pays une production importante, dont un tiers environ est utilisé dans le pays par les indigènes pour la confection des burnous, gandouras, etc., et la fabrication des tapis ; les trois quarts du reste sont absorbés par la métropole, l'autre quart étant expédié en Allemagne et en Belgique ; l'Allemagne absorbe la plus grande quantité des débris peignés pour la fabrication des tissus à bas prix.

D'une manière générale, les laines d'Algérie, comme celles de Tunisie et du Maroc, se présentent sous deux qualités, considérées comme relativement communes, par rapport aux laines de France, de l'Amérique du Sud et de l'Australie. Ces deux catégories sont :

1° Les laines des hauts-plateaux et du Tell, les colons ou moutonnières indigènes provenant de la tonte des moutons d'exportation et de celles des propriétaires éleveurs, sont légères, blanches, et généralement fines; leur rendement au lavage peut être évalué à 45-50 %.

2° Les laines du Sud, provenant de la tonte des troupeaux indigènes, plus ou moins lourdes, sablonneuses, généralement plus fines que les précédentes, donnant un rendement de 32 à 36 % au lavage quand elle ne sont pas fraudées. Les fraudes sont en effet fréquentes, soit de la part des producteurs, soit surtout de celle des courtiers revendeurs, qui l'additionnent de sable, d'eau ou de petit lait, si bien que le rendement peut descendre jusqu'à 20 % ; ces fraudes tendent d'ailleurs à diminuer, par suite de la surveillance active des officiers des bureaux arabes en territoire militaire, de la répression exercée et de la confiscation des laines fraudées.

Les laines tout à fait communes et grossières sont employées pour la matelasserie et la fabrication des tapis ; les entrefines et les fines sont utilisées pour la couverture et la bonneterie. On leur reproche en général le poil beige et le poil mort ou jarreux qui s'y trouve dans une proportion de 10-15 %, dont l'origine doit être attribuée au manque d'abri et de soins, la généralité des troupeaux étant parqués en plein air, exposés à toutes les intempéries, et manquant souvent de nourriture suffisante, d'eau, et à l'incurie des éleveurs indigènes. La création de fermes-écoles, faite il y a une vingtaine d'années par le gouvernement général pour l'amélioration de l'élevage, avait déterminé, par suite de croisements, de réels progrès dans la qualité de la laine, mais elle n'avait pu influer sur les habitudes invétérées des indigènes, et, devant le peu de résultats pratiques obtenus, on a dû y renoncer.

L'Algérie produit également des débris de laines qui proviennent : 1° de morceaux de toisons suint plus ou moins crotteux ; 2° de morceaux lavés, déchets de métiers de tissage, bourre, filasse, etc., et de 3 à 6 % de poils de chèvres. Ces débris sont récoltés dans les tribus par des colporteurs kabyles ; ils donnent un rendement de 30 à 50 % suivant la provenance ou la saison. Cette production peut être évaluée de 2 500.000 à 3.000.000 de kgr. par an.

Le tissage et le lavage des laines ne sont pas faits en Algérie, quelques essais tentés dans ce sens n'ont pas réussi, faute de capitaux suffisants, d'eau et, surtout, de main-d'œuvre technique.

GRAND PRIX.

BERR frères. *Paul et René, à Oran.*

COMICE AGRICOLE DE SÉTIF.

LANZI, Jean, à Ajaccio.

M. Lanzi, président de la Chambre de Commerce d'Ajaccio, exposait un beau lot de laines brutes. Déjà titulaire de nombreuses récompenses, il a été récompensé par le Jury d'un grand prix, et s'est vu en outre nommer, à la suite de l'Exposition, Chevalier de la Légion d'honneur.

SYNDICAT PROFESSIONNEL AGRICOLE de Sidi-bel-Abès.

WEIL-SCHWEITZER, Gustave-Jael, à Constantine.

Les laines exposées par M. Weill-Schweitzer comprenaient des variétés de qualités diverses, en toisons :
Laines fines : laines de Biskra, de Constantine, des Hodna.
— moyennes : laines de Tébessa.
— communes : laines des Haraktas.

RAPPEL DE GRAND PRIX.

CURE, Julien et Cie, à Alger.

La maison Julien Cure, qui possède également un établissement à Milan, s'occupe exclusivement du commerce des laines

brutes en suint ; sans faire un choix déterminé, elle s'était attachée à exposer, avec un tableau mentionnant les rendements et
les produits obtenus (Triage et Peignage Alf. Motte et Cie, à
Roubaix), une moyenne aussi exacte que possible des laines
brutes algériennes en suint, fines et demi fines, telles qu'elle
les achète et les exporte.

Elle porte ses soins principalement sur ces deux points : 1°
méthode d'achats ; ceux-ci sont faits par des agents compétents,
louant pour la campagne, dans les nombreuses localités du Sud,
les magasins nécessaires, et qui apportent tout leurs soins à
dépister les fraudes des indigènes (sablage) et à bien authentiquer la provenance ; 2° méthode de ventes, précédées par des
classements et triages éliminatoires, qui permettent de répondre aux desiderata différents des clients.

DIPLOMES D'HONNEUR.

CHEVALIER, Omer, à Rhira.

Laines tissées et toisons.

CHOLLET, Emile, à Sétif.

Membre du Comice agricole de Sétif.

COMICE AGRICOLE DE MÉDÉA, à Médéa.

STÉPHANOPOLI et Cie, à Alger.

La maison Stéphanopoli et Cie, dont nous avons déjà eu l'occasion de parler dans des chapitres précédents, exposait diverses variétés de laines ;

Laines brutes en toison pour filature, pour carde, pour matelas.

Laines lavées de diverses qualités.
—   peignées   —
—   blousses   —

SYNDICAT AGRICOLE DE CONSTANTINE à Constantine.

ZIZA, *Ch.*, *fils*, *à Alger.*

La maison Ch. Ziza fils s'occupe depuis 1870 d'une façon toute particulière du commerce des laines d'Algérie, ainsi que de l'élevage et de l'importation du mouton. Il exposait des toisons provenant des trois départements algériens, des débris de laine, des laines lavées et des laines peignées. Notons que M. Ziza s'occupe également de l'élevage des abeilles et possède une tannerie munie d'un outillage moderne où toutes les règles de l'hygiène sont appliquées.

MÉDAILLES D'OR.

BEAUPUY, *à Oran.*

Laines brutes pour filatures. Poils.

BESSON, *Edouard, à Paris.*

BOUISSON, *Paul, à Constantine.*

La maison Bouisson, Paul, fondée en 1870, s'occupe à la fois du commerce des laines et peaux et des céréales, soit pour l'importation, soit qu'elle les transforme en semoule pour pâtes alimentaires. Les laines sont expédiées à Tourcoing, Roubaix, Marseille et l'Italie:

CARCASSONNE *frères, à Tlemcen et Marnia.*

S. et S. CHOURAQUI, *à Alger.*

Les laines exposées par MM. S. et S. Chouraqui étaient de deux sortes :

1º Laines de Médéa-Boghari, très blanches, propres, donnant un rendement de 40/42 $^0/_0$ au peignage, contenant des genres très fins et des genres croisés. L'Algérie produit annuellement 7 à 8.000 balles de 100 kgr. de cette sorte, du prix d'environ 130/140 francs.

2º Laines de Djelfa-Bou-Saada, de grande finesse, mais d'un rendement moindre : 34/36 %. Même production que la sorte précédente, avec un prix un peu moindre 120/125 francs.

Cette maison fait le commerce des laines depuis 1855 ; elle fait aussi l'importation en France des moutons, qui sont tondus avant l'embarquement, de sorte que ses affaires portent sur 15.000 balles environ.

COMICE AGRICOLE DE SOUK-AHRAS.

DENAVE, Bernard, à Souk-Ahras.

Fernandez PEDRO dit PEPIS, à Sidi-bel-Abbès.

Membre du Syndicat professionnel agricole de Sidi-bel-Abbès.

LEMOINE, Emile, à Constantine.

L'exposition de M. Lemoine comprenait :

1º Un échantillon de laines communes de Constantine, en suint, convenant plus particulièrement pour la matelasserie.

2º Un spécimen desdites laines, lavées ; rendement obtenu, 48 %.

3º Un échantillon de laines fines de Constantine, en suint, pour fabriques.

4º Un spécimen desdites laines, lavées ; rendement obtenu, 44 %.

Ces laines sont expédiées en suint, sur Paris et Tourcoing.

SYNDICAT AGRICOLE ET RÉGIONALE DE LA CHIFFA.

ZERMALBI, Albert et Gaston, à Sétif.

MÉDAILLES D'ARGENT.

AYACHE Ichoua de Salomon, à *Médéah.*

BENCHETRIT, Abraham, à *Oran.*

BENTOLILA et SERFATY, à *Oran.*

DARMON, Salomon, à *Médéah.*

DEROS, Philippe, à *Oran.*
Laines en suint.

DEYRON, Léon, à *Souk-Ahras.*
Membre du Comice agricole de Souk-Ahras.

DUFOUR, Léon, à *Souk-Ahras.*
Membre du Comice agricole de Souk-Ahras.

EL KAIM, Salomon et Samuel, frères, à *Aïn-Beida.*
Laines en toison.

GILABERT, Léopold, à *Oran.*

HELLER, Isaac, et Cie, à *Médéah.*

KAMINSKI, Edouard, à *Sidi-Bel-Abbès.*
Membre du Syndicat professionnel agricole de Sidi-bel-Abbès.

NOUVION-JACQUET, à *Reims.*
M. Nouvion-Jacquet s'est spécialement adonné, comme cultivateur, à l'élevage du mouton, pour lequel il a introduit en Champagne la méthode australienne, qui se résume en ceci :

les moutons, au nombre de 1.500, vivent en liberté sur de grands espaces. Des abris peuvent contenir les deux tiers de ces animaux. En cas de mauvais temps continu, un certain nombre, les mères et les agneaux, sont ramenés à la ferme, qui peut loger tout le troupeau.

La tonte se fait mécaniquement.

M. Nouvion-Jacquet, dont l'innovation présente un grand intérêt pour l'agriculture, a vu son initiative récompensée par la distinction de Chevalier de la Légion d'honneur, qui lui a été accordée à l'occasion de l'Exposition de Bruxelles.

ORSONI, à Ajaccio.

M. Orsoni possède une maison importante, exportant en France, en Italie et en Autriche, une grosse partie des laines de la Corse, dont il exposait des spécimens, laines noires et blanches lavées. Son commerce s'étend également à l'exportation des peaux en poils brutes.

SADOK, Nessim, à Oran.

SARRAILLER, à Khenchela.
Membre du Syndicat agricole de Constantine.

MENTIONS HONORABLES.

MAURY, Baptiste, à La Chiffa.
Membre du Syndicat agricole et régional de La Chiffa.

Vve SIMONNEAU, à Mouzaiaville.
Membre du Syndicat agricole et régional de la Chiffa.

CHAPITRE VIII.

Déchets d'animaux ; plumes, duvets, poils, etc. — Crins et soies d'animaux domestiques.

Cette section de la Classe 41 revendique des produits de natures très diverses ; ce sont, d'abord, les productions cutanées des animaux vivants, poils provenant de la tonte de la chèvre, du chevreau, en France ; du chameau en Algérie, crins produits par la coupe de la crinière et de la queue des équidés, poils et crins employés soit pour matelasser, soit pour le tissage des étoffes, soit pour la brosserie ; soies du porc, utilisées surtout pour la brosserie ; plumes et duvets des oiseaux ; puis, les mêmes, tirées de tous les animaux abattus, auxquels se joignent bien d'autres déchets : boyaux, qui ont de nombreuses applications industrielles dont la mégisserie consomme de grandes quantités, dégras, cire animale, jaunes d'œufs ; matières grasses impropres à l'alimentation : suif et huile de suif, employés dans de nombreuses industries, fabrication des chandelles, hongroyage de peaux, etc. ; albumine d'œuf, sang desséché : utilisés en tant qu'albumine pour la clarification des liquides ou comme engrais ; os, sabots et cornes : employés en tabletterie, ou servant de matière première pour la fabrication du noir animal, d'engrais et, surtout, des gélatines et colles ; rognures fraîches de peaux : utilisées pour la préparation des colles de peaux ; déchets de peaux et colles, matières diverses.

Il n'est pas jusqu'à l'art de guérir qui ne trouve dans cette série de quoi glaner. En premier lieu, on peut y ranger les sangsues, qui donnent lieu à un véritable élevage, si l'on peut ainsi appeler les procédés qui sont employés pour les nourrir dans les espaces d'eau propices à leur développement et pour les recueillir ; leur emploi étant aujourd'hui bien déchu, le commerce en est peu étendu.

Puis, ce sont ces organes animaux qui constituent la base de l'opothérapie, glandes à sécrétion interne dont le rôle physiologique n'est connu que depuis peu et reste encore obscur pour quelques-unes, mais dont l'activité a donné à la thérapeutique des ressources nouvelles dans la médication symptomatique de certaines affections, soit qu'on les emploie à l'état frais, méthode d'une généralisation difficile, soit qu'on les rende conservables par une dessiccation ménagée, ou qu'on en retire les principes actifs, telle par exemple l'adrénaline, corps retiré des capsules surrénales et journellement employé maintenant dans les officines.

Ces déchets d'animaux donnent lieu à un mouvement d'échanges très actif, quoique très différent pour chaque catégorie ; on en trouvera les chiffres dans le tableau ci-après :

1° Importations.

	QUANTITÉS EN KILOGRAMMES			VALEUR EN FRANCS		
	1909	1908	1907	1909	1908	1907
Boyaux frais, secs ou salés.	1.364.700	1.480.251	1.371.229	1.978.815	2.146.364	1.988.282
Crins.. { bruts............	1.020.400	987.787	1.067.468	3.163.240	3.062.140	3.309.151
Crins.. { préparés ou frisés	485.800	431.856	382.389	1.748.880	1.554.682	1.376.600
Poils bruts { provenant de la tonte : de chèvre, de chevreau, de chameau, et duvet de cachemire	452.600	344.498	360.445	1.697.250	1.205.743	1.351.669
Poils bruts { tombés à la chaux : de vache, de veau, de cheval, et autres poils grossiers............	457.500	666.518	568.858	118.950	166.630	153.592
Poils bruts { de blaireau, de castor, de rat musqué, de rat gondin, de lièvre et de lapin.............	78.800	93.399	125.835	1.103.200	1.214.187	1.761.691
Poils bruts { de porc et / en masse de sanglier	584.300	380.528	556.399	1.402.320	913.267	1.390.998
Poils bruts { de porc et / en bottes de sanglier	649.100	693.475	618.708	4.543.700	4.854.325	4.547.504
Poils peignés ou cardés { de chèvre mohair	27.300	2.820	17.431	150.150	14.805	91.513
Poils peignés ou cardés { autres...........	600	»	431	2.400	»	1.616
Plumes — de parure brutes { de coq et de vautour...........	166.100	147.765	147.543	1.993.200	1.773.180	1.770.516
Plumes — de parure brutes { autres, blanches.	132.314	111.883	89.231	66.117.000	51.466.180	41.046.260
Plumes — de parure brutes { autres noires...	13.300	9.864	18.040	465.500	345.240	631.400
Plumes — autres de toute autre couleur { Russie......	42.000	54.032	82.886			
Plumes — autres de toute autre couleur { Autriche-H..	37.400	34.757	22.205			
Plumes — autres de toute autre couleur { Italie........	33.200	42.140	»			
Plumes — autres de toute autre couleur { Chine.......	33.800	23.172	18.586			
Plumes — autres de toute autre couleur { Japon.......	75.300	76.346	58.217			
Plumes — autres de toute autre couleur { Etats-Unis...	87.200	139.010	63.841			
Plumes — autres de toute autre couleur { Allemagne ..	111.000	152.561	143.960			
Plumes — autres de toute autre couleur { Angleterre..	73.400	122.625	77.864			
Plumes — autres de toute autre couleur { Autres pays..	58.400	95.260	350.882			
Plumes — Totaux........	551.700	740.443	738.441	16.551.000	24.434.619	59.559.228
Plumes — à écrire, brutes ou apprêtées.........	5.400	2.829	60.521	10.530	5.941	118.016
Plumes — à lit (duvet et autres	160.400	159.674	145.474	802.000	838.289	800.107
Graisses — Suif { Angleterre.........	1.162.000	1.089.900	1.958.444			
Graisses — Suif { Belgique...........	773.700	745.100	596.146			
Graisses — Suif { Etats-Unis	8.012.000	4.955.900	10.093.179			
Graisses — Suif { Uruguay...........	»	566.900	56.061			
Graisses — Suif { République Argent.	1.115.800	168.400	258.416			
Graisses — Suif { Algérie	60.100	100.800	209.279			
Graisses — Suif { Autres pays........	1.755.400	1.086.900	852.155			
Graisses — Totaux............	12.879.000	8.713.900	14.023.680	9.659.250	6.099.706	10.097.050
Graisses — Autres	3.179.900	4.471.800	5.647.282	3.272.632	3.935.183	4.969.608
Dégras de peaux...........	24.800	12.200	39.181	18.600	8.545	28.210
Cire brute animale, y compris la crasse de cire....	538.300	518.200	425.199	1.722.560	1.606.460	1.445.677
Jaunes d'œufs impropres aux usages alimentaires.	1.555.500	1.232.900	1.503.496	736.640	616.471	826.923
Os calcinés à blanc	28.410	65.514	22.547	340.920	786.164	270.564
Noir d'os (noir animal)	11.906	9.783	7.414	251.932	215.233	163.108
Oreillons	112.135	100.046	86.183	1.569.890	1.400.639	1.206.560
Autres produits et dépouilles d'animaux à l'état brut. (Q M.)	57.684	62.723	67.908	5.306.928	5.770.527	5.568.456
Os et sabots de bétail, bruts	36.250.500	36.624.700	20.678.801	6.525.090	6.592.440	3.722.184
Cornes de bétail { brutes......	7.183.100	7.760.800	7.441.227	9.338.030	8.924.918	9.301.534
Cornes de bétail { préparées....	6.800	1.750	914	14.960	3.850	2.011
Sangsues (par mille).......	953	1.092	565	61.945	76.440	36.725

2° Exportations.

	QUANTITÉS EN KILOGRAMMES			VALEURS EN FRANCS		
	1909	1908	1907	1907	1908	1907
Boyaux frais, secs ou salés	2.624.700	2.630.200	2.775.643	3.805.815	3.813.790	4.024.682
Crins { bruts	295.100	251.400	314.024	1.180.400	1.005.600	1.256.096
Crins { préparés ou frisés	104.000	97.000	68.515	468.000	436.500	308.318
Poils bruts { provenant de la tonte : de chèvre, de chevreau, de chameau, et duvet de cachemire..	410.700	273.200	588.344	862.470	546.400	1.235.522
tombés à la chaux ; de vache, de veau, de cheval et autres poils grossiers	1.584.700	1.236.600	1.606.323	459.563	346.248	465.834
de blaireau, de castor, de rat musqué, de rat gondin, de lièvre et de lapin	716.500	632.300	719.921	7.881.500	6.164.925	7.538.171
de porc et { en masse.	78.200	83.300	75.274	242.420	273.730	248.404
de sanglier { en bottes.	277.600	283.200	455.280	1.526.800	1.557.600	2.617.860
Poils peignés ou cardés....	102.200	158.200	78.833	536.550	791.000	394.165
Plumes de parure brutes { de coq et de vautour	201.500	244.708	166.156	2.418.000	2.936.496	1.993.172
autres { blanches....	28.354	22.136	49.526	14.177.000	10.182.560	22.781.960
noires......	3.476	1.742	1.784	121.660	60.970	62.440
de toute autre couleur	226.300	174.163	198.158	6.789.000	5.747.379	6.539.214
de parure apprêtées.	690.160	494.207	233.055	43.560.720	25.159.090	12.969.128
à écrire............	5.400	1.368	50	21.060	5.335	180
à lits (duvets et autres).............	836.700	1.020.488	1.307.128	2.300.925	2.950.415	3.921.375
Graisses { Suif brut et huile de suif...	26.787.800	22.232.000	19.252.081	20.090.850	15.562.400	13.861.498
Autres	8.108.300	5.742.300	5.153.238	7.135.304	5.053.224	4.534.849
Dégras de peaux..........	1.821.100	1.901.500	2.312.448	1.365.825	1.330.910	1.664.963
Cire brute animale.........	230.100	159.400	171.548	793.845	549.930	579.832
Jaunes d'œufs impropres aux usages alimentaires......	464.100	409.300	504.344	222.768	204.650	277.389
Os calcinés à blanc.... }	3.569	3.051	489	42.828	36.612	5.867
Noir d'os (noir animal). }	16.677	16.936	9.283	366.894	372.592	204.227
Oreillons .... } O. M.	47.236	48.832	47.318	661.304	683.648	662.450
Autres produits animaux à l'état brut.... }	3.763	3.816	5.063	346.196	351.072	415.193
Os et sabots de bétail, bruts.	8.203.400	9.530.600	12.417.613	981.408	1.143.672	1.490.114
Cornes de bétail { brutes	2.340.100	1.812.700	2.040.018	3.276.140	2.537.780	3.060.027
préparées..........	29.300	32.385	33.100	64.460	71.247	72.820
débitées en feuilles.	15.900	15.209	17.923	214.650	201.519	237.480
Sangsues (par mille).......	590	527	545	38.350	36.890	35.425

Il est difficile, pour les différentes catégories de déchets d'animaux, d'avoir des renseignements, même approchés, sur la production respective des différentes régions de la France. Sans doute, suivant qu'y prédomine l'espèce chevaline, bovine, ovine ou porcine, on devrait leur attribuer ceux qui leur sont particuliers ; en pratique, cependant, il n'en est pas ainsi, sauf pour la laine, qui est en partie prise sur le mouton vivant, car les animaux de boucherie ne sont le plus souvent pas consommés sur place, et les animaux de trait sont en grande partie vendus hors de la région d'élevage pour ne plus y revenir. Ce qui concerne la laine a été traité dans un autre chapitre ; nous donnerons ici quelques chiffres concernant l'espèce caprine.

Il existait en France, en 1906, environ 1.400.000 chèvres, avec une prédominance marquée pour les départements montagneux ; c'est ainsi que l'Ardèche figure dans ce nombre pour 93.700, la Corse pour 166.000, la Drôme pour 70.000, l'Isère pour 79.500 et les Deux-Sèvres pour 54.650. D'ailleurs, il en est dans les montagnes pour la chèvre comme pour le mouton, à cause des mesures prises pour la protection des montagnes : la chèvre est encore plus néfaste que le mouton, et, son élevage devenant plus difficile, tend à être délaissé.

On a vu plus haut que la Corse possède plus de 10 $^{0}/_{0}$ de la totalité des têtes de l'espèce caprine en France ; la tonte de ces animaux, qui donne en moyenne 0 kgr. 250 par tête, produit ainsi pour ce département 3.700 kilogrammes de poils, d'une valeur d'environ 33.000 francs ; on fabrique aussi dans le pays, avec le poil, une sorte de manteau sans manches, le pelone, que portent les bergers corses, et des cordages.

HORS CONCOURS

ARTUS G., à *Paris*.

M. Artus, qui dirige depuis 1876 l'importante maison paternelle où il était entré dix ans auparavant, a apporté à l'industrie de l'utilisation des déchets animaux des perfectionnements importants qui ont nécessité l'adjonction, à l'usine de la Courneuve d'une plus considérable édifiée à St-Denis, si bien que le nombre annuel de têtes de moutons traitées, qui était autrefois de 300.000, s'élève aujourd'hui à huit fois cette quantité.

De celles-ci, il est retiré annuellement environ 100 tonnes de laine (lavée et prête à livrer soit au peignage, soit au cardage), 1200 tonnes de colle-gélatine par traitement de la peau (pour l'apprêt des tissus et la fabrication des paillettes), 250 tonnes de suif (décoloré et épuré pour la savonnerie), 300 tonnes d'os et de viande (pour la fabrication des engrais), 300 tonnes de cornes (pour la tabletterie) : il n'est pas jusqu'aux eaux résiduaires qui, traitées par évaporation, ne puissent fournir encore un engrais titrant 12 $^0/_0$ d'azote.

En outre, M. Artus est depuis 1876 adjudicataire d'un établissement aux Abattoirs de la Villette où il a installé un matériel spécial pour l'extraction des huiles animales provenant des pieds de bœuf et de mouton et des intérieurs de bestiaux : le nombre des pieds traités est de près d'un million pour les moutons et de plus de 300.000 pour les bœufs.

Une partie des produits obtenus est consommée comme comestible, l'autre est envoyée à l'usine de St-Denis pour en tirer et préparer les éléments utiles ; petites laines et poils (exportés en Angleterre et en Amérique), huile (pour le graissage des machines de précision), onglons (expédiés dans le Midi et en Espagne pour la culture de la vigne et de l'oranger), os, peaux utilisés comme ceux des têtes.

Les nombreuses récompenses obtenues dans les expositions antérieures depuis 1878 attestent la prospérité et les progrès qu'a accompli M. Artus dans cette industrie d'un intérêt si varié.

GRAND PRIX

VERDIER-DUFOUR et Cie, à Paris.

L'importante maison dirigée par M. Verdier-Dufour, dont la fondation remonte à 1849, comprend quatre usines distinctes.

1° Celle de la Courneuve, où sont traités les déchets de la boucherie de Paris, pour obtenir : suif vert et suif blanc employés dans la fabrication des bougies et des savons, os granulés et poudre d'os verts pour engrais, os divers utilisés pour la tabletterie, viande pulvérisée pour engrais et pour la nourriture des poissons.

2° Une savonnerie, également à la Courneuve, où sont traités les corps gras animaux

3° Un clos d'équarrissage à Aubervilliers, fournissant des peaux, des cuirs pour la brosserie, les meubles, des os pour la tabletterie, de l'huile de boucherie hippophagique, de l'huile filtrée d'équarrissage, de la graisse brute de cheval pour la fabrication d'huiles et graisses industrielles, de la viande brute et de la viande pulvérisée pour nourriture d'animaux, des sabots pour aplatissage et fabrication d'objets divers ; des peaux, crânes et squelettes pour naturalistes.

3° A Paris, un établissement de triage de chiffons de toute nature et de classement pour tous usages. On aura une idée de l'importance de cette industrie en notant qu'en France, le chiffre d'affaires annuel représenté par le commerce des chiffons et rognures de toutes sortes dépasse cent millions, dont les deux tiers vont à l'exportation.

Ajoutons que M. Verdier-Dufour est le créateur de voitures étanches pour le transport des chevaux morts et de tous les déchets et qu'il a perfectionné les voitures de transport pour chevaux blessés.

DIPLOMES D'HONNEUR

BOURGEOIS, *9, boulevard Denain, à Paris.*

Engrais, os, albumine pour impression.

TRICOCHE, *à Aubervilliers.*

Graisses non alimentaires.

MÉDAILLES D'OR

BOUTY, *Ferdinand, 1, rue de Châteaudun, à Paris.*

M. Bouty représente plus particulièrement, dans la classe 41, les industriels qui se sont spécialisés dans les applications à la thérapeutique de ces organes animaux, les glandes vasculaires sanguines, dont le rôle dans l'économie était si obscur, sinon considéré comme nul, que plusieurs avaient été considérés tour à tour comme le siège de l'âme. Aujourd'hui, certains de ces organes, comme la glande thyroïde, l'ovaire, jouent un rôle important dans le traitement de certains troubles fonctionnels ; M. Bouty en montrait de fort beau spécimens, en glandes entières desséchées ou conservées, en poudre, telle qu'on les utilise le plus souvent, en même temps que d'autres glandes moins importantes, thymus, capsules surrénales, hypophyse, etc.

LORETTE, Augustin, à Lille.

M. Lorette, président-fondateur du Syndicat des boyaudiers de France, lequel a été également récompensé d'une médaille d'or, avait, avec ses collègues ci-dessous mentionnés, réuni les produits : boyaux secs et salés, vessies, suifs, sang, qui constituent leur intéressante industrie, avec leurs nombreuses applications à l'alimentation, l'industrie, les arts, les sports, la chirurgie, la médecine, la pharmacie, etc., cordes harmoniques, peaux de baudruche, etc.

MÉDAILLES D'ARGENT

HARRY, François, au Mans.

Membre du Syndicat des boyaudiers de France.
Boyaux préparés à l'usage de la charcuterie, suif industriel.

MARTIN, Charles, à Courbevoie.

M. Martin exposait des peaux de baudruche pour tous usages, fermeture des flacons, préparation de taffetas occlusifs, et spécialement fabrication des préservatifs.

VIAL, Jean, à Tours.

Membre du Syndicat des boyaudiers de France.
Cordes et boyaux pour la chirurgie et l'industrie, boyaux et vessies préparés à l'usage de la boucherie.

VINCENT, H., à Langres.

Membre du Syndicat des boyaudiers de France.

Boyaux préparés à l'usage de la charcuterie, huile de pied de bœuf, soie de porc, suif fondu, sang desséché.

MÉDAILLES DE BRONZE

DESFONTAINES, Ch., à Paris.

L'exposition de M. Desfontaines comprenait, avec certains déchets d'animaux, des produits dont il est l'inventeur et servant, soit à la dépilation des peaux, soit au lavage des laines, au foulage et au dégraissage des draps, au lessivage des chiffons de papeterie, au blanchissage des toiles de coton, chanvre, lin, soit enfin au lessivage des peintures et vernis.

CHAPITRE IX

Stand de la Chambre de Commerce de Bayonne

Grâce à l'activité de M. Raynaud, vice-président de la Chambre de Commerce de Bayonne, qui l'avait spécialement délégué à cet effet, l'emplacement occupé par la classe 41 offrait aux visiteurs l'attrait d'une exposition collective qui constituait une véritable leçon de choses.

Avant de la décrire, grâce aux notes qui nous ont été remises par M. Raynaud, auquel nous adressons tous nos remerciements, disons qu'il avait en outre organisé une exposition collective des producteurs de truffes, recueillant des échantillons des diverses régions truffières de la France, Lot, Dordogne, Drôme, etc. Sur une carte dressée par lui-même, la production truffière de la France était nettement mise en valeur. Cette exposition ressortissant à la classe 54, qui a récompensé M. Raynaud d'une médaille d'or, nous n'avons pas à entrer dans plus de détails à son sujet, mais nous adressons à son organisateur nos plus vives félicitations.

La Chambre de Commerce de Bayonne a désiré réunir dans un Stand panoramique intéressant, toutes les industries pratiquées, soit dans les Landes, soit dans les Basses-Pyrénées, départements tributaires de son port.

C'est, en effet, par le port de Bayonne, dont la haute direction est confiée à la Chambre de Commerce, que s'exportent les produits résineux, tels que : le brai, goudron, colophane, essence de térébenthine, poteaux de mines. Ces derniers, notamment, sont chargés par centaines de mille tonnes et entrent pour une grosse part dans le trafic maritime de Bayonne, trafic qui a dépassé, en 1911, 1 million de tonnes.

Le panorama qui se dessine sous les yeux des spectateurs est dû au pinceau de l'artiste bien connu, M. Lorant Heilbronn. Il représente le port de Bayonne en pleine activité et le large fleuve Adour couvert de navires.

Le spectateur se trouve placé pour contempler le coucher du soleil, qui dore de ses derniers rayons les flèches de la cathédrale et la nimbe d'une lueur d'apothéose au milieu de la forêt de pins qui couronne les hauteurs de la Croix de Monguerre. Il se trouve au milieu de pignades en pleine végétation, laissant suinter le gemme dont la sève résineuse est recueillie dans de minuscules pots de terre jusqu'au pied de l'arbre.

De ce point stratégique, la vue embrasse, à gauche, la ville proprement dite, à droite le quartier de St-Esprit, au milieu, majestueux et superbe, le large fleuve, roulant lentement ses eaux calmes jusqu'à la mer dont on sent par bouffées les effluves marines se mêler à la senteur balsamique des pins.

L'artiste a bien rendu le charme particulier de ces régions si belles. Il a su en comprendre la luminosité particulière et l'exprimer en une page d'une grande douceur et d'une sincère vérité.

Le stand de la Chambre proprement dit comprend exposé tout ce qui croît, se récolte et se fabrique dans les Landes ou les Basses-Pyrénées : pins, produits résineux, bois de mines, traverses de chemin de fer, chêne liège ouvré, bouchons, chaussures, sandales, produits alimentaires, pâtes, etc., etc...

Le jury de la classe 41 n'était pas qualifié pour apprécier les diverses productions exposées par la Chambre de Commerce de Bayonne; il a distribué, pour ce qui le concernait, les récompenses suivantes :

A la Chambre de Commerce de Bayonne, un grand prix.
A MM. ADER et Cie, à Bayonne, une médaille d'or.
A MM. E. LAGROLET et Cie, à Bayonne, une médaille d'or.
A MM. POUZAC et FRINGUET, à Bayonne, une médaille d'or.

Pour les produits résineux et leurs dérivés.

A Mme veuve G. PINÈDE, à Bayonne, une médaille d'argent.

TABLE DES MATIÈRES.

Chapitre premier.

Chapitre II.

Chapitre III.

Chapitre IV.

Chapitre V.

Chapitre VI.

Chapitre VII.

Chapitre VIII.

Chapitre IX.

IMPRIMERIE ET LITHOGRAPHIE LUCIEN DECLUME, LONS-LE-SAUNIER.

EXPOSITION
UNIVERSELLE ET INTERNATIONALE
DE
BRUXELLES 1910

SECTION FRANÇAISE
CLASSES 53 ET 54

CLASSE 53

RAPPORT INDUSTRIEL ET COMMERCIAL

PAR

M. G. CAILL

SECRÉTAIRE-RAPPORTEUR DE LA CLASSE 53

RAPPORT SCIENTIFIQUE

PAR

M. COUTIÈRE

PROFESSEUR A L'ÉCOLE SUPÉRIEURE DE PHARMACIE

CLASSE 54

RAPPORT

PAR

M. Maxime RADAIS

PROFESSEUR A L'ÉCOLE SUPÉRIEURE DE PHARMACIE DE PARIS

PARIS

COMITÉ FRANÇAIS DES EXPOSANTS A L'ÉTRANGER

Bourse de Commerce, rue du Louvre

1912

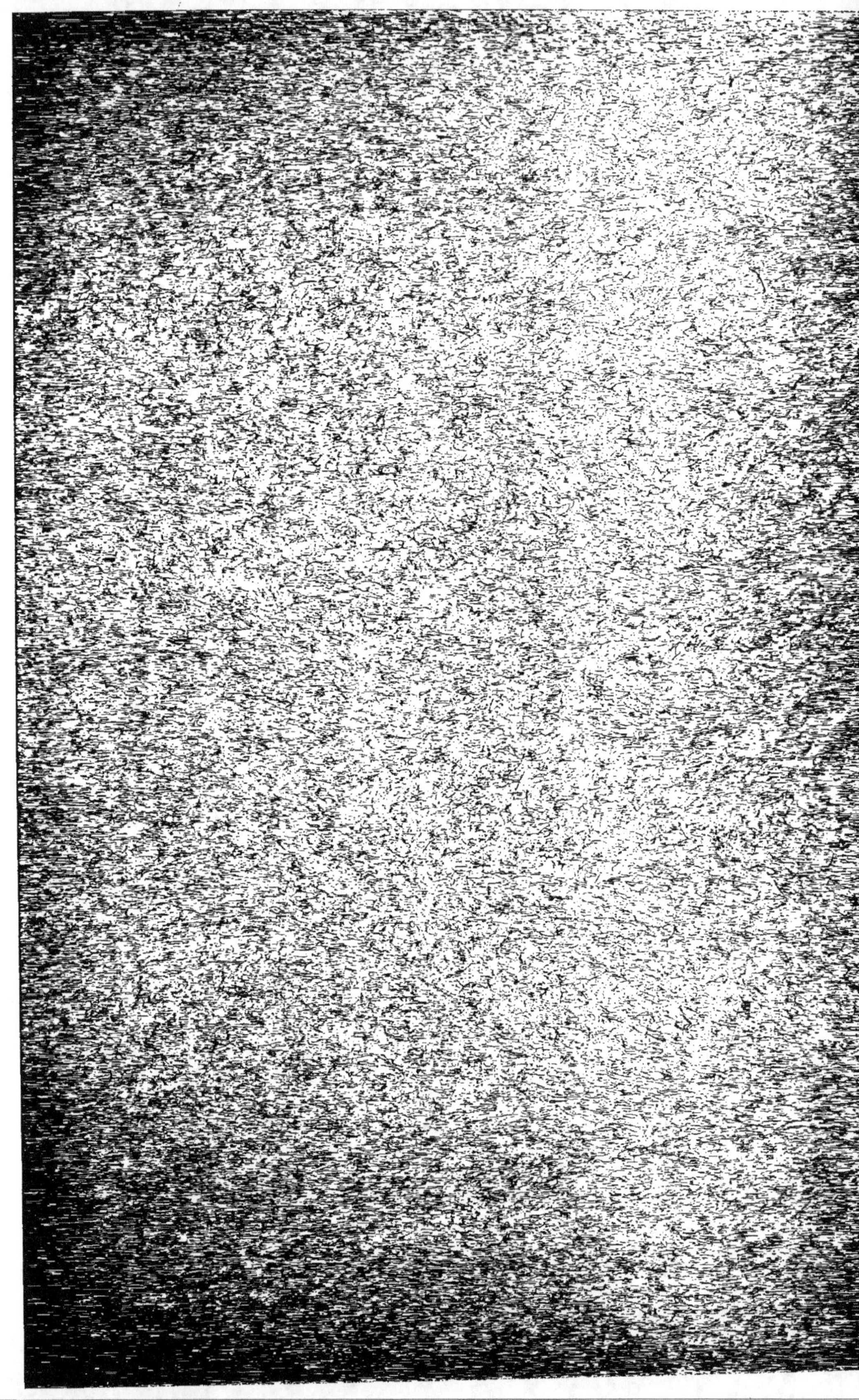

EXPOSITION

UNIVERSELLE ET INTERNATIONALE

DE

BRUXELLES 1910

EXPOSITION

UNIVERSELLE ET INTERNATIONALE

DE

BRUXELLES 1910

SECTION FRANÇAISE

CLASSES 53 ET 54

CLASSE 53

RAPPORT INDUSTRIEL ET COMMERCIAL

PAR

M. G. CAILL

SECRÉTAIRE-RAPPORTEUR DE LA CLASSE 53

RAPPORT SCIENTIFIQUE

PAR

M. COUTIÈRE

PROFESSEUR A L'ÉCOLE SUPÉRIEURE DE PHARMACIE

CLASSE 54

RAPPORT

PAR

M. Maxime RADAIS

PROFESSEUR A L'ÉCOLE SUPÉRIEURE DE PHARMACIE DE PARIS

PARIS

COMITÉ FRANÇAIS DES EXPOSANTS A L'ÉTRANGER

Bourse de Commerce, rue du Louvre

1912

CLASSE 53

Rapport commercial et industriel

PAR

M. Gustave CAILL

ADMISSION DES EXPOSANTS

Trois séances furent tenues pour assurer la participation des Classes 53 et 54 à l'Exposition de Bruxelles : la première, sous la présidence de M. Pinard, président du Comité d'organisation de la Section Française le 30 juillet 1909, et les autres le 25 octobre, et le 15 novembre de la même année : les dernières présidées par le Dr Leprince, vice-président du groupe IX.

La Classe 53 est la Classe de la Pêche et de l'Aquiculture.

Elle comprend :

Engins, Instruments et Produits de la Pêche, Aquiculture.

I. — Matériel flottant spécial à la pêche. Filets et engins ou instruments divers pour la pêche maritime. Filets, nasses, pièges et engins ou instruments divers pour la pêche fluviale.

II. — Aquiculture maritime ; Poissons, Crustacés, Mollusques et Rayonnés. Aquiculture des eaux douces ; établissements, matériel et procédés de la pisciculture ; échelles à Poissons ; hirudiniculture.

III. — Aquariums.

IV. — Collections et dessins de Poissons, de Cétacés, de Crustacés, de Mollusques, etc.

Perles, coquilles, nacre, corail, éponges, écailles de Tortues, Baleines, blanc de Baleine ambre gris, huiles et graisses de Poissons.

A la première séance le Comité de la Classe 53 avait été formé ainsi qu'il suit :

Président, professeur R. Blanchard.

Les Vice-Présidents :

MM. Coutière,   Ancien Président de la Société d'Aquicul-
                      ture et de Pêche, Professeur à l'Ecole
                      Supérieure de Pharmacie, 12, rue
                      Notre-Dame-des-Champs.
Fiant,   Industriel, 11, rue Béranger.
Albert Ochsé,   Commerçant, 5, rue Etienne-Marcel.
E. Paisseau,   Industriel, 66, rue de la Folie-Regnault.

Le Secrétaire :

G. Caill,   Industriel, Impasse de la Balcine, 92, rue
                      d'Angoulême.

Les Membres du Comité :

Emile Altazin,   Armateur, Boulogne-sur-Mer.
Baudoin-Buignet,   Directeur du Personnel de la Marine
                      Marchande et des Transports, Minis-
                      tère du Commerce.
Bénardeau,   Inspecteur général, Administrateur des
                      Eaux et Forêts, Ministère de l'Agri-
                      culture.
Amédée Berthoulle,   Pisciculteur, 4, avenue des Ternes.
Bouville (de Drouin de) Inspecteur-Adjoint des Eaux et Forêts,
                      attaché à la Section d'Expérience de
                      l'Ecole Forestière, Nancy.
Coutant,   Inspecteur général de l'Instruction publi-
                      que, Président de l'Enseignement
                      professionnel et technique des Pêches
                      Maritimes, 12, chaussée de la Muette.
Dagry,   Pisciculteur, 20, quai du Louvre.
Yves Delage,   Membre de l'Institut, Directeur du Labo-
                      ratoire de Zoologie Maritime de
                      Roscoff, Villa de Nice, à Sceaux.

MM. Ch. Deloncle,   Député de la Seine, ancien Président de la Société d'Aquiculture et de Pêche.

Drouant,   Secrétaire du Syndicat Ostréicole, 79, boulevard Strasbourg.

Fabre Domergue,   Inspecteur général des Pêches Maritimes.

Fortin,   Président du Syndicat central des Pêcheurs à la ligne, 107, rue de l'Université.

De Guerne,   Ancien Président de la Société centrale d'Aquiculture, 6, rue de Tournon.

Edmond Halphen,   Trésorier du Comité d'Études pour l'amélioration du sort des Marins Pêcheurs, 164, rue de Courcelles.

Paul Hallez,   Directeur de la Station Zoologique du Portel, à Lille.

Professeur Joubin,   au Musée d'Histoire Naturelle, rue Cuvier.

Juillerat,   Directeur de l'Aquarium du Trocadéro.

Le Bail,   Député du Finistère, Membre du Comité du Crédit maritime au Ministère de la Marine, 14, rue Duret.

Léger,   Professeur de Faculté, Directeur du Laboratoire de Pisciculture de Grenoble.

Ligneau de Séréville,   Fabricant de Filets, à St-Just-en-Chaussée (Oise).

Massenet,   Inspecteur général des Écoles d'Hydrographie, avenue des Ternes, 79.

Odin,   Directeur du Laboratoire maritime des Sables-d'Olonne.

D' Pellegrin,   Secrétaire général de la Société centrale d'Aquiculture et de Pêche, 143, rue de Rennes.

D' Ed. Perrier,   Membre de l'Institut, Directeur du Laboratoire de St-Vaast-la-Hougue, Directeur du Muséum.

Professeur Perez,   Professeur à la Faculté des Sciences, 3, rue d'Ulm.

Porral,   Négociant, 64, boulevard Beaumarchais.

Prunier,   Secrétaire général du Syndicat Ostréicole, rue Duphot.

Raveret-Watel,   Directeur de la Station Aquicole du Nid du Verdier, 19, rue des Acacias.

MM. Robillard,	Négociant, 25, rue Notre-Dame-de-Nazareth.
Ranowitz,	Négociant en Perles fines, 46, rue La Fayette.
Roule,	Professeur de Faculté, Directeur du Laboratoire de Pisciculture de l'Université de Toulouse.
Sépé,	Ostréiculteur, Président de la Société des Musées Scolaires, Bordeaux.
Thuillier-Buridard,	Fabricant de Filets, à Vignacourt (Somme).
Torchut,	Député de la Charente-Inférieure, avenue de Breteuil, 15.
Tréféu,	Directeur de la Navigation et des Pêches au Ministère de la Marine.
Docteur de Varigny,	Publiciste, 18, rue Lalo.
Docteur Wurtz,	Professeur agrégé à la Faculté de Médecine, Membre de la Société centrale d'Aquiculture, 67, rue des Saints-Pères.

La liste des Exposants admis à participer à l'Exposition fut définitivement arrêtée à la dernière séance du Comité : elle comprenait 73 Exposants.

L'emplacement accordé pour la Classe était d'environ 250 mètres carrés, dont une petite partie dut être rétrocédée à la Classe 54.

Des vitrines uniformes furent adoptées pour tous les exposants de la Classe, et les vitrines furent réparties suivant les besoins de chacun.

La Classe était traversée par l'une des grandes voies du Pavillon qui l'abritait, et reliait celui-ci à la section Belge par un escalier. La circulation était assurée autour des vitrines par des allées secondaires. L'installation avait été faite par les soins du bureau de la Classe.

Le gardiennage de la Classe, établi suivant le règlement de la section française, ne donna lieu à aucune observation.

Une assurance contractée par les soins du Bureau du Comité de la Classe mettait ces marchandises à l'abri de tous les risques éventuels d'incendie, de vol, d'avarie, etc., depuis leur départ de Paris jusqu'à leur retour entre les mains des Exposants.

Grâce à l'énergique impulsion du Dr Leprince, vice-président du

Groupe et chargé spécialement de l'organisation des Classes 53 et 54, la section des Produits de la Pêche avait pris une importance beaucoup plus grande que dans les Expositions précédentes. Elle comprenait en effet les principaux représentants des diverses fabrications de filets de pêche à la main et à la machine, de la fabrication des baleines provenant des fanons des différents cétacés, et des imitations industrielles en corne, de l'industrie des perles fausses auxquelles les écailles de poissons donnent leur orient, de l'importation des perles, de la nacre, du corail, de l'écaille et de la fabrication de certains articles tirés de ces derniers produits, de la fabrication des articles de pêche, des appareils à conserver le poisson et des machines à faire les filets.

A Milan, nous avions 21 représentants, à Liège, la Classe 53 avait été réunie à la Classe 54, et n'avait eu que 4 Exposants.

En 1900 cette même Classe avait une centaine d'Exposants.

Le budget des recettes de Milan s'établissait comme suit :

Recettes des Exposants. . . . . . 1.750 francs.
 — Ministère de la Marine. . . 3.000   »
Total. . . . . . . 4.750   »

A Londres :

Recettes des Exposants. 25.388 70
 — Ministère de la Marine. . . 7.000 »
Total. 32.388 70

A Bruxelles :

Recettes des Exposants des Classes 53 et 54. . . . . 25.052 50

Le Ministère de la Marine avait renoncé à exposer faute des crédits nécessaires.

JURY

Classes 53 et 54 réunies.

Pays-Bas. — Président : M. van Lonkhuizen J.-P., directeur de Nederlandsche heide maatschappij, à Utrecht.

Brésil. — Vice-président : M. le colonel Bernardo Ramos, délégué de l'Etat de l'Amazonas.

Belgique. — Secrétaire-rapporteur : M. Perau Armand, ingénieur agricole, garde général des Eaux et Forêts à Bruxelles (Classe 53).

France. — Secrétaire-rapporteur : M. Radais, professeur à l'Ecole supérieure de pharmacie, à Paris (Classe 54).

Jurés effectifs.

Belgique. — MM. Bultinck A., commandant de l'Ecole des mousses de l'Etat, professeur à l'Ecole de navigation, secrétaire du Conseil d'administration de l' « Ibis », administrateur gérant de l'armement l'Ibis, à Ostende ; Crahay M.-I., inspecteur principal des eaux et forêts, à Bruxelles ; François Alfred, membre du Conseil supérieur des forêts de Cerfontaine ; Germay Henri, industriel, négociant en bois, à Liège.

Brésil. — M. Mattoso Ernesto, délégué de l'Etat de Para.

France. — MM. Boisset Louis, propriétaire à Médéa (Algérie) ; Fiant, industriel à Paris ; Lamy-Torrilhon, industriel à Paris ; le Dr Leprince, à Paris.

Japon. — M. Miura, Kagei.

Jurés suppléants.

Belgique. — M. Blondeau Lucien, sous-inspecteur des eaux et
forêts, à Bruxelles.

Brésil. — M. Mesleer A., directeur du panorama de Rio de Janeiro,
à Bruxelles.

France. — MM. Borg Félix, négociant à Bougie (Algérie); Caill G.,
industriel à Paris ; Meiffre Eugène, industriel à Paris.

Experts.

France. — MM. Bocquillon-Limouzin H., à Paris ; Coutière H.,
professeur à l'Ecole supérieure de pharmacie de Paris.

DÉCISIONS DU JURY

Classe 53.

MM. Lonckuizen, Hollande, président.
Leprince (Dʳ) France, vice-président.
Fiant, France.
Bultinck, Belgique.
Perav, Belgique, secrétaire, suppléant.
Caill, France,　　　　　—

Classe 54.

MM. Boisset, Algérie.
Lamy-Torrilhon, France.
Mattoso, Brésil.
Radais, France, secrétaire.
Ramos Bernardo, Brésil, vice-président.
Borgue, Algérie, suppléant.
Meiffre, France,　　—

Commissaire général délégué au Groupe IX, M. de Sébille.

Malgré la différence d'origine des Produits exposés le Jury des Classes 53 et 54 avait été réuni en un seul par la décision du commissariat général de l'Exposition.

Ce Jury mixte ainsi constitué s'est trouvé dès le début de son fonctionnement, en présence de la grave difficulté qui provenait de la différence des produits exposés par la Classe 53, Aquiculture et

Pêche d'une part, et par la Classe 54, Produits des cœuillettes d'autre part. Aussi pour éviter à l'avenir une pareille erreur la lettre suivante fut-elle adressée au Ministre du Commerce.

Paris, le 6 août 1910.

Monsieur le Ministre,

En dehors de l'erreur matérielle qui a consisté à réunir les Classes 53 et 54 à l'Exposition Universelle de Bruxelles, erreur vite reconnue et réparée par M. le Commissaire du Gouvernement Belge délégué au Groupe IX, les membres du Jury de ces classes m'ont chargé de vous transmettre, au lieu et place du Président de ce simili groupe, qui a été obligé de rentrer hâtivement en Hollande après avoir pourtant chaudement approuvé la présente démarche, la requête incluse dont l'importance ne saurait vous échapper.

Je suis absolument certain de bien traduire la pensée de tous ces Messieurs en insistant auprès de vous, Monsieur le Ministre, pour que la modification demandée soit apportée dès la prochaine exposition.

La mise au point de cette partie du règlement des Expositions mettra fin à de très regrettables conflits et sauvegardera les intérêts, fort légitimes, des exposants qui sont actuellement exposés à être méconnus.

Veuillez agréer, Monsieur le Ministre, l'assurance de mes sentiments respectueux et dévoués.

Le Jury avait d'ailleurs immédiatement rédigé le procès-verbal dont ci-joint le texte, et ce procès-verbal avait été joint à la lettre adressée au Ministre du Commerce, et envoyé également au Président du Comité Français des Expositions à l'Etranger.

Les soussignés, membres du Jury International des Récompenses à l'Exposition de Bruxelles, considérant, d'une part, que la différence d'origine des matières comprises, aux termes actuels de la classification générale, dans les Classes 53 et 54 du groupe IX, a rendu indispensable la scission en deux sections distinctes du Jury primitivement affecté à l'ensemble de ces deux classes, que d'autre part, en ce qui concerne spécialement la Classe 53, les matières premières d'origine animale qui ressortissent à cette classe, se confondent pour une large part, au point de vue commercial et industriel avec les matières de même ordre des Classes 52 et 41.

Que cette remarque s'applique également aux produits du sol de la Classe 54 et que les exposants de ces produits peuvent, par une interprétation arbitraire des termes actuels de la classification, les considérer comme ressortissant à d'autres classes telles que les Classes 41, 44 et 50.

Que de semblables divergences d'appréciation sont de nature à amener des conflits d'intérêts entre les exposants, et à rendre presque impossible la tâche du Jury des récompenses.

Emet le vœu :

Qu'une commission spécialement désignée par M. le Ministre du Commerce, sur la proposition de M. le Président du Comité des Expositions à l'Etranger, procède à la révision de la classification générale en ce qui concerne les groupes VII, VIII et IX.

Bruxelles, le 4 août 1910.

M. Leprince, à la suite d'un télégramme adressé à S. M. le Roi des Belges pour le remercier et le féliciter de l'Exposition des Œuvres de l'Ibis, reçut la dépêche suivante :

Le Roi a été fort touché de l'aimable télégramme que vous lui avez adressé au nom du Jury International des Classes 53 et 54 de l'Exposition de Bruxelles. Sa Majesté m'a chargé de vous remercier très sincèrement et de recourir à votre extrême obligeance pour faire parvenir ses plus vifs remerciements à MM. le prof. RADAIS. LONCKUIZEN et PERAUD et à tous ceux dont vous avez aimablement exprimé les vœux et les sentiments, elle a été d'autant plus touchée de la gracieuse attention dont vous avez été l'interprète que l'école des orphelins pêcheurs a tout son haut intérêt.

Le chef du cabinet du Roi.

GROUPE IX

CLASSE 53.

ALLEMAGNE

Médaille d'Or.

OBER-PRÉSIDENT (Hanovre).

ANGLETERRE

Grand Prix.

1. ALCOK.

Diplôme d'Honneur.

1. MILWARD.

NOTA. — L'exposition de MM. BURROLS WELCOME et C° n'a pas été trouvée par le jury.

BELGIQUE

Hors Concours non participants aux Récompenses.

1. SOCIÉTÉ L'IBIS, à Ostende.
2. DELHAIZET et CIE, à Bruxelles.

Grands Prix.

1. BYNEN VARSEN, à Zonhoven.
2. BARON GOFFINET, à Bruxelles.
3. L'ADMINISTRATION DES EAUX ET FORÊTS, à Bruxelles.

Diplômes d'Honneur.

1. DE DEKEN, à Bruxelles.
2. SOCIÉTÉ BIOLOGIQUE D'OVERMAIRE.

Médailles d'Or.

1. SOCIÉTÉ GÉNÉRALE DE PROTECTION DE LA PÊCHE.
2. VERMYLEN ET FILS, à Bervede.
3. HOLZAOFELS, lim. de Newcastle.
4. PÊCHERIES A VAPEUR (Ostende).
5. DIERMAN, à Gand.
6. DAN (Copenhague).
7. OFFICE INTERN. DE DOC. POUR LA PÊCHE.
8. OTTO DENTZ.

Médailles d'Argent.

1. E. RENTIERS, à Bruxelles.
2. DESBAREX, à Bruxelles.
3. ISBECQUE, à Anvers.
4. OTTO DENTZ (filiale Belge), à Bruxelles.
5. LINTON-HOPE, à Londres (Ibis).
6. SOCIÉTÉ NORDIANA, à Ostende.
7. QUIMET Frères, à Ostende.
8. HOUGHTON (Warrington).
9. DUMONT L. (Jumet).
10. ECOLE PROFESSIONNELLE DES PUPILLES, à Ostende.

Médailles de Bronze.

1. BOUCHERIT, à Ostende.
2. BORGERS, à Ostende.
3. ROTHIER, à Ostende.
4. VANDERWERDT, à Anvers.

5. Grinsby Solt, Tanning et Cⁱᵉ.
6. Vandervaalle, à Ostende.

Déclassé.

1. Tomes (Louis), passé à la Classe 59.

BRÉSIL

Engins, instruments et produits de la pêche. Aquiculture.

Médailles d'Or.

Inspectoria de Mattas Maritimas, Jardins, Caça e Pesca do Districto Federal, Rio de Janeiro. — Collections de poissons, cétacés, crustacés, mollusques, etc.
Sociedade Nacional de Agricultura. — Poissons.

Médailles d'Argent.

Commissao Estadoal do Para, Para. — Graisse de jacaré.
Commissao de Acquisicao e Organisacao dos Productos do Estadodo. Amazonas, Amazonas. — Instruments divers pour la pêche.
Commissao Organisadora de Pernambuco, Pernambuco. — Coquilles.
Commissao Estadoal do Para, Para. — Ecaille de tortue et graisse de gurijuba (déjà cité, donc une seule récompense).
Commissao Organisadora da Exposicao Internacional de Bruxellas à Pernambuco. — Coquilles.
Directoria de Agricultura do Estado da Bahia, Bahia. — Huile de baleine.

Médailles de Bronze.

Leodoro Franca, Amazonas. — Coquilles.
Associacao Commercial da Parahyba do Norte, Parahyba do Norte. — Collections de poissons.

Mention Honorable.

Manoel S. Carneiro, Bahia. — Eponges.
Jose Lins, Amazonas, Manacapuru. — Langue de Pirarucu.

ANTAO S. CAMPELLO, Manaos, Amazonas. — Côte de peixe boi.

LUIZ MARQUES, Manaos, Amazonas. — Graisse de peixe boi.

FRANCISCO DE PAULA FARIA et SOUSA, Maues, Amazonas. — Graisse de tortue.

INTENDENCIA DE CADAJOZ, Amazonas. — Graisse de tortue.

FRANCISCO TAVARES (Dr), Amazonas. — Graisse de pirarucu, Tortue.

ALBERTO VIEIRA et IRMAOS, Amazonas. — Tortue, Graisse de tortue.

MANOEL ZANY, Manquiry, Amazonas. — Œufs de tortue.

INTENDENCIA de S. GABRIEL, Amazonas. — Filet pour la pêche.

COMPANHIA MANUFACTORA AGRICOLA DO ESTADO DO MARANHAO, Maranhao. — Filet pour la pêche.

FRANCISCO PUBLIO RIBEIRO BITTENCOURT, Manaos, Amazonas. — Bateau de pêche en miniature.

JOSE LINS, Manacapuru, Amazonas. — Côte de peixe boi (déjà cité).

INTENDENCIA DE MOURA, Amazonas. — Œufs de tortue.

Composition de l'Exposition de la Sociedad Nacional de Agricultura.

SPHYRNA FIBURO, LINN. Chapeu Armado....................	Districto Federal.
CHORINEMUS GUARIBIRA, Solteira, Guahybira...............	— —
OGCOCEPHALUS VESPERTILIO, LINN. Morcego do mar..........	— —
PRIONOTUS PUNCTATUS, Bl. Cabrinha........	— —
CHILOMYCTERUS GEOMETRIC, Baiacu de Espinhos............	— —
CHILOMYCTERUS GEOMETRICUS.	
LAGOCEPHALUS LAEVIGATUS, Baiacu ara.....................	Rio de Janeiro.
CHILOMYCTERUS GEOMETRIC, Cesta de Baiacu de Espinhos.....	casa Jacobsen.
LAGOCEPHALUS LAEVIGATUS, Cesta de baiacu ara.............	—
RAJA, Cesta de peixe arraia...................	—
SERRANUS UNDULOSUS, Badejo...........................	Districto Federal.
OEDIPLEURA CORDATA, Carangueijo...........	— —
SQUILLA, Tamburutaca...............................	— —
CARDISOMA GANHUMI, Goyamu....	— —

HOLLANDE

Grands Prix.

1. SOCIÉTÉ D'ENCOURAGEMENT DE LA PÊCHE (Scheveningen).
2. STATION ZOOLOGIQUE (Le Helder).
3. SOCIÉTÉ DES BRUYÈRES DE HOLLANDE.

Diplômes d'Honneur.

1. Pêcheries de l'Escaut (Ziericken).
2. Sea Sids Mills (Scheveningen).
3. Ruijk-Inst Von Diepseeonderzoek (Le Helder).
4. Gouvernement des Célèbes (Bon de Querly), à Makassar.

Médailles d'Or.

1. Pen (Jan), à Lemmer.
2. Laboratoire des Pêcheries de l'Escaut et de Zélande, à Bergen op Zoom.

Médailles d'Argent.

1. Theuns (Zierickree).
2. Schiffre Jan (Vlaardigen).
3. Hijmans N. H. (Haarlem).
4. Société Jumidan (Haarlem).
5. Van Lejen, à Bandoeng (Java).
6. Comité Colonial pour Curaçao, à Willemstad (I. Oruba).

Médailles de Bronze.

1. Van Westen (Zierickru).
2. Mijusbergen M. J. P. (Terneuzen).
3. Sipsma (Ierseke).
4. Betz et Van Heijst (Vlaardingen).
5. Van Abshoven (Vlaardingen).
6. Den Dulk Jacques (Scheveningen).
7. Hoogenraad A. (Scheveningen).
8. Lerkamp (Blomendaal).
9. Koclewijn Villems (Bunschoten).
10. Neboer (Bunschoten).
11. Iwart (Gerber) (Bunschoten).
12. Poojer (Jan) (Volendam).
13. Spaander Leendert (Volendam).
14. Société Wilhelmina (Texel).
15. Blom A. (Vieringen).
16. Comité Colonial pour Curaçao, à Willenstadt (Ile Saint-Eustache).

FRANCE

Hors concours. Membres du Jury.

1. FIANT, à Paris.
2. LEPRINCE (Dr), à Paris.
3. RAUX, CAILL et Cie, à Paris.
4. COUTIÈRE (Prof.), à Paris (Expert du Jury).

Hors Concours.

Non participants aux récompenses.

1. BLANCHARD (Prof.), à Paris.
2. LABORATOIRE DE PARASITOLOGIE, à Paris.
3. LABORATOIRE DE MÉDECINE COLONIALE, à Paris.
4. LABORATOIRE DE SAINT-VAAST-LA-HOUGUE.
5. MAZOYER, Inspecteur général des Ponts et Chaussées, Paris.
6. OCHSÉ (Albert), à Paris.
7. PAISSEAU, à Paris.
8. SOCIÉTÉ ZOOLOGIQUE DE FRANCE, à Paris.
9. DE VARIGNY, à Paris.

Grands Prix.

1. AMIEUX et Cie, à Santenay-lez-Nantes.
2. DAGRY, à Paris.
3. JOUBIN (Prof.), à Paris.
4. LÉGER (Prof.), à Grenoble.
5. LIGNEAU DE SÉRÉVILLE, à Saint-Just-en-Chaussée (Oise).
6. SOCIÉTÉ NATIONALE D'ACCLIMATATION DE FRANCE, à Paris.
7. PORRAL, à Paris.
8. P. ROULE, à Toulouse.
9. SOCIÉTÉ « LA SOIE », à Paris.
10. SOCIÉTÉ CENTRALE D'AQUICULTURE ET DE PÊCHE, à Paris.
11. THUILLIER BURIDARD, à Vignacourt (Somme).
12. SYNDICAT CENTRAL DES SOCIÉTÉS DE PÊCHES A LA LIGNE, à Paris.

Diplôme d'Honneur.

1. DE DROUIN DE BOUVILLE, à Nancy.

2. HALLEZ (D^r), Le Portel.
3. RAVERET-WATEL, à Paris.
4. ROBILLARD, à Paris.
5. SÉPÉ (G.), à Bordeaux.
6. ZANG, à Paris.
7. WYERS frères, à Paris.

Médailles d'Or.

1. ANTHONY (D^r), à Saint-Vaast-la-Hougue.
2. ARTOZOUL, à Carcassonne.
3. BORDAS (D^r), à Lennes.
4. CALVET (D^r), à Cette.
5. DEMORLAINE, à Amiens.
6. GERMAIN (Dr Louis), à Paris.
7. GUIART (Prof. Jules), à Lyon.
8. LABORATOIRE MARION (Dr JOURDAN).
9. KOEHLER (Prof.), à Lyon.
10. SOCIÉTÉ DU SUD-OUEST (Prof. KUNSTLER), à Bordeaux.
11. LEBEL (Alfred), à Péronne.
12. LEBLANC et fils, à Paris.
13. ODIN, Les Sables-d'Olonne (Vendée).
14. PELLEGRIN (D^r), à Paris.
15. ROBERT (D^r), à Paris.
16. ROLAND (Charles), à Saint-Bon.
17. SOCIÉTÉ DE PISCICULTURE DU CHER, à Bourges.
18. TOPSENT, à Dijon.

Médailles d'Argent.

1. COZETTE (Paul), à Noyon.
2. GADEAU DE KERVILLE, à Rouen.
3. GRANDEAU (Jean), à Pont-à-Mousson.
4. GUITEL (D^r), à Rennes.
5. HÉRAUD (Ludovic), à Béjà (Tunisie).
6. HERVE (Paul), à Etaules.
7. HOULBERT, à Rennes.
8. HUGON, à Savigna (Jura).
9. LE BRAS (Jeanne), à Port-Croix.
10. MARTY (Henri), à Villefranche-de-Rouergue.

11. Société des Pêcheurs vosgiens, à Épinal.
12. Vayssière (Prof.), à Marseille.
13. Volmerange, à Aurillac.

Médailles de Bronze.

1. Conte (Dr), à Lyon.
2. Langeron (Dr), à Paris.
3. Massonnat (E.-B.), à Lyon.
4. Rinkly, à Paris.
5. Vaney (Dr), à Lyon.

Mentions Honorables.

1. Boivin et Cie, à Paris.
2. Cabs (Le Pêcheur populaire), à Paris.
3. Société des Pêcheurs a la ligne, à Ponthieu.

Exposition non trouvée.

1. Boutan (Dr), à Bordeaux.

ITALIE

Hors Concours.

Non participant aux Récompenses.

1. Le ministère de l'Agriculture, de l'Industrie et du Commerce.

Mentions Honorables.

1. A. Onorato et frères, Torre del Greco.
2. Grasso et Orazzio, Oniglio.

Exposition non trouvée.

1. La Chambre de Commerce de Syracuse.

JAPON

Hors Concours.

Non participant aux Récompenses.

1. Mikimoto, Tokio.

NORVÈGE

Médaille d'Argent.

1. JOHN BORGE, Christiania.

TUNISIE

Hors Concours.

Non participant aux Récompenses.

1. DIRECTION GÉNÉRALE DES TRAVAUX PUBLICS, Tunis.

Mention Honorable.

1. GOZLAN, à Tunis.

COLLABORATEURS

FRANCE

NOM DE LA MAISON	NOM DU COLLABORATEUR	RÉCOMPENSES
Artozoul (Méd. or)	Dejean (Jeanne), Alzoune.	Méd. bronze.
	Savary (Marie), Alzoune..	Ment. hon.
Dagry, Paris (Grand Prix).....	Dagry (Ch.), Paris.......	Méd. or.
	Dagry (Marcel)	Méd. argent.
Blanchard R., Paris (Hors Conc.)	Blanc (Georges)	Méd. argent.
Demorlaine, Amiens (Méd. or).	Sté Pêcheurs Abbeville...	Méd. bronze.
Joubin, prof. (Grand Prix).....	Guerin-Canivet (Dr), Concarneau..............	Méd. or.
Blanchard, R. (Hors Conc.)....	Langeron (Dr), Paris.....	Méd. or.
Leger, Grenoble (Grand Prix)..	Berthet, Grenoble.......	Méd. or.
Ligneau de Sereville (Gr. Prix .	Fournier (Emile)........	Méd. argent.
	Leveil (Cyril)...........	Méd. or.
	Regnier (Ambroise)......	Méd. argent.
Paisseau, Paris (Hors Conc.)...	Paisseau (Emile)	Méd. or.
	Charrette (Anselme).. ..	Méd. or.
Leblanc, Paris (Méd. or)	Moreaux (Emile)........	Méd. argent.
	Merlin (Luc)...........	Méd. bronze.
Porral, Paris (Grand Prix)....	Frecot (Charles)........	Méd. argent.
Syndicat Central (Grand Prix).	Minville (A. Jean).......	Méd. argent.
Leprince, Dr (Hors Conc........	Leprince (C. M.)........	Dipl. Hon.
Raux, Caill et Cie (Hors Conc.).	Relinger (C. M.)........	Dipl. Hon.
	Dessauce (Jean).........	Méd. argent.

BELGIQUE

NOM DE LA MAISON	NOM DU COLLABORATEUR	RÉCOMPENSES
Administration des Eaux et Forêts (Service de la pêche) (Grand Prix)..............	Viandier (Richard).......	Dipl. Hon.
	Willem (Victor).........	Dipl. Hon.
	Rousseau (Ernest).......	Dipl. Hon.
	Clerckx (Jean)..........	Méd. or.
	De Moorr (Ch.)..........	Méd. or.
	Madon (Alfred)..........	Méd. or.

NOM DE LA MAISON	NOM DU COLLABORATEUR	RÉCOMPENSES

BELGIQUE (*suite*)

Œuvre de l'Ibis (Hors Conc.)..	Parser (A.)	Méd. or.
	Maempel (A.)............	Méd. or.
	Carbonez (A.)	Méd. or.
	Joyensen (Emile).........	Méd. or.
	Bruggeman (A.)	Méd. argent.
	Spooner (Ph.)...........	Méd. or.

ALLEMAGNE

Ober-président, Province de Hanovre (Méd. or)..........	Recken (Ludwig), Hanovre.	Méd. argent.

COOPÉRATEURS

FRANCE

Dagry, Paris (Grand Prix).....	Planchin (Albert)	Méd. bronze.
Fiant (Hors Conc.)...........	Pogneaux (Ed.), contre-maître, Mouy..........	Méd. argent.
Leger, Grenoble (Grand Prix)..	Gondrand (Art.)........ ..	Méd. argent.
Ligneau de Sereville (Gr. Pr.).	Grenet (Fernand).... ...	Méd. bronze.
Paisseau, Paris (Hors Conc.)...	Demailly (Alex.).........	Méd. bronze.
	Spielbauer (Ch.)........	Méd. bronze.
Le Blanc, Paris (Méd. or).....	Desquatre (H.)....... ...	Méd. argent.
Syndicat Central (Grand Prix).	Hansen (M.)	Méd. argent.
Thuillier-Buridard (Grand Pr.).	Tschieret..............	Méd. or.
	Warin (Ch.)...	Méd. argent.
Topsent E., Dijon (Méd. or)....	Tallent (Octave)........	Ment. hon.
Wyers, Paris (Méd. or)........	Herton (H.)	Méd. argent.
	Gobbe (Alph.)...........	Méd. bronze.
Zang, Paris (Dipl. Hon.).......	Bourdier (Louis)........	Méd. bronze.
Leprince, Paris (Hors Conc.)..	Paillet (Mlle L.).........	Méd. or.
Raux, Caill et Cie (Hors Conc.).	Whitelaw (André)	Méd. argent.
	Mathon (A.)............	Méd. bronze.

HOLLANDE

Betz et Van Heydt, Vlaardingen (Méd. bronze)..............	Bakhuizen, Vlaardingen..	Méd. bronze.

BELGIQUE

Delhaize et Cie, Bruxelles (Hors Conc.)..................	Colpaert...............	Méd. argent.

CLASSE 53

RAPPORT COMMERCIAL ET INDUSTRIEL

Le rapport de la Classe 53 à l'Exposition franco-britannique venait d'être imprimé lorsque le Jury s'est réuni de nouveau pour juger les produits exposés dans la même Classe à l'Exposition internationale de Bruxelles.

Les efforts faits dans cette manifestation internationale de 1910, par la Classe 53, ont de beaucoup dépassé ceux des expositions précédentes : la preuve a été ainsi donnée du rôle considérable que peuvent jouer dans les échanges internationaux, toutes les industries de la pêche.

La pêche maritime est pour la France d'une importance considérable : non seulement elle est la pépinière de nos marins pour la flotte de guerre, mais au point de vue commercial elle est et doit être une source de richesses pour le pays : nos côtes ont une grande étendue sur différentes mers : nos efforts doivent tendre à développer de plus en plus cette partie de l'énergie nationale.

La mise en valeur de nos eaux douces est actuellement en bonne voie. Elle est due en très grande partie à des efforts particuliers, mais il est juste de constater que le service des eaux a contribué pour une large part à cette amélioration.

Il importe aussi que l'aquiculture marine, dans ses multiples subdivisions (pisciculture, ostréiculture, mytiliculture, élevage des crustacés, pêcheries, fabrication des conserves, etc.) entre plus résolument que jamais dans la voie scientifique et tienne ses promesses. L'initiative privée, celle des individus ou des sociétés peut et doit rester prépondérante, mais il est nécessaire que les questions de science pure, soient étudiées par des savants dégagés de toute préoccupation économique ou financière.

Du reste la mise en valeur des eaux à tous points de vue est née en France : dès le XIVe siècle, le moine dom Pinchon, de l'abbaye de Réome, près de Montbard (Côte-d'Or) se livrait à la multiplication artificielle des Poissons. C'est au XVIIIe siècle que la science aborda les questions relatives aux modes de reproduction des Poissons, mais c'est seulement en 1842 que Rémy entreprit les premiers essais méthodiques de *Pisciculture*.

Puis, sur la proposition de Coste, professeur au Collège de France, un véritable établissement fut fondé à Huningue (Haut-Rhin), où étaient appliqués les résultats des expériences instituées au laboratoire du Collège de France.

Depuis lors, des laboratoires de *Piscifacture* et de *Pisciculture* maritimes et d'eaux douces ont été créés sur divers points du territoire.

La Suisse, l'Italie, l'Autriche, la Bavière, les États-Unis principalement ont profité de nos découvertes, et ont installé des laboratoires aujourd'hui très prospères, tandis que la France subit plutôt un temps d'arrêt des plus regrettables, puisque nous sommes tributaires de l'Étranger pour environ 7 millions de francs de poissons d'eau douce.

Il nous paraît inutile d'ajouter quelque chose aux considérations d'ensemble exposées dans le premier Rapport.

Nous nous bornerons donc à présenter en des tableaux dressés d'après les mêmes principes, les chiffres que nous donnent les statistiques pour les années 1907, 1908, 1909, et à les comparer à ceux de la période 1900-1907.

Nous pourrons en tirer des conclusions qui viendront confirmer ou infirmer les appréciations précédentes sur les points intéressant spécialement notre industrie et notre commerce dans cette branche importante de notre activité.

Nous adopterons la même classification que celle suivie pour l'Exposition franco-britannique, savoir :

I. — Produits de la pêche en mer ou en eau douce, destinés à l'alimentation, soit à l'état frais, soit après des préparations diverses (séchés, fumés, marinés, en conserves).

II. — Produits de la pêche destinés à des usages industriels (perles, nacre, fanons).

III. — Engins divers utilisés pour la pêche (machines à fabriquer les filets, filets de pêche, lignes, hameçons, cannes à pêche, etc.).

Nous devons d'ailleurs faire une autre constatation : la Belgique est, au regard de l'ensemble du commerce de la France, un des plus gros clients de celle-ci.

Elle occupait en 1909, le cinquième rang aux importations de l'étranger en France, le deuxième rang aux exportations de France à l'étranger, le troisième rang sur l'ensemble des importations et des exportations, avec 1.354.200 francs au Commerce général et 1.342.100.000 francs au Commerce spécial : elle vient immédiatement après l'Angleterre et l'Allemagne ; ses transactions avec nous sur les produits de la pêche n'ont de valeur intéressante (voir tableau 10) qu'en ce qui a trait aux Moules et Coquillages, aux Poissons frais ou préparés, aux Homards et Langoustes. Nous avons donc dû, sur les tableaux statistiques ci-après, nous limiter généralement à indiquer par le signe conventionnel [B] les quantités de produits en provenance ou à destination de la Belgique qui présentaient quelque valeur au moins relative.

Pêche Marine.

L'amélioration constatée en 1907 dans nos exportations de Morue semble s'accentuer et prendre un caractère de fixité. Cet heureux résultat doit être dû en partie aux progrès réalisés dans l'armement des bateaux et dans les procédés de pêche : ce qui tendrait à le prouver, c'est que ces résultats supérieurs paraissent obtenus avec des navires et des équipages moins nombreux.

Nos principaux clients sont toujours les mêmes (Italie, Espagne, Grèce, Égypte, Turquie, nos colonies de l'Afrique du Nord et des Antilles).

Si, parmi nos acheteurs de Morue fraîche (l'article est d'ailleurs de petit rendement) la Belgique est à relever, elle ne figure au contraire pas comme client important pour la morue sèche.

Les résultats de la Pêche du Hareng présentent, d'une année à l'autre, des différences qui semblent quelque peu indépendantes du nombre des bateaux armés et de celui des marins qui les montent. En 1907, par exemple, les 544 navires jaugeant 29.732 tonnes et portant 8.071 hommes, ont rapporté 74.130.600 kilogrammes de harengs (chiffre bien supérieur à la moyenne 1902-06, 54.656.100 kilogrammes pour 568 navires avec 7.565 hommes), alors que 1908 a donné 4.143.800 kilogrammes en moins que 1907, quoique avec 12 navires et 251 hommes en plus ; — 1909 a été sensiblement inférieur encore, puisque il y a eu 13.697.000 kilogrammes en moins qu'en 1908, avec, il est vrai, 48 navires et 409 hommes en moins.

En Harengs frais, nos importations sont peu importantes en réalité, mais sensiblement croissantes, tant au Commerce Spécial qu'au Commerce Général. — Nos exportations, au contraire, sont tombées de moitié en trois ans (1.770.199 kilogrammes en 1907, 864.000 kilogrammes en 1908 au C. S.), ce qu'explique, au moins en partie, et fâcheusement du reste, le moindre rendement de cette pêche depuis 1907, comme il est dit au paragraphe précédent. — La Belgique, qui est notre principal débouché à cet égard, nous achète une proportion de notre exportation qui reste à peu près égale à elle-même : néanmoins la valeur brute diminue dans la même proportion que notre exportation totale.

Pour les Harengs préparés, nos importations vont aussi en croissant, et, en 1909, la Belgique y figure pour un quart, au C. S. (41.800 kilogrammes sur 160.000). Nos exportations subissent par contre un ralentissement continu depuis 1907.

Nos importations d'autres Poissons (Maquereaux, Merlans, Soles, Thons, Sardines), à l'état frais, ont diminué de plus d'un million de kilogrammes en ces trois dernières années ; tant pour les quantités provenant d'Europe que pour celles venant d'Algérie et de Tunisie. Nos exportations, qui, remarque à faire, ne dépassent pas de beaucoup les quantités que nous importons d'Europe, restent, année moyenne, plutôt stationnaires. Dans les unes comme dans les autres, la Belgique figure approximativement, pour $1/10^e$.

A l'état sec, salé ou fumé, le commerce de ces autres Poissons diminue fortement, tant à l'importation qu'à l'exportation, et ce mouvement s'entend aussi bien pour les quantités provenant de Saint-Pierre et de l'Algérie que pour celles provenant des pays d'Europe. Nos importations restent d'ailleurs environ six fois plus fortes que nos exportations.

Nos importations de Sardines préparées, après avoir crû encore en 1908 ont marqué une diminution sensible en 1909 ; nos exportations, au contraire, ont une tendance heureuse à augmenter, mais il s'en faut encore qu'elles aient repris l'importance de jadis (au C. S., 10.884.530 kilogrammes en 1900, — 5.910.900 kilogrammes seulement en 1909). La Belgique est un assez bon acheteur en l'espèce : 256.600 kilogrammes en 1909.

Pour les autres Poissons conservés, marinés ou autrement préparés, la loi de nos importations paraît peu facile à dégager ; les trois chiffres du tableau sont toujours bien supérieurs à celui de 1900 (703.480 kilogrammes). — Quant à nos exportations totales de ces articles, si elles sont aussi sensiblement plus fortes ces trois dernières années qu'en 1900 (1.050.164 kilogrammes), elles oscillent aussi de façon assez capricieuse : 2.414.298 kilogrammes en 1907 — 3.189.000 en 1908 — 2.437.000 en 1909.

Nous importons des quantités considérables de Homards et Langoustes frais, desquelles la Belgique d'après les statistiques de la douane nous fournirait environ le tiers. — Elle absorbe au contraire presque toute notre exportation, égale, comme nous le remarquions au dernier rapport, à peu près à la moitié de ce qu'elle nous rend elle-même.

Conservés ou préparés, ces mêmes Crustacés donnent toujours lieu à un commerce considérable à l'entrée, et sans bien grandes fluctuations actuelles ; — les sorties sont sans importance (par exemple 85.000 kilogrammes en 1909, contre 1.915.100 kilogrammes à l'entrée).

Nous importons toujours de plus en plus de Moules et autres Coquillages pleins, et la Belgique est notre fort fournisseur, quoique sa part proportionnelle soit annuellement assez inégale : environ le quart en 1907, près des deux tiers en 1908, puis le tiers seulement en 1909. — Nous n'exportons pas même le dixième de ce que nous achetons, et la Belgique nous en prend une minime fraction (47.200 kilogrammes sur 923.600 kilogrammes vendus au dehors en 1909).

Dans le grand commerce des huîtres, nous avons toujours à distinguer ce qui concerne les Naissains, les Huîtres fraîches, ou les Huîtres marinées.

Pour les Naissains, l'Angleterre qui était encore pour nous en 1900 un gros acheteur (22.284 kilogrammes valant 279.408 francs), ne nous en a plus pris que 6.880 kilogrammes en 1907, puis rien en 1908 ni en 1909. Ce qui prouverait qu'elle s'est constituée maintenant des parcs importants, et nous pouvons craindre qu'elle suffise quelque jour à sa consommation, si même elle n'exporte. — En 1908, nous n'avons vendu que 100 kilogrammes de Naissains à l'Italie. En 1909, notre vente est remontée à 14.500 kilogrammes (174.000 francs).

Nos importations d'Huîtres fraîches ne se modifient pas sensiblement et tendent, en moyenne, aux dix milliers de mille. La Belgique nous en envoie à peu près la dixième partie en apparence, car, nous l'avons noté, les Huîtres « d'Ostende » sont presque toutes des Huîtres de France qui ont été parquées en cette localité belge...

Quant à nos exportations on peut se féliciter de les voir remonter (27.124 kilogrammes en 1907, 29.937 kilogrammes en 1908, 30.682 kilogrammes en 1909). Mais il s'en faut que nous soyons revenus au chiffre de 1900 : 36.085 kilogrammes.

Nos échanges en Huîtres marinées sont minimes ; nos exportations sont même tombées des trois quarts entre 1908 et 1909 ; mais la chose est peu intéressante, car il s'agit de 7.800 kil. pour 1908 et de 2.200 pour 1909.

Il suffit de noter quelques transactions assez inégales d'une année à l'autre sur les Tortues mortes et vivantes.

Les rogues de Morues et de Maquereaux entrent en quantités sensiblement croissantes ; malheureusement, Saint-Pierre en fournit de moins en moins, et l'augmentation profite à l'étranger, qui nous en achète au contraire des quantités de plus en plus minimes.

Telles sont les données à tirer de l'examen des statistiques du Commerce extérieur pour les années 1907, 1908, 1909, pour la Pêche maritime. Elles confirment pleinement des considérations générales qu'exposait le rapport de l'Exposition Franco-Britannique.

Nous avons ainsi terminé l'examen successif et délimité des divers produits de la pêche maritime, destinés à la consommation alimentaire, soit à l'état frais, soit préparés à l'état sec, fumés, conservés, marinés.

Nous avons constaté aussi l'importance énorme de la pêche maritime tant au point de vue de l'alimentation générale de notre pays que de son commerce avec l'étranger, mais nous avons dû également reconnaître bien souvent que non seulement nos exportations n'étaient pas assez considérables, qu'elles étaient parfois même en décroissance, et que nous ne suffisions à nos besoins actuels que par des importations d'une valeur assez grande et avec tendance à augmenter (nous avons importé en 1907 pour près de 4 millions 500.000 francs de poisson frais).

En résumé, nous avons dû acheter à l'étranger pour 53 millions 500.000 francs de poissons de mer frais, secs, marinés, à l'huile, alors que nous n'en avons vendu (nos colonies comprises) que pour 29 millions de francs.

Or, d'autre part, il est de notoriété publique — la Société des Pêches maritimes a fait à ce propos une enquête extrèmement intéressante — que la consommation de poisson frais est très insuffisamment répandue dans l'intérieur du territoire de la France. C'est donc qu'il y a une sorte de zone côtière, qui absorbe à elle seule, ou du moins en

y comprenant certaines grandes villes, et Paris principalement, où
tout vient affluer, et les produits de la pêche de nos marins et ceux
importés de l'étranger en plus.

Il est à désirer que, d'une part, la consommation du poisson frais
ou conservé, se répande de plus en plus dans toute la France, et
que, d'autre part, ce surcroît de consommation soit fourni par nos
marins pêcheurs et par nos industriels, et non point importé par
l'étranger.

Il faut donc chercher à augmenter le rendement utile du travail de
nos marins pêcheurs et leur assurer l'écoulement facile de leurs pêches soit auprès des fabricants de conserves, soit auprès de la population de toutes les parties du territoire.

Si ces conditions étaient remplies, elles permettraient sans doute
assez vite aux usiniers et aux marins pêcheurs, par suite des bénéfices
qu'elles leur procureraient, de retourner la balance de nos échanges
et de développer énergiquement leurs exportations.

Nous ne prétendons pas entrer ici dans le détail des moyens à
employer pour arriver à ce résultat si désirable pour la prospérité
collective.

Les uns sont avant tout du domaine de la science. Celle-ci doit étudier les mœurs, les habitats, les causes des migrations et parfois de
la disparition prolongée de certaines espèces de poissons ; elle peut
chercher à se rendre compte de l'influence des courants, de la température des eaux et de tant d'autres faits : de ces observations découle-
raient des applications pratiques. Cette partie de l'œuvre est entreprise depuis un certain temps, avec autant de compétence que de
dévouement et de succès. L'océanographie, l'agriculture, la pisciculture et la piscifacture sont devenues des branches importantes de la
« Science appliquée » et les nombreux laboratoires établis sur tout
notre littoral réalisent, précisent ou perfectionnent sans cesse des
découvertes aussi intéressantes théoriquement qu'immédiatement
utiles.

Les autres moyens dépendent des pêcheurs eux-mêmes ; c'est à
eux qu'il appartient de tirer profit, par une action et une initiative
intelligentes, des travaux des savants, en apportant à leurs procédés
de pêche, aux types de leurs embarcations, les améliorations dont la
nécessité ressort de ces travaux mêmes.

Les écoles de pêche dont beaucoup sont pour ainsi dire partie inté-
grante des laboratoires de la côte, forment un nombre de plus en
plus grand de jeunes marins pêcheurs : ceux-ci sont initiés à une

pratique fondée sur les données de la science, mises à leur portée, et dont ils ont les éléments mêmes sous les yeux. Ces jeunes gens ont ainsi et conserveront l'esprit ouvert au progrès raisonné et méthodique ; ils auront l'idée de pêcher avec des embarcations, des engins et des appâts appropriés à l'espèce de poisson visée, en allant chercher ce poisson à la distance et là où il y a présomption « scientifique » de le trouver, en l'y trouvant sans avoir à compter uniquement — comme cela s'est vu plus d'une année en tels points de nos côtes — sur la présence ou l'absence des marsouins pour indiquer s'il y avait ou non de la sardine et s'il convenait dès lors ou non de se déranger !

Nous avons vu précisément plus haut combien se sont répandus déjà les canots automobiles à pétrole parmi les pêcheurs du bassin d'Arcachon, ceux-ci vont maintenant « au-devant de la sardine » à plusieurs milles, au lieu de l'attendre près du rivage. De même s'étend l'usage, dans nos ports de quelque importance, des chalutiers à vapeur et, à leur défaut, des bateaux à voiles ayant des cabestans à vapeur pour la relève des filets ; on utilise aussi des remorqueurs à vapeur qui conduisent les voiliers sur le lieu de pêche et leur font gagner un temps précieux, ainsi que des « chasseurs », c'est-à-dire des petits bateaux très vites qui recueillent le poisson pêché sur les chalutiers et le portent tout de suite au port ; de cette façon, le poisson peut profiter des trains rapides et arriver en bon état sur les marchés plus ou moins éloignés.

Les modèles de filets se perfectionnent aussi.

Beaucoup d'autres mesures d'ensemble et de détail ont déjà été prises, beaucoup sont à prendre encore pour donner à notre grande industrie de la pêche l'essor dont elle est susceptible.

Pour la grande pêche, la loi du 17 avril 1904, les règlements d'administration publique des 20 et 21 septembre 1908 sur la sécurité de la navigation et la réglementation du travail à bord des navires de commerce et de pêche, — la loi du 29 décembre 1900 et le décret du 13 janvier 1908 fixant les mesures d'hygiène et de sécurité exigées à bord des bateaux armés pour la grande pêche comme conditions aux primes d'armement instituées par la loi du 23 juillet 1851, — le décret du 17 juillet 1908 relatif au commandement des navires, permettent d'escompter une amélioration rapide dans l'installation matérielle des bâtiments morutiers comme dans la situation physique et morale faite jusqu'à présent à leurs équipages.

Bien des précautions sont à prendre, particulièrement aux périodes de frai, afin de réserver l'avenir. Bien des mesures, non vexatoires, mais raisonnables, sont nécessaires pour éviter le dépeuplement des fonds d'une part, et d'autre part pour protéger les animaux reproducteurs et les alevins qui sont encore présents dans ces eaux, ou qui y sont replacés par des moyens artificiels, œuvre de nos laboratoires et de nos établissements agricoles, en particulier de ceux de Concarneau, Saint-Waast, Trinité-sur-Mer, etc...

Tout progrès en appelle un autre, et l'idée du groupement est venue aux pêcheurs. L'armement et l'entretien de bateaux de pêche à vapeur ou à voiles munis de vapeurs auxiliaires exigent d'importants capitaux.

Mais nos pêcheurs se préoccupent déjà d'acquérir pour leur compte les embarcations et les engins que réclame maintenant la pêche en haute mer et même la pêche côtière ; en s'associant, ils obtiennent des avances à des conditions raisonnables.

Le Gouvernement a favorisé ce mouvement et l'institution du Crédit maritime, créée en principe par la loi du 23 avril 1906, recevra une vigoureuse et utile impulsion, pour l'avantage de nos populations côtières, par l'établissement des caisses régionales de crédit maritime mutuel, dont le projet de loi a été voté par la Chambre des députés le 10 juillet 1908.

Il est important que des mesures spéciales assurent aux produits de la pêche, un marché sûr, régulier et le plus étendu possible. Les marchés étrangers peuvent nous échapper et la concurrence est d'autant plus difficile que nos clients sont en progrès constants également. L'Angleterre, entre tous, nous a devancés dans le perfectionnement des engins et des méthodes de pêche : mais le marché national offre encore des ressources considérables à la vente du poisson. On a calculé, en effet, que Nice, par exemple consomme 32 kilos de poisson par an et par habitant, le Havre 21 kg. 500, tandis que dans des villes peu éloignées du littoral, comme Roubaix et Pau, la consommation annuelle de 5 kilos par habitant est considérée comme très honorable. Lille, en effet, n'en consomme que 4 kilos, Nîmes, 2 kg. 500. La consommation devient insignifiante et presque nulle pour les villes de l'intérieur et dans beaucoup même, le poisson de mer est considéré comme un objet de luxe.

Il y a donc, de ce côté, beaucoup, sinon tout à faire : et surtout améliorer les moyens de communication au point de vue des délais de livraison, du matériel et des tarifs.

L'alimentation publique, tout en aidant à la prospérité de nos populations maritimes, gagnerait tellement à une consommation convenable et régulière du poisson qu'il est d'un intérêt de premier ordre de s'efforcer de vaincre les difficultés en même temps que de lutter contre l'indifférence.

Parmi les exposants un Grand Prix a été décerné à la maison Amieux et Cⁱᵉ.

Créée en 1866 par MM. Maurice et Emile AMIEUX, cette maison a, depuis 1893, comme chefs M. Maurice AMIEUX, l'un des fondateurs de la maison, et ses deux fils, MM. Maurice et Louis AMIEUX, qui forment entre eux une société en nom collectif au capital de 2.400.000 fr.

Les usines sont au nombre de 12, mais 4 d'entre elles s'occupent plus particulièrement de la préparation de conserves de légumes et de viandes, ne préparant comme poissons que la lamproie de Loire et les anguilles. Les 8 autres usines préparent les sardines, maquereaux, thons, sprats et rougets. Elles ont été réparties tout le long des côtes de Bretagne et de Vendée, de façon que leur production totale soit à peu près la même chaque année et qu'elles puissent profiter des abondances momentanées de pêche, quel que soit le point de la côte où elles se produisent. C'est grâce à cette circonstance que, durant la crise sardinière, cette maison a pu maintenir sa marque sur tous les marchés du monde.

Ces 8 usines préparent les poissons sous toutes formes : à l'huile, à la tomate, au citron, à la sauce ravigote, marinés, etc.

Durant les pêches et récoltes, ces usines emploient une moyenne de 200 ouvriers et de 1560 ouvrières et, durant toute l'année, le personnel occupé par la direction et les bureaux est de 74 employés.

L'outillage de ces usines est, chaque année, l'objet d'améliorations ayant pour but de mieux et plus rapidement utiliser les matières premières : 9 usines sur 12 sont munies d'un outillage permettant la fermeture mécanique des boîtes, ce qui leur permet de préparer journellement des quantités plus importantes. Les boîtes vides nécessaires sont, en grande partie, préparées dans une fabrique centrale, à Nantes, ainsi que dans 3 des usines du bord de la mer.

Pêche en Eau douce.

Sur ce chapitre aussi nous faisons les mêmes constatations d'ensemble. Pour ce qui est des Salmonides, nos importations continuent à s'accroître, et approchent de la valeur de 4.700.000 francs ; nos exportations sont, elles, on peut dire, insignifiantes.

Nos importations d'autres poissons d'eau douce augmentent plutôt aussi ; la Belgique y a sa part, mais peu importante. Nos exportations sur cet article sont un peu plus intéressantes que sur les Salmonides, mais sans grande valeur absolue, et oscillent autour du chiffre, plutôt modeste de 350 à 380.000 francs.

Nous avons donc là, comme pour les produits de la Pêche maritime, à conquérir notre propre marché national, à y remplacer les produits de l'étranger, puis, à faire en sorte que ce marché national prenne de plus en plus d'extension par une consommation de plus en plus grande. Les Sociétés de Pêcheurs à la ligne, leur Syndicat central, la Société centrale d'aquiculture et de pêche, les Pouvoirs publics font en ce sens, et depuis longtemps déjà de sérieux et utiles efforts, parmi lesquels il n'est que juste de mentionner ceux de la Société de Pisciculture du Cher. Espérons que leur persévérance et leur activité obtiendront le succès définitif qu'elles méritent, et auquel le pays tout entier a un si grand intérêt, tant au regard de ses finances que de son bien-être.

C'est grâce aux études patientes et méthodiques des savants et des ingénieurs, c'est grâce à leur science d'observation que peuvent se développer les perfectionnements de tous genres déjà réalisés, que l'on doit réaliser encore dans l'exploitation et le repeuplement des eaux marines comme des eaux douces, dans l'emploi du matériel et des engins de pêche.

Améliorer la situation matérielle du personnel des marins pêcheurs, assurer leur instruction technique, sont les conditions indispensables du progrès dans cette branche de notre activité nationale qui joue un si grand rôle dans l'alimentation publique et qui apporte son concours à bien des industries spécialement françaises.

La pêche doit obéir à la loi du Progrès : elle ne peut plus vivre sur des traditions plus ou moins surannées. Grâce aux admirables découvertes de la science, ne peut-on faire « de l'Océan une fabrique immense de vivres, un laboratoire de subsistance plus productif que la terre même ; fertiliser tout, mers, fleuves, rivières, étangs : après l'art de cultiver la terre est venu l'art de cultiver les eaux ».

L'âge de la « Mer stérile », est passé.

Mais si la science a enseigné des procédés propres à assurer la capture nombreuse du poisson ou la pêche des diverses richesses de

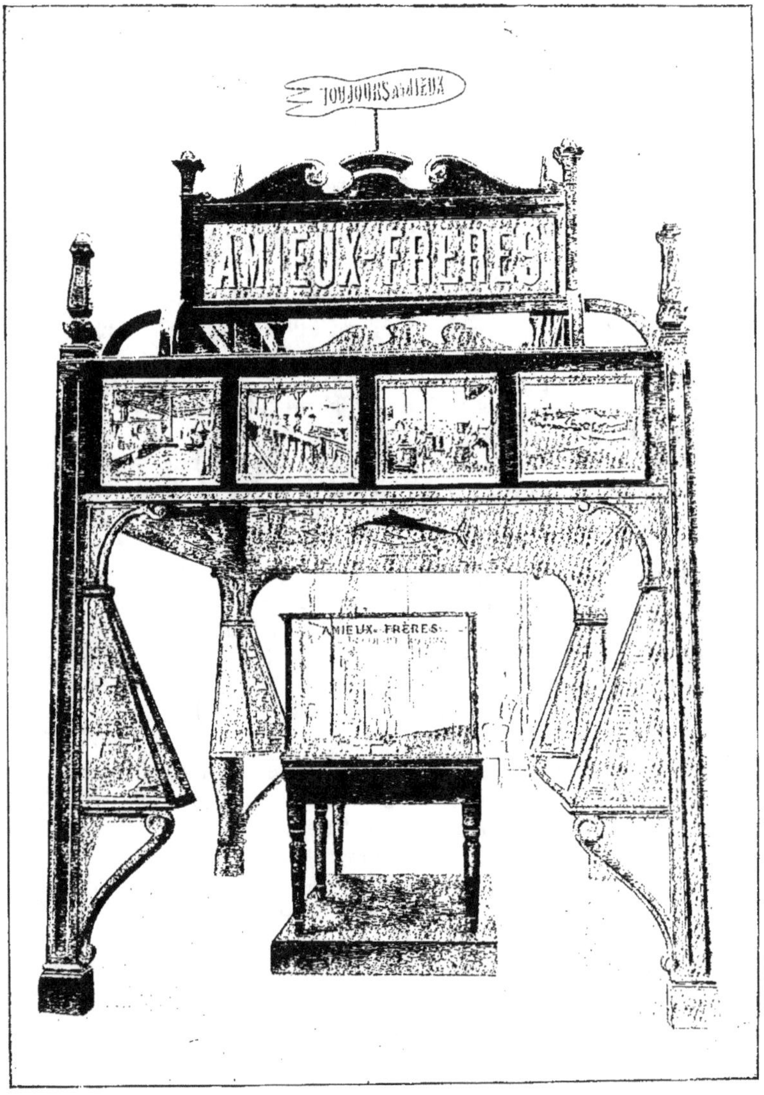
TOUJOURS AMIEUX
AMIEUX-FRÈRES
AMIEUX-FRÈRES

la Mer, nacre, perles, etc., elle doit intervenir également pour éviter
le pillage irraisonné et pour enseigner à réserver l'avenir ; elle peut
intervenir également pour étendre la vente de ces produits, même
lorsqu'il s'agit de poissons frais, au grand profit de l'hygiène générale : les prix n'en peuvent subir qu'une heureuse influence. Les
marins pêcheurs en retireront la rémunération plus régulière de leurs
peines, et les consommateurs devenus de plus en plus nombreux,
n'auront plus à subir les fluctuations de cours que des tempêtes ou
d'autres circonstances peuvent amener sur le marché.

Il est indiscutable que, dans cet ordre d'idées, toute recherche,
toute expédition scientifique doit, par ses observations, amener tôt
ou tard des résultats intéressants au point de vue purement pratique ;
le commerce et l'industrie en bénéficieront et d'une façon souvent
fort inattendue ou indirecte.

D'une découverte de laboratoire, de la remarque d'un explorateur
peut résulter la connaissance précise des mœurs, des habitats, des
migrations de telle espèce de poissons dont la présence ou l'absence
jusqu'alors inexpliquée sur nos côtes, constituera la prospérité ou
la ruine d'une région.

Dans le groupe de la Pêche est donc encore une fois démontrée la
solidarité de la science, de l'industrie et du commerce.

Unis, la science et le commerce nous donnent pour la pêche et
pour les industries qu'elle alimente, comme partout ailleurs, la salu-
taire et fortifiante impression, parce que réelle et obligatoire, d'une
collaboration puissante et intime. Celle-ci tend systématiquement à
l'amélioration continue du sort et de la vie des hommes, de ceux
d'abord qui sont les artisans immédiats de la pêche proprement dite,
puis de ceux qui, profitant plus ou moins directement de leur travail, concourent à améliorer l'existence matérielle des premiers ;
en effet, des besoins se créent qui donnent une valeur aux produits
de la mer, et assurent de mieux en mieux l'existence, puis, plus tard,
le bien-être des pionniers de ce champ si vaste et souvent si peu
connu.

Nous n'avons pas, dans la partie purement commerciale de ce
rapport, à nous occuper des travaux de laboratoire ni de ceux des
écoles de pêche, ou des études de pisciculture ; qu'il nous soit seulement permis de rendre hommage à tous ceux qui travaillent avec
tant de savoir et tant de dévouement à reconstituer ou à étendre la
somme de nos richesses poissonnières dans les eaux marines ou
dans les eaux douces, et qui s'efforcent aussi de préparer un per-

sonnel de techniciens et de marins ; ceux-ci acquerront les connaissances théoriques et pratiques qui permettront d'appliquer avec profit pour eux-mêmes d'abord, et pour la collectivité ensuite, les méthodes scientifiques nouvelles. Les premiers sillons sont tracés, la récolte abondante doit suivre.

Le mérite de l'organisation si intéressante des Classes 53 et 54 revient au vice-président du Groupe IX, le Dr Leprince, qui sut réunir autour de lui dans le Comité d'organisation d'abord, puis dans le Comité d'admission les personnalités les plus capables d'assurer le succès de cette manifestation tant au point de vue scientifique qu'au point de vue industriel et commercial qui nous occupe particulièrement.

PRODUITS DE LA PÊCHE

destinés à des usages industriels.

FANONS DE BALEINE

En 1900, nous n'en importions que 165.236 kilogrammes à l'état brut, valant 4.130.000 francs. Depuis lors, cette importation a toujours été en augmentant, et si le chiffre de 1908 marque un léger fléchissement par rapport à celui de 1907, il est par ailleurs sensiblement supérieur encore à ceux des années 1900 à 1906, et l'année 1909 marque le maximum annuel de la période 1900-1909, avec 312.800 kilogrammes, valant 15.640.000 francs.

A l'état de « coupés » ou « apprêtés », les fanons de baleine donnent lieu également à une importation de plus en plus forte depuis 1900, et d'une valeur assez notable (29.800 kilogrammes en 1900, valant 2.235.000 francs).

L'importation des fanons, tant bruts qu'apprêtés, alimente une industrie bien française ; il n'y a donc qu'à se féliciter de son accroissement, tout en regrettant que le pavillon français ne figure guère parmi les navires baleiniers du temps présent.

Notre exportation de fanons bruts va augmenter, quoique 1909 marque une légère diminution sur 1908, — tout en restant assez supérieure à 1907. — Pour les fanons apprêtés, cette augmentation est au contraire très nette, et a presque doublé de 1907 à 1909 (valeur 1.748.110 francs en 1907 — 3.344.000 francs en 1909).

Nous avons expliqué la différence de qualité et de valeur — et d'emploi par conséquent, des fanons tirés des baleines franches et de ceux provenant des baleinoptères. Nous n'y reviendrons pas ici.

Nous avons de même donné tous les détails sur la Baleine dite « industrielle », c'est-à-dire sur le produit tiré de la Corne de Buffle et sur les usages pour lesquels il remplace la baleine véritable ; et nous avons noté en passant les efforts — et leur succès — d'une importante maison de la place de Paris pour amener directement en France en évitant le transit et l'achat à Londres, de la matière première. . Nous nous bornerons donc, cette année, à l'examen des chiffres donnés par la statistique pour 1907, 1908, 1909, pour les importations et les exportations de Baleine industrielle, article non déplacé dans cette revue des choses de la Pêche, puisqu'il remplace les fanons véritables de baleine, qui ne suffisent pas aux nécessités de l'industrie moderne.

Les imitations de baleines de corne — c'est-à-dire la corne de buffle préparée et travaillée déjà à un point tel qu'elle passe de là directement à l'état de baleines de corsets, de robes, ou bien d'articles pour la toilette, la coutellerie, la tabletterie, entrent en France en quantités assez variables chaque année. De 15 à 16.000 kilogrammes en 1905 et 1906, les importations montèrent à 22.564 kilogrammes en 1907 (valant 146.666 francs), pour retomber à 9.611 kilogrammes en 1908, puis remonter à 13.400 kilogrammes en 1909 ; la Belgique qui d'ailleurs maintenant fabrique seule avec la France cet article y a une part importante, 7.276 kilogrammes en 1908, 8.000 en 1909. — Nos exportations sont beaucoup plus importantes, comme nous l'avons dit, mais elles n'augmentent pas, il s'en faut même : leur point culminant, depuis 1900, fut atteint en 1906 avec 212.733 kilogrammes (1.488.292 francs) ; en 1907, elles ne furent plus que de 177.664 kilogrammes, et depuis lors elles oscillent autour de 125.000 kilogrammes (124.460 en 1908, valant 871.220 francs et 127.500 kilogrammes en 1909, valant 1.020.000 francs). La Belgique nous en acheta environ 1/8ᵉ en 1908, 1/5ᵉ en 1909.

A l'état de simple matière première, les cornes de bétail brutes dont la moitié sont des cornes de buffles des Indes donnent lieu à un fort mouvement d'entrée. Après avoir atteint 7.516.283 kilogrammes en 1905, puis baissé, puis remonté à 7.080.715 kilogrammes en 1907, à 7.399.900 en 1908, elles n'ont plus été que de 6.726.500 kilogrammes en 1909, valant 8.744.450 francs. La Belgique nous en envoie une partie, 450.000 kilogrammes en moyenne qui sont chargées sur Anvers, lorsque le fret sur France fait défaut.

A l'exportation, le mouvement des cornes brutes a aussi des soubresauts : 2.006.019 kilogrammes en 1907, 1.812.700 kilogrammes seulement en 1908, pour remonter en 1909 à 2.340.100 kilogrammes, valant 3.276.140 francs. La Belgique nous en a pris 274.200 kilogrammes en 1908, 409.200 kilogrammes en 1909. Nous exportons aussi, en quantités au moins appréciables, les cornes aplaties (par exemple 29.300 kilogrammes en 1909, valant 64.460 francs), ou débitées en feuilles (15.900 kilogrammes, valant 241.650 francs en 1909).

La Maison Raux, Caill & Cie

Exposait tous les genres de baleines qui sont tirés de la corne et une autre baleine composée de fanons et de liège intercalé ; le fondateur de cette société, M. RAUX. est l'inventeur de cette industrie ; aussi la marque de cette maison qui s'est spécialisée dans la fabrication de la baleine et dans l'importation et le commerce de la corne, est-elle particulièrement réputée. Hors Concours comme faisant partie du Jury.

La Maison Paisseau

Dans une vitrine des plus élégantes, avait, en même temps qu'une collection remarquable de paires de cornes, réuni des spécimens les plus intéressants de toutes les fabrications provenant de la corne de buffle ou de bœuf, des baleines pour robes et corsets, des soies de corne pour la brosserie, des plaques de corne préparées pour peignes, boutons, coutellerie, etc., de la corne transparente dite « corne à lanternes » pour lanternes, rapporteurs, lunettes, etc. Avait demandé sa mise hors concours.

La Nacre.

Nous avons expliqué l'an dernier que, pour cet article — matière première d'une importante industrie en France — les tableaux d'importation comprenaient tout à la fois les coquilles donnant la nacre fine (pintadines, méléagrines), et les coquillages plus grossiers, tels que les trocas, qui ne servent guère qu'à la fabrication des boutons, de telle sorte qu'il est impossible de déterminer la quotité des uns et des autres dans l'ensemble des entrées.

Pour les exportations de France, nous avons expliqué aussi qu'elles étaient le résultat des triages faits dans notre pays des lots reçus des lieux de provenance ou de la place de Londres qui reste toujours le marché principal des nacres, même pour celles pêchées dans nos colonies.

Ce rappel ainsi fait, nous voyons que, passées de 4.117.150 kilogrammes en 1900, à 4.581.576 kilogrammes en 1907, nos importations de nacre en coquilles brutes sont montées à 5.086.715 kilogrammes en 1908, pour retomber à 2.991.100 kilogrammes en 1909. Et la chute porte aussi bien, et malheureusement, sur les quantités venant de nos colonies 483.200 kilogrammes en 1909 contre 1.037.426 en 1908, que sur celles venant des pays étangers (4.049.289 kilogrammes en 1908, 2.507.900 kilogrammes seulement en 1909). Cette baisse est plus sensible encore, sur les importations d'haliotides ou autres coquillages bruts : passées de 576.499 kilogrammes en 1900 à 739.084 kilogrammes en 1909, elles décroissent depuis, et considérablement, à 491.103 kilogrammes en 1908, 438.200 kilogrammes en 1909, et la part de nos colonies en ces trois dernières années, est elle-même en déclin constant : 315.938 kilogrammes, 160.606 kilogrammes, 81.600 kilogrammes.

Aux exportations, les coquilles de nacre brutes descendent de 494.597 kilogrammes en 1907 à 208.099 kilogrammes en 1908, pour réatteindre 483.100 kilogrammes en 1909. Il est à noter du reste que cette dernière quantité, quoiqu'un peu inférieure à celle de 1907, a eu cependant une valeur sensiblement plus grande (2.415.500 francs au lieu de 1.978.228 francs). L'exportation des haliotides brutes a peu d'importance absolue, 43.200 kilogrammes en 1909, valant 34.560 francs. La part de la Belgique y est relativement considérable : 35.500 kilogrammes, contre 14.076 kilogrammes seulement en 1907 sur 36.716 en tout.

Albert Ochsé

Montrait aux visiteurs une collection complète de pintadines et d'huîtres perlières de toutes les pêcheries actuellement connues, avec des modèles de toutes les applications de la nacre dans l'industrie.

Cette exposition constituait un véritable musée industriel de la nacre depuis la coquille antédiluvienne pêchée au sud de l'Australie et transformée en opale par le temps, jusqu'aux coquilles servant à la fabrication des boutons ou des différents objets de tabletterie. Cette maison est établie à Londres et à New-York. Elle a obtenu le Grand Prix.

Albert Ochse
5 Rue Etienne Marcel (Paris
Albert Ochse (Lon

Porral (Jean-Amédée)

Avait envoyé une collection très complète des coquillages des détroits de la Sonde, des coquilles de nacre et des écailles de tortue ; en outre plusieurs autres matières provenant des colonies, rotin, jonc etc., etc., dont elle fait un commerce très important. GRAND PRIX.

La Perle fine.

Nous avons expliqué dans notre précédent rapport que Paris était le grand marché des Perles fines, et qu'on pouvait évaluer à 120 millions la valeur de l'importation annuelle en France de ces marchandises. Mais comme les perles ne payent aucun droit d'entrée, et qu'il est par ailleurs d'une extrême facilité à les dissimuler, les chiffres de la statistique douanière tout d'abord sont certainement au-dessous de la réalité, et ensuite ne sauraient même servir d'élément proportionnel d'appréciation dans leur comparaison annuelle. Nous les citons donc tels quels, sans en tirer de conclusions directes.

En 1900, nous avons — officiellement — importé 129.573 grains de perles fines (le grain vaut environ $1/20°$ de gramme), valant 2.202.641 francs ; — en 1907, 132.183 grains (7.930.980 francs), en 1908 et 1909 seulement, 87.408 et 94.700 grains, valant respectivement 5.244.480 francs et 5.682.000 francs. Du rapprochement en tous cas des quantités et de leur valeur selon l'année, nous tirons cette conclusion, que, en 7 ou 8 ans, cette valeur, grâce à la mode qui s'est reportée vers la perle, a considérablement augmenté : elle avait presque triplé en 1907 par rapport à 1900.

Perle en imitation.

Cet article figure — comme la baleine de corne en son genre — très légitimement parmi les produits de la Pêche, car il remplace la vraie perle dans bien des cas, et il imite cette dernière grâce à l'utilisation de l'écaille d'un poisson d'eau douce, l'ablette.

La statistique douanière ne fournit aucuns chiffres spéciaux à cette industrie éminemment parisienne et certainement importante, dont les exportations sont relevées en bloc avec celles de la bijouterie en faux et sous d'autres rubriques.

L'Écaille.

L'écaille est fournie par la tortue, dont la carapace donne l'écaille brune, tachée de clair, dite jaspée, et le ventre donne l'écaille blonde, plus fine et plus chère. Les onglons sont les morceaux, eux-mêmes jaspés sur le côté et blonds en dessous, qui réunissent la carapace et le plastron du ventre.

Si Londres est toujours le marché principal de la matière première, Paris reste la première place du monde pour la consommation et la fabrication de l'écaille.

La statistique douanière, à la sortie comme à l'entrée, ne s'applique qu'à l'écaille en tant que matière première, et non point aux objets en écail, confondus avec d'autres objets fabriqués.

Nos importations sont plutôt à la baisse, de 20.330 kilogs en 1900, passées à 28.302 kilogs en 1907 (valant 1.981.140 francs), elles sont descendues à 22.247 kilogs en 1908 et 16.605 kilogs en 1909 (1.334.820 francs et 1.095.930 francs). Nos exportations — toujours de matière première, — décroissent aussi 2.141 kilogs 1907, 1.259 kilogs 1908, 1.070 kilogs 1909, ce qui peut signifier simplement que notre fabrication intérieure recevant moins du produit brut, et en ayant besoin, en cède moins à l'étranger.

Le Corail.

L'importation du Corail brut diminue de plus en plus. De 5.506 kilogs en 1900 (440.480 francs) tombée déjà à 1.212 kilogs en 1907, elle a été de 74 kilogs en 1908, ce qui peut s'expliquer par ce fait que le dégrossissage et la taille première de ce produit se font à Naples dans des conditions de bon marché que n'acceptent pas nos ouvriers français, auxquels on ne peut réserver dès lors que le travail de montage, de bijouterie. Et ce qui confirme cette appréciation c'est que les importations de Corail taillé, mais non monté, si elles ne sont pas en soi très élevées, se maintiennent toutefois à peu près au même niveau moyen, quoique, à dire vrai, il y ait eu une forte chute en 1908 : 362 kilogs en 1907, 112 kilogs en 1908, 346 kilogs en 1909, représentant les valeurs respectives de 171.950 francs, 53.200 francs, 164.350 francs.

A l'exportation, commerce spécial, les chiffres sont bien minimes, en poids comme en valeur. Au commerce général, au contraire, ils ont une assez grande importance, mais, là, ils intéressent malheureusement beaucoup moins notre production intérieure.

Les Eponges.

Les importations et exportations de ce produit si utile, tant à l'état brut que préparées, ont beaucoup baissé depuis 20 ans.

En 1887, nous en importions 315.989 kilogs, en 1899, ce chiffre montait à 354.128 kilogs (valant 7.485.373 francs). En 1907, il descend à 293.636 kilogs, à 293.275 kilogs en 1908 — à 274.175 kilogs en 1909.

Les exportations sont également moins que brillantes de 44.388 kilogs en 1887, 55.596 en 1899, elles descendent déjà à 33.569 kilogs en 1907, puis à 32.586 kilogs en 1908.

Nous avons expliqué que les droits d'entrée qui pèsent sur ce produit — alors qu'il en est exempt à l'étranger — empêchent la réexpédition des éponges brutes et préparées et la lutte contre la concurrence du dehors.

La Belgique nous rend plus de la moitié des éponges préparées importées; et en 1907, elle nous en achetait encore 3.632 kilogs sur 14.202; en 1909, ce n'est plus que 710 kilogs, après 240 seulement en 1908.

Peaux de Phoques et peaux de Chiens de mer.

Si notre industrie use peu de ces dernières (4.100 kilogs, entrés en 1909, valant 12.360 francs), les peaux de phoques, au contraire, entrent en quantités plus considérables peut-être qu'on pourrait le penser : 59.723 kilogs en 1908, 84.800 kilogs en 1909, valant 537.507 francs et 763.200 francs.

Produits de la Pêche pour les utilisations industrielles.

Nous aurions pu dire tout d'abord « pour l'industrie pharmaceutique ». Car nous avons déjà parlé l'an dernier de l'acide nucléinique (Rhomnol) [$C^{40} H^{51} Az^{14} P^{4} O^{27}$] que le Dr LEPRINCE a réussi à retirer en grand de la laitance du hareng et de celle du maquereau, et qui est un excellent reconstituant, contenant 19.63 0/0 en phosphore organique.

Et tout le monde connaît l'huile de foie de morue. Nous avons importé, en huile de morue, 2.724.315 kilogs en 1907, 3.379.200 kilogs en 1908, 3.243.900 en 1909, valant respectivement 4.503.370 francs, 3.379.160 francs, 3.243.900 francs. Nous en exportons 60 à 70.000 kilogs, à l'état de préparation plus soignée.

Nous achetons de plus en plus d'autres huiles de poissons (phoques, harengs, sardines) : 4.302.700 kilogs en 1909, valant 3.872.430 francs (la Belgique y figure pour presque 1/10ᵉ). Et notre gros fournisseur est l'Indo-Chine (2.637.300 kilogs, pour 2.373.570 francs). Nous en exportons aussi de façon appréciable, et, surtout croissante. Alors qu'en 1900, cette exportation ne s'élevait qu'à 98.504 kilogs valant 98.000 francs, elle a atteint, en 1909, 570.400 kilogs, valant 513.360 francs).

Nous importons moyennement 70 à 75.000 kilogs de colle de Poisson, valant 2.000.000 de francs environ. Et nous en exportons davantage (100.300 kilogs en 1909, valant 2.507.600 francs). La Belgique nous en prend à peu près le tiers, et les Colonies 1/6ᵉ (16.300 kilogs en 1909).

Le blanc de baleine et de cachalot, ainsi que les vessies natatoires de poissons donnent lieu, chacun, à 30 à 35.000 fr. d'importations. Nous exportons des secondes pour quelques milliers de francs.

Engins divers.

Grâce aux progrès en France de la fabrication mécanique des filets de coton de bonne qualité et de prix très modestes, nous n'importons pour ainsi dire plus de ces engins. Alors en effet qu'il en entrait en 1900, 32.215 kilogs (225.505 francs), il n'en est plus entré que 18.180 kilogs en 1907, 12.100 kilogs en 1908, 9.600 kilogs en 1909. Par contre, notre exportation est de 80.000 kilogs (520.000 francs) environ.

Ces progrès de la fabrication des filets sont dus eux-mêmes aux perfectionnements apportés dans notre pays à la construction des machines permettant cette fabrication mécanique. On en compte 7 à 800 en France, et nous en exportons.

La fabrication à la main ne subsiste plus guère, et comme travail familial, surtout dans le midi que pour les éperviers, les filets à crevettes, les sennes en très gros fil, etc.

Paris est toujours le plus grand centre de production des articles et engins pour la pêche fluviale. Malheureusement, en dehors des hameçons, ces articles ne sont pas relevés à part dans les statistiques, et sont confondus sous des rubriques diverses. Nous fabriquons notamment les cannes en bambou nécessaires à la pêche à la ligne ; parmi les principaux articles exportés nous citerons les cannes à pêche de toutes sortes, les lignes en fil, en fouet, en soie ; les soies, cordonnets, les nasses en fil de fer et grillage, etc.

Ces articles français se distinguent par leur élégance et la modicité de leur prix, mais pour les hameçons et d'autres accessoires, tels que les moulinets et les poissons artificiels nous devons reconnaître la supériorité des produits de l'Angleterre et de l'Amérique. La Chine nous envoie les bambous ; et les boyaux de vers à soie, dénommés « crins d'Espagne » viennent de Murcie et de Turin.

Pour les hameçons, nous en importons environ 15.000 kilogs chaque année, et dont la valeur va croissant, pour une quantité sensiblement égale (151.130 francs en 1907, 223.005 en 1908, 222.000 en 1909. Nous n'en exportons que pour quelques milliers de francs (2.000 kilogs, 14.000 en 1909).

La Belgique nous prend une certaine quantité de filets de pêche (132.351 kilogs en 1908).

M. G. Fiant

Dont la maison a été fondée en 1863 fabrique tous les articles de pêche fluviale dans son usine de Mouy (Oise). Hors Concours. Membre du Jury.

M. Ligneau de Séréville

Présentant une série de filets de pêche fabriqués avec les diverses matières usitées et en différentes mailles. Grand Prix.

La Société « la Soie »

Exposait différents fils pour la pêche. Grands prix.

M. Robillard

Fabricant d'articles de pêche fluviale, qui exposait en dehors des moulinets, des hameçons, lignés, etc., une jolie collection de lignes et de cannes à pêche. Diplôme d'Honneur.

MM. Wyers frères

Dans une vitrine élégamment garnie offraient aux visiteurs une collection des plus complètes de tous les articles de pêche. Diplôme d'Honneur

M. Artozoul

Exposait toutes sortes de filets de pêche faits à la main, sacs à poissons, épuisettes, d'un travail très soigné et très régulier. Médaille d'or.

Une Médaille d'Argent avait été décernée à M. MARTY pour ses nasses et une Médaille de Bronze à M. RINKLY pour ses hameçons.

Résumé Général

par rapport aux relations commerciales,
Quant aux produits de la Pêche, entre la France et la Belgique.

Le Tableau *d* donne, sous une forme synthétique, les quantités et valeurs, pour 1908 et 1909, au C. G. et au C. S. des entrées et des sorties des principaux produits échangés entre la France et la Belgique dans l'ordre d'idées « Pêche ».

Les Homards et Langoustes, soit frais, soit conservés ou préparés, sont, à l'importation en France, l'article le plus important en valeur, avec une forte augmentation cette dernière année (1.419.000 francs au lieu de 1.100.000 francs en 1908). Les moules et autres coquillages pleins sont entrés chez nous au contraire pour une valeur beaucoup moindre, 574.000 francs en 1908, 340.000 francs seulement en 1909, de même aussi que les poissons frais, secs, salés ou conservés, 516.000 francs en 1908, 308.000 francs seulement en 1909. Les importations chez nous des Eponges brutes ou préparées, de la colle de Poisson, des graisses de poissons, sont elles, plutôt en augmentation. Les nacres de perle en coquilles brutes restent stationnaires. Nous aurions reçu pour 270.000 francs de perles.

Aux exportations, nous remarquons que les Homards et Langoustes tiennent, comme aux importations, mais moindrement pourtant, une place importante, — et, là, croissante (566.000 francs en 1909 contre 501.000 en 1908). Nous ne vendons point du tout, au contraire, de moules et coquillages pleins, mais nous vendons beaucoup, de poissons frais, secs, salés ou conservés : 1.639.000 francs en 1909 au lieu de 1.207.000 francs en 1908. Nous avons exporté en Belgique, en 1909, plus d'éponges (513.000 francs) qu'elle ne nous en a vendu (451.000 francs), de même pour la colle de Poisson (entrée 415.000 francs, sortie 720.000 francs). Nous avons vendu — officiellement toujours, car nous ignorons la réalité — pour 306.000 francs de perles fines. Et vendu aussi 323.000 francs de fanons de baleine et d'imitation de baleine de Corne, contre 242.000 francs en 1908.

L'œuvre française des Musées maritimes scolaires.

Au cours de notre rapport sur l'Exposition franco-britannique, nous disions que pour améliorer tout à la fois la situation de nos populations maritimes et la consommation du poisson dans tout le territoire de la France, il fallait tout d'abord chercher à augmenter le rendement utile de nos marins pêcheurs, et pour arriver à ce résultat, faire l'éducation professionnelle de nos jeunes marins, les initier à une pratique raisonnée fondée sur les données de la science, mises à leur portée en leur en plaçant les éléments mêmes sous les yeux.

Ce ne sera point sortir de notre sujet, que de rappeler ce principe et ce but, et de dire quelques mots d'une institution qui travaille à les réaliser, de l'Œuvre française des Musées scolaires de Pêche.

Cette Œuvre a été fondée à Bordeaux en 1903 par M. Georges Séré, qui en est toujours le Président, et continue, avec de dévoués collaborateurs, à y consacrer une activité et une persévérance inlassables. Elle vise avant tout à mettre, sous les meilleures formes de l'éducation par la vue et de la manipulation des engins, à la portée des élèves des Ecoles primaires du littoral, toute la série des documents, des objets, et de tous autres détails, représentant l'ensemble des connaissances pratiques, précises, de l'enseignement des pêches. Cet ensemble d'objets, engins et documents méthodiquement réuni, groupé et présenté, constitue un « musée scolaire maritime », que l'Œuvre s'efforce — car il faut des fonds importants, chaque « musée » coûtant assez cher à établir au complet — d'envoyer dans toutes les Ecoles du littoral où il lui en est demandé. A l'heure actuelle, 65 de ces Musées créés par l'Œuvre fonctionnent dans 21 départements (Finistère 5, Côtes-du-Nord 5, Loire-Inférieure 2, Gironde 3, Aude 2, Hérault 1, Corse 2, Algérie 3, Seine-Inférieure 4, Basses-Pyrénées 2, Pas-de-Calais 3, Pyrénées-Orientales 4, Var 3, Bouches-du-Rhône 1, Calvados 3, Morbihan 7, Charente-Inférieure 4, Landes 1, Ille-et-Vilaine 3, Manche 4, Vendée 3). L'Œuvre est saisie de 100 autres demandes de ces musées.

Elle a, il va de soi, pour collaborateurs, les membres de l'enseignement, les instituteurs du littoral, qui inculquent aux jeunes générations qu'ils instruisent le goût des choses de la mer, et aussi ces Notions techniques minima indispensables à notre époque d'incessants progrès scientifiques et les seules susceptibles d'assurer la formation professionnelle du marin pêcheur de demain. L'adjonction des collections, rationnellement formées et présentées, du *Petit Musée* vivifie, pour ainsi dire le savoir du Maître en rendant — par la *Leçon de choses* — plus claires ses explications, plus attrayantes ses démonstrations, plus durables, et plus efficaces ses efforts au profit de l'instruction spéciale dont il est chargé. Les services rendus par la vulgarisation dans les écoles de pêche de ces Musées scolaires et d'expériences pratiques sont évidents : ils groupent méthodiquement le plus grand nombre possible d'engins ou de reproductions d'engins en usage dans les différents lieu de pêche : des progrès réels sont accomplis d'une année à l'autre par les élèves des écoles possédant ces Musées, et reçoivent cet enseignement par la vue. L'Œuvre a eu de plus l'excellente idée de provoquer des échanges réguliers de ces travaux d'élèves entre écoles des différentes régions maritimes de la France. C'est ainsi que les écoliers du Nord ou de l'Ouest apprennent de ceux du Midi, et réciproquement, l'emploi de matériel et de méthodes de pêche qu'ils n'ont pas l'occasion de connaître. Et ainsi s'instruisent nos fils de marins de tout ce qui constitue dans notre pays, avec la théorie de la profession, l'outillage spécial, de jour en jour perfectionné, de la grande industrie des Pêches maritimes. C'est là un immense service rendu, et pour un avenir tout prochain, à cette branche si capitale de notre travail national : il sera mis ainsi en état de lutter efficacement contre la concurrence des autres pays étrangers, qui se préoccupent eux aussi, et, depuis longtemps, d'améliorer l'instruction technique et les procédés de pêche de leurs populations maritimes.

Et, comme le disait M. G. Sépé dans une allocution par lui prononcée le 6 juin 1909 dans une réunion d'inscrits maritimes, cet enseignement ainsi donné à nos jeunes marins aura encore l'avantage indirect de tendre à la suppression du braconnage et de la destruction des jeunes poissons. Si, en effet, on met par exemple entre les mains de l'enfant, avec mission de les faire incuber, si, ensuite, lorsque sont nés les alevins, il a la charge de les nourrir suivant leur âge, et de les soigner assidûment, il est à espérer que cet enfant, à raison des attentions qu'il aura montrées là, deviendra respectueux des produits naturels : outre la science qu'il aura acquise pour le repeuplement artificiel, l'idée de détruire sera à jamais anéantie en lui.

Les cours spéciaux des Musées scolaires de Pêche comprennent les sections suivantes : Études pratiques de la Mer — Navigation et Pêche — Mutualité professionnelle — Conférences générales sur l'enseignement nautique — Travaux manuels.

Les Pouvoirs publics ne pouvaient se désintéresser d'une œuvre d'une si évidente et si grande utilité pour l'avenir de notre industrie des Pêches maritimes, pour le progrès et le bien-être de nos populations du littoral, pour le pays tout entier en effet l'hygiène gagnerait beaucoup à ce que la consommation du poisson — une fois mieux assurée sa production et sa pêche — se répandit dans tous les départements de l'intérieur. Aussi le Ministère de l'Agriculture donne-t-il une subvention à cette excellente institution, et les Ministères de la Marine, du Commerce, des Travaux publics, de l'Instruction publique envoient des médailles, des ouvrages de réelle valeur, des gravures artistiques, pour la distribution annuelle, à Bordeaux, des récompenses aux élèves les plus méritants des écoles du littoral et qui ont envoyé des travaux remarqués (et ils sont nombreux). Les Chambres de Commerce, en particulier, de Bordeaux, Rouen, Dunkerque, ne ménagent pas non plus leurs encouragements non seulement à ces élèves, mais aussi, aux Directeurs d'Écoles et aux instituteurs qui leur enseignent, les données techniques d'une science si féconde pour leur avenir et leur prospérité future.

A l'occasion de la réunion récente à Bordeaux, en septembre 1910, du 2ᵉ Congrès international des Pêches maritimes, organisé par l'Œuvre française des Musées scolaires de Pêches, sous la présidence de M. Gruvel, délégué de l'Afrique occidentale française, et dont M. G. Sépé était le Commissaire général, de très importants débats ont eu lieu, et beaucoup de vœux intéressant le progrès des Pêches maritimes ont été adoptés, parmi lesquels nous relèverons, comme ayant trait plus directement à l'Œuvre des Musées scolaires des Pêches maritimes, ceux tendant :

A bien asseoir la situation des instituteurs et institutrices des Ecoles du littoral, éviter leur déplacement sans motif absolument impérieux, leur assurer un crédit minimum pour l'acquisition des choses utiles à l'enseignement particulier qu'ils doivent donner, leur assurer une indemnité particulière et des distinctions honorifiques universitaires.

A faire mettre à la disposition des instituteurs des divers pays maritimes et enfin des Professeurs des Écoles de pêche et de navigation des cartes permanentes leur permettant de prendre place à bord des bateaux de pêche ou des bateaux-pilotes en vue d'études pratiques.

A ce que les Ecoles de Pêche — à développer ou à créer d'urgence
— soient pourvues chacune d'un musée de pêches.

A ce que soient créés des bateaux-écoles dirigés par des professionnels (aux frais communs de l'Etat, des Départements et des
Municipalités).

Et à ce que chaque année, par roulement, et à époques déterminées, les instituteurs du littoral puissent amener leurs élèves sur ces
bateaux-écoles avec le moins de frais possibles (voyage gratuit,
nourriture à leurs frais).

L'Œuvre Belge de l' "Ibis" (Ecoles de Pêche).

De même que nous avons donné quelques détails sur l'Œuvre française des Musées scolaires de Pêche, de même croyons-nous ne pouvoir clore plus logiquement ce rapport sur l'Exposition de Bruxelles,
qu'en signalant à l'attention du lecteur une création de nos voisins
de Belgique destinée elle aussi à leur assurer un recrutement de jeunes marins pêcheurs méthodiquement élevés, instruits et entraînés.
A dire vrai, l'idée première de cette Œuvre belge, — dite Œuvre
de l'Ibis — pourrait-elle être retrouvée en France, à Marseille en particulier. Mais elle a été réalisée à Ostende avec un esprit de suite et
selon des tendances éminemment pratiques. Nous emprunterons les
indications ci-dessous tout à la fois au Rapport très documenté fourni
en 1907 sur le mouvement du port d'Ostende par un Consul de France
en cette ville, aux comptes rendus annuels de l'Assemblée générale
des actionnaires de cette institution, et aux articles très justement
élogieux que lui consacre fréquemment la presse locale.

La Société l'*Ibis*, Société coopérative pour le perfectionnement de
la Pêche maritime, a été fondée en 1906, sous le patronage du Prince
ALBERT, aujourd'hui roi des Belges, au capital social de 500.000 francs,
divisé en 100 parts de 5.000 francs.

Les fondateurs de l'Ibis se proposèrent le double but : 1° de ramener la population côtière de la Belgique vers l'industrie de la pêche,
de plus en plus délaissée pour des métiers moins périlleux et plus
lucratifs ; 2° de donner à cette population tout à la fois une instruction
professionnelle répondant aux conditions nouvelles de cette industrie
et des moyens lui permettant de gagner honorablement sa vie.

Afin de prêcher d'exemple et de faire adopter par la masse des
pêcheurs les méthodes nouvelles qu'elle préconisait, la Société créa

l'Ecole des Pupilles de la Pêche, où à l'heure actuelle 70 orphelins de pêcheurs sont recueillis et élevés, depuis l'âge de 6 ans.

Les enfants habitent un navire-école « L'Ibis », ancré dans le port d'Ostende, où ils apprennent — selon leur âge — la lecture, l'écriture, le calcul, la géographie, des notions d'histoire naturelle, le chant et la conversation anglaise, et sont élevés d'une façon paternelle et ferme, ne perdant pas le goût des choses de la mer qu'ils ont déjà par atavisme. Sur cette école flottante, facile à déplacer selon les circonstances, sise au plein air, et dans des eaux courantes, favorable donc au développement normal et rapide des pupilles, ils consacrent environ 3 heures par jour à l'instruction primaire, et de 8 à 9 heures au travail manuel et professionnel, à la gymnastique, aux repas et aux soins corporels et de propreté. Le travail manuel et professionnel comprend — toujours suivant leur âge, — le matelotage, la pêche, l'enseignement théorique et pratique de la manœuvre des navires et des embarcations, les exercices pratiques de matelotage et de forge, le dessin, les éléments de l'art de diriger un bâtiment à la mer, en vue et hors de vue des côtes. Les enfants disposent d'un outillage très complet, composé de voiles du modèle employé par les pêcheurs et installées dans la mâture de l'Ibis, d'engins de pêche, d'accessoires de manœuvres, etc... Les plus robustes sont initiés au travail du fer et du bois, et deux fois par semaine, ils suivent les cours de l'école professionnelle d'Ostende, où ils apprennent à faire et à réparer des accessoires marins, à construire des gouvernails de fortune, à forger des boulons, des écrous et autres pièces utiles en cas d'avaries.

Mais si soignée soit-elle, cette éducation à bord du stationnaire serait insuffisante pour faire de bons marins, de vrais pêcheurs. Aussi, la Société a-t-elle adjoint à l'Ecole flottante des annexes navigantes où les jeunes pupilles passent de la théorie à la pratique, et à bord desquels les plus grands font de véritables croisières et reçoivent leur complément d'instruction. Il existe 5 de ces annexes navigantes, l'Ibis III, l'Ibis IV, l'Ibis V, l'Ibis VI et le Pionnier II, toutes munies de moteurs Dan et toutes construites en vue de servir également de modèles pour la reconstitution de la flotte de pêche de la Belgique.

L'Ibis III affecté aux débutants marins, croise dans la mer du Nord et dans la Manche. Il jauge 150 tonnes. Il a 5 marins et 6 à 10 mousses ou novices. En 1909, il a effectué 42 voyages de pêche.

L'Ibis IV est un cotre de 16 tonnes, avec 2 marins et 2 mousses.

Il est affecté au perfectionnement de la Pêche Côtière. Il a complété, en 1909, 64 croisières.

L'Ibis V, vapeur de pêche en acier, construit en Angleterre, jauge 18.991 tonnes. Il a 8 marins et 4 à 8 mousses ou novices. Il pratique la grande pêche entre l'Islande et Gibraltar. En 1909, il a fait 5 voyages dans la mer du Nord, 14 dans l'Atlantique et la mer d'Irlande, 7 sur les côtes d'Espagne-Portugal.

L'Ibis VI est identique à l'Ibis V. Mais il a été construit en Belgique, et la similitude des 2 bateaux a pour objet de faciliter l'étude comparative de ces deux produits navals l'un anglais, l'autre belge. L'Ibis VI a effectué 2 croisières dans la mer du Nord et aux Iles Feroë, 9 croisières dans le Canal Saint-Georges et 1 croisière en Espagne.

Enfin le Pionnier II, d'une longueur de 25 mètres, monté par 11 marins et 4 mousses ou novices, est un type de voilier mixte avec coque en acier ; il est affecté à la pêche du hareng (abandonnée depuis 1869 par les armements d'Ostende).

A onze ans, les pupilles de l'Ibis (Ecole flottante) sont entraînés au point d'être aptes à rendre des services à la mer. On les embarque alors à bord d'une des annexes navigantes ci-dessus indiquées, où leur entraînement nouveau est mené également avec beaucoup de méthode. Les 3 premiers voyages ont exclusivement pour but d'habituer les enfants à la mer : peu de corvées, travail peu pénible, conseils et renseignements. Après ces 3 voyages, c'est-à-dire après un mois de navigation, le programme devient plus strict ; on les initie à toutes les manœuvres de la pêche et on leur montre comment ils doivent employer le moteur. Ils sont en outre astreints à faire, tous les jours un devoir d'une demi-heure qui les empêchera d'oublier ce qu'ils ont appris dans la première enfance. Au retour de la pêche à Ostende, l'un des administrateurs de la Société fait au tableau le tracé du voyage et la critique des opérations de pêche.

Après 6 mois de cette navigation régulière, le mousse reprend, à bord de l'Ibis stationnaire, ses études professionnelles pour six mois encore.

Après ce délai et arrivé ainsi à l'âge de 12 ans, le pupille a le choix entre le service à bord des annexes flottantes, dites vapeurs d'application, de l'OEuvre, et l'entrée à l'école des mousses de l'Etat, à Ostende, dont le programme comprend également la formation de pêcheurs. Très peu demandent à être débarqués des annexes flottantes.

Ces annexes — et c'est un des côtés fort originaux de l'OEuvre —

constituent un organisme complètement distinct de l'Orphelinat de l'Ecole flottante installée sur l'Ibis stationnaire. Leurs intérêts sont complètement séparés de ceux de ce dernier. Les exigences d'une exploitation rationnelle nécessitaient cette combinaison. Ces annexes, ces vapeurs d'application représentent donc une entreprise à part dont les navires accueillent les élèves de l'Ibis, et dont les bénéfices — augmentés du fait du généreux désintéressement des actionnaires — vont à peu près en entier grossir les subsides de l'Ibis Ier, où il faut des fonds considérables pour entretenir 70 orphelins et le personnel complet voulu pour leur instruction et leur éducation (un directeur, un instituteur, un instructeur-surveillant, deux instructeurs-marins, un matelot-cuisinier).

Les annexes de l'Ibis, malgré leur double caractère de bateaux de pêche à but commercial et de bateaux types à but démonstratif, ne naviguent pas d'une manière intensive. Les soins à donner aux mousses, la nécessité de ne pas nuire à leur formation morale, réclament de fréquentes rentrées au port, comme aussi le choix de matelots présentant à tous égards des garanties et de moralité et de capacité, qu'il faut dès lors engager et retenir par des avantages spéciaux, qui grèvent assez lourdement le budget général de l'OEuvre. Aucun alcool n'est embarqué à bord de l'Ibis et des annexes.

L'argent gagné par les pupilles leur constitue un pécule que l'OEuvre de l'Ibis administre. A l'âge de 21 ans, cinq pupilles réunis pourront détenir de la Société coopérative une barque de pêche moderne, munie d'un moteur auxiliaire, et dont ils deviendront propriétaires au bout d'un certain temps, l'Ibis gardant une hypothèque sur la barque pour se garantir contre les dissipations éventuelles de ses pupilles. Si, comme on doit l'espérer d'après les résultats déjà acquis, l'œuvre de l'Ibis prospère, Ostende possédera, dans une vingtaine d'années, une flottille de pêche montée par des marins munis d'instruction professionnelle tout à fait remarquable, et propriétaires de leurs bateaux.

Telle est, résumée dans ses grandes lignes, l'OEuvre de l'Ibis, qu'il nous a paru bon de noter ici. L'Angleterre, l'Italie, l'Allemagne se préoccupent de l'imiter chez elles. La France a toutes sortes de raison de ne pas s'en désintéresser non plus : les constatations faites au cours de ce Rapport comme de celui sur l'Exposition de Londres ont démontré l'urgente nécessité d'arracher nos populations maritimes, si méritantes, si courageuses, à leurs habitudes routinières, et de les armer de ce minimum d'instruction professionnelle méthodiquement acquise, aujourd'hui indispensable, de quelque spécialité qu'il s'agisse, non seulement pour lutter contre la concurrence étrangère, toujours menaçante, mais même, pour arriver à alimenter par le seul travail national le marché national intérieur : à la consommation française, les mers territoriales françaises pourront suffire, et largement dès que les pêcheurs français sauront les exploiter.

Les Pouvoirs publics ont intérêt à créer les organismes voulus, à soutenir efficacement les œuvres d'initiative privée, comme l'Œuvre française de Musées maritimes scolaires ou les Écoles de Pêche dont l'Œuvre belge de l'Ibis nous offre un exemple encourageant et probant. Et, ne tendons pas à faire de tous nos pupilles et élèves marins des capitaines au long cours ; là, comme partout, tous ne peuvent pas être de l'élite. C'est l'idée très simple qui préside à l'Œuvre de l'Ibis et assure son succès : car en faisant de la majorité relativement restreinte des jeunes marins, de braves patrons de bateaux de pêche gagnant rudement, mais convenablement leur vie et celle de leur famille, elle fera plus d'heureux et moins de déclassés.

N'oublions pas que, à l'heure actuelle, nous n'avons jamais eu moins de bateaux de Commerce, voiliers ou vapeurs, — et jamais plus de capitaines au long cours sortant des Écoles et sans emploi de leur grade.

Cette double constatation suffit à nous montrer où est la vraie voie.

A

a) Pêche de la morue.

TABLEAU COMPARATIF DEPUIS 1902 JUSQU'EN 1909.

	ARMEMENT			IMPORTATION DE ROGUES		EXPORTATION DE MORUES				
	NOMBRE DE NAVIRES	NOMBRE D'HOMMES	MONTANT DES PRIMES	QUANTITÉS	MONTANT DES PRIMES	DES LIEUX DE PÊCHE	DES PORTS DE FRANCE	TOTAL	TOTAL DES PRIMES	
			francs	kilos	francs	kilos	kilos	kilos	francs	
Période 1902-1906 (moyenne).....	985	14.072	617.433	687.467	137.493	1.411.644	16.383.395	17.795.039	2.870.800	En 1908, les navires armés pour la pêche de la morue ont rapporté 59.446.500 kil. de morues vertes et sèches, d'huile, de raches, de rogues et d'issues, soit 9.855.700 kil. de plus qu'en 1907. — On a exporté 21.916.400 kil. de morues sèches sous bénéfice de primes, au lieu de 11.823.300 kil. en 1907.
Année 1907......	876	13.339	589.965	619.549	123.910	619.444	13.029.712	13.649.156	2.174.107	En 1909, on a rapporté 67.520.200 kil. de morues vertes et sèches, huile, raches, rogues et issues, soit 8.073.700 k.
» 1908......	875	12.682	558.335	458.423	91.684	862.749	21.762.597	22.625.346	3.608.409	de plus qu'en 1908. — Et on a exporté,
Période 1904-1908 (moyenne).....	923	13.407	584.522	670.163	134.032	696.298	13.569.323	14.265.621	2.273.148	sous bénéfice de primes 25.558.300 kil. de morues sèches, contre 21.916.400 kil.
Année 1909......	808	11.757	515.760	452.267	90.453	2.500.688	27.572.558	30.073.246	4.858.566	en 1908.

b) Pêche du hareng.

	PÊCHE AVEC SALAISON A BORD		PÊCHE DU HARENG FRAIS		QUANTITÉS DE POISSONS PÊCHÉS ET RAPPORTÉS			
	NOMBRE DE NAVIRES	NOMBRE D'HOMMES	NOMBRE DE NAVIRES	NOMBRE D'HOMMES	SALÉS	FRAIS	TOTAL	
					kilos	kilos	kilos	
Période 1902-1906 (moyenne).....	143	2.943	425	4.622	27.492.200	27.163.900	54.656.100	Les 556 navires armés en 1908 pour la pêche du hareng jaugeaient 30.135 tonnes, avec 8.322 hommes, contre, en 1907, 544 navires, jaugeant 29.732 tonnes avec 8.071 hommes. Mais en 1908, on a rapporté dans nos ports 70.004.800 kil. de harengs, au lieu de 74.150.600 kil.; soit 4.145.800 kil. en moins.
Année 1907......	152	3.243	392	4.829	31.530.000	42.620.000	74.150.600	En 1909, 508 navires, jaugeant 29.267 tonnes avec 7.913 hommes, ont rapporté 56.307.800 kilos de hareng tant frais que salé, soit 13.697.000 kilos de
» 1908......	147	3.251	409	5.071	32.133.600	37.871.200	70.004.800	moins qu'en 1908.
» 1909......	154	3.285	354	4.628	23.267.200	32.040.600	56.307.800	

c) **Comparaison, pour la période 1902-1909 des transactions, importations et exportations, sur les principaux articles en valeur.**

IMPORTATIONS

	COMMERCE GÉNÉRAL				COMMERCE SPÉCIAL			
	MOYENNE 1902 - 1906	1907	1908	1909	MOYENNE 1902 - 1906	1907	1908	1909
	francs	francs	francs	francs	francs	francs	francs	francs
Poissons de mer, frais, secs, salés ou conservés............	44.660.000	58.500.000	63.100.000	55.300.000	44.000.000	59.500.000	62.300.000	54.300.000
Eponges brutes ou préparées....	16.000.000	20.400.000	21.000.000	21.300.000	»	»	»	»
Nacres de perle...............	22.000.000	18.500.000	20.600.000	14.400.000	21.000.000	18.030.000	20.400.000	14.400.000
Perles fines..................	14.500.000	7.900.000	5.300.000	5.700.000	»	»	»	»
Fanons de baleine, bruts.......	»	»	»	»	12.000.000	17.700.000	12.800.000	15.600.000

EXPORTATIONS

	COMMERCE GÉNÉRAL				COMMERCE SPÉCIAL			
	MOYENNE 1902 - 1906	1907	1908	1909	MOYENNE 1902 - 1906	1907	1908	1909
	francs	francs	francs	francs	francs	francs	francs	
Poissons frais, secs, salés, conservés ou marinés	39.000.000	31.300.000	37.700.000	41.400.000	37.400.000	29.400.000	36.100.000	
Eponges brutes ou préparées....								
Nacres de perle...............								
Perles fines..................								
Fanons de baleine bruts.......								

Ces 4 articles ne sont pas relevés à la statistique du commerce extérieur, pour les exportations, ni au commerce général ni au commerce spécial.

d) **Comparaison, pour les années 1907, 1908, 1909, en quantités (kilos) et valeurs (francs), des importations et exportations pour certains produits (commerce spécial)**

	IMPORTATIONS					
	QUANTITÉS			VALEURS		
	1907	1908	1909	1907	1908	1909
	kilos	kilos	kilos	francs	francs	francs
Poissons d'eau douce................	3.318.300	3.429.400	3.497.300	6.048.000	6.203.000	6.330.000
Poissons de mer, frais ou secs..........	59.374.500	68.331.200	73.145.400	41.072.000	43.182.000	39.208.000
Poissons de mer, marinés ou à l'huile..	9.311.200	9.957.900	7.107.100	12.336.000	12.927.000	8.750.000
Huîtres, homards, langoustes..........	»	4.025.600	4.575.700	»	7.178.000	8.888.000
Rogues de morues et maquereaux, graisses de poissons....................	10.261.200	8.713.800	13.162.400	8.236.000	7.735.000	9.830.000
	EXPORTATIONS					
Poissons d'eau douce................	349.600	387.000	358.900	358.000	393.000	369.000
Poissons de mer, frais ou secs..........	19.981.700	28.136.500	31.829.900	13.291.000	18.055.000	19.375.000
Poissons de mer, marinés ou à l'huile..	7.060.000	7.875.200	9.099.900	15.755.000	17.626.000	20.292.000
Huîtres, homards, langoustes..........	»	1.886.700	1.750.100	»	1.522.000	1.594.000
Rogues de morues et maquereaux, graisses de poissons....................	513.500	376.800	647.400	434.000	327.000	584.000

IMPORTATIONS DE BELGIQUE EN FRANCE

	COMMERCE GÉNÉRAL				COMMERCE SPÉCIAL			
	QUANTITÉS		VALEURS		QUANTITÉS		VALEURS	
	1908	1909	1908	1909	1908	1909	1908	1909
	kilos	kilos	francs	francs	kilos	kilos	francs	francs
Homards et langoustes, frais, conservés ou préparés	578.800	709.300	1.100.000	1.419.000	578.800	709.300	1.100.000	1.419.000
Moules et autres coquillages pleins	7.171.900	4.250.000	574.000	240.000	7.171.900	4.250.000	574.000	340.000
Poissons frais, secs, salés ou conservés	478.300	416.500	558.000	372.000	413.300	346.200	516.000	308.000
Eponges brutes ou préparées	10.400	8.900	491.000	438.000	9.100	94.000	435.000	451.000
(Colle forte et) colle de poisson	483.300	759.300	325.000	485.000	412.400	630.500	310.000	415.000
Nacre de perles ou coquilles brutes	39.500	32.500	158.000	156.000	39.500	32.500	158.000	156.000
Graisses de poissons	151.400	256.500	110.000	187.000	123.400	205.300	112.000	187.000
Perles fines	»	»	»	270.000	»	4.500	»	270.000
Huitres								

EXPORTATIONS DE FRANCE EN BELGIQUE

	COMMERCE GÉNÉRAL				COMMERCE SPÉCIAL			
	QUANTITÉS		VALEURS		QUANTITÉS		VALEURS	
	1908	1909	1908	1909	1908	1909	1908	1909
Homards et langoustes	271.100	287.800	517.000	577.000	263.900	283.200	501.000	566.000
Moules et autres coquillages pleins	»	»	»	»	»	»	»	»
Poissons frais, secs, salés ou autres et préparés	2.120.100	2.415.700	1.287.000	1.681.000	1.014.100	2.312.300	1.207.000	1.639.000
Eponges brutes ou préparées	36.700	44.900	1.269.000	1.684.000	1.900	11.400	345.000	513.000
Colle de poisson	40.600	34.100	875.000	723.000	31.300	28.800	783.000	720.000
Perles fines	»	»	»	306.000	»	5.200	»	306.000
Fanons de baleine coupés ou apprêtés, et imitation de baleine de corne	20.100	30.000	242.000	323.000	18.200	26.900	242.000	323.000
Huitres								

En 1908, la Belgique occupe le 3ᵉ rang comme importance de transactions générales avec nous, après l'Angleterre et l'Allemagne, avant les Etats-Unis, la Suisse, l'Algérie, l'Italie, l'Espagne, la Russie...

Aux importations de Belgique en France le 5ᵉ rang, avec 497 millions au commerce général, contre 533 en 1907, et 410 millions au comm. spécial, contre 427 en 1907.

Aux exportations de France en Belgique le 2ᵉ rang, après l'Angleterre et avant l'Allemagne, avec 847 millions en 1908, contre 986 en 1907, et 749 millions au commerce spécial, contre 861 en 1907.

En 1909, la Belgique a encore le 3ᵉ rang sur l'ensemble des importations et des exportations, tant au commerce général (avec 1.554.200.000 francs) qu'au commerce spécial (avec 1.342.100.000 francs).

Aux importations de Belgique en France, 547 millions contre 497 en 1908 et 533 en 1907 au commerce général — et 439 millions contre 410 en 1908 et 427 en 1907 au commerce spécial — 5ᵉ rang.

Aux exportations de France en Belgique, 1.008 millions contre 847 en 1908 et 986 en 1907 au commerce général — et 903 millions contre 749 en 1908 et 861 en 1907, au commerce spécial — 2ᵉ rang.

Produits de la pêche pour la consommation, à l'état frais, ou conservés sous toutes formes : séchés, salés, fumés, à l'huile.

COMPARAISON ENTRE LES ANNÉES 1907, 1908, 1909.

IMPORTATIONS

	COMMERCE GÉNÉRAL						COMMERCE SPÉCIAL					
	QUANTITÉS EN KILOS			VALEURS EN FRANCS			QUANTITÉS EN KILOS			VALEURS EN FRANCS		
	1907	1908	1909	1907	1908	1909	1907	1908	1909	1907	1908	1909
Poissons frais de mer.												
A. **Morues fraîches.**												
	191	400	1.000	105	170	420	191	400	1.000	105	170	420
B. **Harengs frais.**												
	46.981	45.000	101.300	7.517	8.100	16.213	2.868	19.200	75.800	459	3.456	12.136
C. **Autres poissons.**												
D. P. E.	2.898.187	2.557.000 [182.200 B]	2.224.200 [178.100 B]	2.608.368	2 304.332	2.001.780	2.872.109	2.547.100 [178.900 B]	2.216.800 [174.800 B]	2.584.898	2.292.382	1.995.420
A. et E.	1.221.811	1.140.700	805.700	1.832.717	1.710.980	1.208.550	1.221.811	1 140.700	805.700	1 832.717	1.710.980	1.208.550
	4.119.998	3.697.700	3.029.900	4.441.085	4.012.342	3.210.330	4.093.920	3.687.800	3.022.500	4.417.615	4.003.362	3.203.670
Poissons secs, salés ou fumés.												
A. **Morues et klippfish.**												
D. P. E.	370.909	218.300	113.400	241.091	120.029	56.700	48.907	41.800	59.200	31.790	22.996	29.600
St-P. et P.	48.045.255	57.876.700	66.058.500	31.229.416	34.207.888	33.029.250	48.037.738	57.876.300	65.992.200	31.224.530	34.207.652	32.996.100
	48.416.164	58.095.000	66.171.900	31.470.507	34.327.917	33.085.950	48.086.645	57.918.100	66.051.400	31.256.320	34.230.648	33.025.700
B. **Stockfish.**												
	385.423	419.500	508.900	308.339	335.585	407.120	373.769	419.800	491.600	229.015	335.831	393.280
C. **Harengs.**												
	191.464	218.200	231.400 [423 B]	34.463	39.275	46.280	143.275	126.900	168.000 [41.800 B]	25.789	22.846	32.000
D. **Autres poissons.**												
D. P. E.	2.902.043	3.520.900	1.982.300 [18.100 B]	2.176.532	2.640.386	1.486.725	2.654.332	3.235.400	1.787.400 [15.000 B]	1.990.749	2.426.557	1.340.550
St-P.Alg. & Cᶦᵒˢ	4.151.871	2.989.700	164.960	3.113.903	2.242.245	1.237.200	4.109.501	2.867.000	1.612.300	3.082.126	2.150.225	1.209.225

Poissons frais de mer.

A. **Morues fraîches.**

7.225 [7.020 B]	800 [700 B]	300	3.975	360	126	7.225 [7.020 B]	800 [700 B]	300	3.975	360	126

B. **Harengs frais.**

1.814.312 [1.309.343 B]	966.600 [729.900 B]	892.000 [563.500 B]	262.378	173.988	142.720	1.770.499 [1.297.343 B]	940.800 [729.900 B]	864.000 [563.500 B]	283.232	169.344	138.240

C. **Autres poissons.**

2.863.575 [208.834 B]	2.636.500 [231.000 B]	2.913.400 [302.200 B]	2.862.002	2.635.740	2.912.660	2.839.081 [208.834 B]	2.628.900 [231.000 B]	2.906.000 [302.200 B]	2.839.081	2.628.900	2.906.000

Poissons secs, salés ou fumés.

A. **Morues et klippfish.**

D.P.E. 8.492.260	17.229.000	20.726.900	6.336.100	11.181.240	12.430.820	8.161.309	17 052.900	20.673.700	6.120.982	11.084.385	12.404.220
Cies Fr. 3.882.521	5.186.000	5.279.000	2.911.745	3.370.320	3.160.700	3.881.064	5.180.200	5.212.000	2.910.796	3.367.130	3.127.200
12.374.781	22.415.000	26.005.900	9.247.845	14.551.560	15.591.520	12.042.370	22.233.100	25.885.700	9.031.778	14.451.515	15.531.420

B. **Stockfish.**

D.P.E. 18.536	»	11.400	14.980	»	9.240	3.010	»	2.400	2.559	»	2.040
Cies Fr. 25.574	»	30.900	21.471	»	26.130	20.238	»	28.200	17.202	»	23.970
44.110	31.300	42.300	36.451	26.365	35.370	23.248	26.500	30.600	19.761	22.525	26.010

C. **Harengs.**

D.P.E. 1.978.441 [1.660.372 B]	1.261.700 [830.400 B]	1.143.600 [733.700 B]	356.119	227.106	228.720	1.929.306 [166.087 B]	1.174.600 [830.400 B]	1.074.400 [773.700 B]	347.275	211.428	214.880
Cies Fr. 458.811	534.500	394.800	82.586	96.210	78.960	458.810	533.500	393.400	82.586	96 030	78.680
2.437.252	1.796.200	1.538.400	438.705	323.316	307.680	2.388.116	1.708.100	1.467.800	429.861	307.458	293.660

D. **Autres poissons.**

754.983	664.100	573.700	566.237	498 075	430.275	503.390	354.300	361.500	377.543	265.725	271.125
441.027	435.800	255.000	330.772	328.850	191.250	408.049	320.800	237.200	306.036	240.600	177.900
1.196.010	1.099.900	828.700	897.007	826.925	621.525	911.439	675.100	598.700	683.579	506.325	449.025

IMPORTATIONS

	COMMERCE GÉNÉRAL						COMMERCE SPÉCIAL					
	QUANTITÉS EN KILOS			VALEURS EN FRANCS			QUANTITÉS EN KILOS			VALEURS EN FRANCS		
	1907	1908	1909	1907	1908	1909	1907	1908	1909	1907	1908	1909
Poissons conservés, marinés, ou autrement préparés.												
A. **Sardines.**												
D. P. E.	8.235.354	8.561.400	6.043.000	9.882.425	10.273.669	6.647.300	7.363.949	7.461.600	5.693.700	8.836.739	8.953.960	6.263.070
Alg.	655.732	1.429.700	481.300	786.878	1.715.706	529.430	655.694	1.410.400	481.100	786.833	1.692.444	529.210
	8.891.086	9.991.100	6.524.300	10.669.303	11.989.375	7.476.730	8.019.643	8.872.000	6.174.800	9.623.572	10.646.406	6.792.280
B. **Autres poissons.**												
D. P. E.	1.391.907	1.055.000	1.240.100	2.922.354	2.215.500	2.604.256	1.223.990	932.300	1.085.800	2.570.379	1.957.830	2.280.279
Cies	64.974			136.445			67.569			141.895		
	1.456.571			3.058.799			1.291.559			2.712.274		
Huîtres.												
A. **Fraîches.** { *a)* Naissains. *b)* Autres.												
b. Autres (au mille).												
	10.374 [1.556 B]	8.423 [1.132 B]	9.687 [891 B]	311.220	252.690	290.610	10.374 [1.556 B]	8.417 [1.131 B]	9.686 [890 B]	311.220	252.512	290.580
C. **Marinées** (au kilogr.).												
	1.890	1.100	700	3.780	2.132	1.400	964	700	700	1.028	1.380	1.400
Homards et Langoustes (au kilogr.).												
A. **Frais.**												

1.903.833	1.834.300	1.797.500	3.998.049	3.852.003	4.134.230	1.834.284	1.012.100	1.913.100	3.893.992	3.583.337	4.404.730

Moules et autres coquillages pleins (K).

D.P.E. 11.751.379	12.221.400	12.966.000	940.110	977.711	1.037.280	11.751.379	12.213.800	12.965.800	940.110	977.103	1.037.264
[2.600.476 B]	[7.171.900 B]	[4.250.000 B]				[2.600.476 B]	[7.171.900 B]	[4.250.009 B]			

Rogues de morues et de maquereaux (K).

D.P.E. 3.222.497	4.181.600	4.624.800	483.375	669.055	1.618.680	3.193.396	4.215.400	4.624.600	479.009	674.459	1.618.610
St-P. et P. 618.142	513.200	486.100	92.721	82.103	170.135	617.991	513.200	486.100	92.699	82.103	170.135
3.840.639	4.693.800	5.110.900	576.096	751.158	1.788.815	3.811.387	4.728.600	5.110.700	571.708	756.562	1.788.745

Tortues vivantes.

D. M. 448	200	200	134	67	60	448	100	200	134	40	60
Alg. et M. 34.752	13.200	27.800	10.426	3.958	8.340	34.752	13.200	27.800	10.426	3.958	8.340
35.200	13.400	28.000	10.560	4.025	8.400	35.200	13.300	28.000	10.560		8.400

Tortues mortes.

580	1.290	280	8.700	19.350	8.400	»	390	280	»	5.850	»

Poissons frais d'eau douce.

A. Salmonidés (K).

1.370.535	1.421.700	1.401.400	4.522.766	4.691.610	4.624.544	1.357.153	1.413.000	1.384.000	4.478.605	4.662.900	4.567.108

B. Autres poissons.

1.985.531	2.067.100	2.137.600	1.588.425	1.653.651	1.710.080	1.961.127	2.045.400	2.084.300	1.568.902	1.636.355	1.667.440
	[130.800 B]	[77.700 B]					[129.600 B]	[77.700 B]			

	COMMERCE GÉNÉRAL						COMMERCE SPÉCIAL					
	QUANTITÉS EN KILOS			VALEURS EN FRANCS			QUANTITÉS EN KILOS			VALEURS EN FRANCS		
	1907	1908	1909	1907	1908	1909	1907	1908	1909	1907	1908	1909

Poissons conservés, marinés, ou autrement préparés.

A. **Sardines.**

D.P.E.	5.076.219	5.816.600 [208.300 B]	6.224.400 [286.200 B]	10.858.898	12.682.200	13.622.790	4.334.032	5.183.900	5.646.900 [256.600 B]	9.968.274	11.922.970	12.987.870
Alg. et Cies	383.086	342.400	347.400	802.557	690.610	698.940	311.686	317.900	264.000	716.877	254.300	607.200
	5.459.305	6.159.000	6.571.500	11.661.455	13.372.820	14.321.730	4.645.718	5.458.200	5.910.900	10.685.151	12.507.860	13.595.070

B. **Autres poissons.**

D. P. E.	2.177.500	2.882.300 [202.700 B]	2.107.900 [164.000 B]	4.572.750	6.052.830	4.426.590	2.038.661	2.727.100	2.021.800 [163.400 B]	4.281.488	5.726.910	4.245.780
Cies	413.570	467.400	435.800	868.497	981.540	915.180	375.637	461.900	415.200	788.838	969.990	871.920
	2.591.070	3.349.700	2.543.700	5.441.247	7.034.070	5.341.770	2.414.298	3.189.000	2.437.000	5.070.026	6.696.900	5.117.700

Huîtres.

A. **Fraîches.** { a) Naissains. b) Autres.

a. Naissains (au kilogr.).

Angl.	6.880	Italie. 100	14.500	82.560	1.200	174.000	6.880	100	14.500	82.560	1.200	174.000

b. Autres (au mille).

D. P. E.	22.554	25.476	26.014	676.620	764.280	780.420	22.554	25.472	26.013	676.620	764.160	780.390
Alg. et Cies	4.630	4.465	4.669	138.000	133.950	140.070	4.630	4.465	4.669	138.900	133.950	140.070
	27.184	29.941	30.683	835.520	898.230	920.490	27.184	29.937	30.682	815.520	898.410	920.460

C. **Marinées** (au kilogr.)

... et ....e (88 kilogr.).

A. Frais.

304.506 [279.680 B]	303.400 [263.800 B]	314.100 [283.200 B]	578.561	576.460	628.200	301.270 [279.680 B]	302.900	314.100 [283.200 B]	572.413	575.510	628.200

B. Conservés ou préparés.

D. P. E. 64.515	120.200	65.700	135.482	252.420	151.110	2.014	23.600	3.100	4.229	49.560	7.130
Alg. et Cies 24.045		19.300	50.494		44.390	20.792		16.400	43.664		37.720
88.560		85.000	185.976		195.500	22.806		19.500	47.893		44.850

Moules et autres coquillages pleins (K).

D. P. E. 628.256	679.600	758.300 [47.200 B]	50.261	54.368	60.664	628.212	672.000	758.300 [47.200 B]	50.257	53.760	60.664
Alg. et Cies 252.976		165.300	20.238		13.224	252.976		165.300	20.238		13.224
881.232		923.600	70.499		73.888	881.188		923.600	70.495		73.888

Rogues de morues et de maquereaux (K).

97.585	21.000	9.600	14.638	3.360	3.360	97.237	13.400 [1.200 B]	9.400	14.586	2.144	3.290

Tortues vivantes (K).

8.368	4.100 [000 B]	13.500 [1.300 B]	2.510	1.230	4.050	8.368	4.000 [000 B]	13.500	2.510	1.200	4.050

Tortues mortes.

580	900	3.100 [1.200 B]	8.700	13.500	46.500	»	»	1.200 [1.200 B]	»	»	»

Poissons frais d'eau douce.

A. Salmonidés (K).

16.601	13.200	19.800	57.783	43.560	65.340	3.220	4.300	2.600	10.626	14.190	8.580

B. Autres poissons.

370.695	405.900	408.100 [28.800 B]	365.823	401.600	397.400	346.333	384.400	354.600 [28.800 B]	346.333	384.400	354.600

Produits de la pêche, pour l'industrie.

IMPORTATIONS

	COMMERCE GÉNÉRAL						COMMERCE SPÉCIAL					
	QUANTITÉS EN KILOS			VALEURS EN FRANCS			QUANTITÉS EN KILOS			VALEURS EN FRANCS		
	1907	1908	1909	1907	1908	1909	1907	1908	1909	1907	1908	1909
Fanons de baleine. *A.* **Bruts.**												
	287.308	261.321	308.500	17.813.096	12.916.180	15.425.000	285.607	256.332	312.800	17.707.634	12.816.600	15.640.000
B. **Apprêtés ou coupés.**												
	18.584	18.961	30.300	1.486.730	1.397.160	2.272.500	18.552	18.508	29.800	1.484.160	1.388.100	2.235.000
Imitations de baleines de corne.												
	22.564	9.738 [7.276 B]	13.700 [8.000 B]	146.666	63.297	102.750	22.408	9.611 [7.276 B]	13.400 [8.000 B]	145.652	62.472	100.500
Cornes de bétail. *A.* **Brutes.**												
D.P.E.	7.176.197	7.513.900 [455.400 B]	6.791.800 [457.600 B]	8.970.246	8.640.937	8 829.340	7.080.715	7.399.900 [451.200 B]	6.726.500 [457.400 B]	8.850.894	8.509.867	8.744.450
Cies	»	371.000	477.500		426.618	620.750		360.900	456.600		415.051	593.580
		7.884.900	7.269.300		9.067.555	9.450.090		7.760.800	7.483.100		8.924.918	9.338.030
B. **Préparées.**												
	3.104	3.981	11.600	6.829	8.758	25.520	914	1.750	6.800	2.011	3.850	14.960
C. **Débitées en feuilles.**												
	111	1.215	»	1.471	16.099	»	»	1.215	»	»	16.099	»
Coquillages nacrés. *A.* **Nacre de perle.** — *a.* En coquilles brutes.												
D.P.E.	3.912.534	4.107.467	2.513.200	15.650.136	16.429.868	12.063.360	3.872.508	4.049.289	2.507.900	15.490.032	16.197.456	12.037.920
N.C.II.	709.068	1.042.686	486.700	2.836.272	4.770.744	2.336.160	709.068	1.037.426	483.200	2.836.272	4.149.704	2.319.360
	4.621.602	5.150.153	2.999.900									

	1.187	588	3.100	16.618	9.632	44.950	1.187	588	3.100	16.618	9.632	44.950
c. Haliotides et autres coquillages propres à l'industrie.												
D. P. E.	448.593	344.181	362.800	269.156	189.300	199.540	423.146	330.497	356.600	253.888	181.714	196.130
N. C. M.	327.556	476.705	87.700	196.533	97.187	48.235	315.938	160.606	81.600	189.562	88.333	44.880
	776.249	520.886	450.500	465.689	286.487	247.775	739.084	491.103	438.200	443.450	270.107	241.010
Perles fines. (Grain : 1/20 de gramme.)												
	132.183	87.908	94.700	7.930.980	5.274.480	5.682.000	132.183	87.408	94.700	7.930.980	5.244 480	5.682.000
Écailles de tortues. *A. Carapaces, onglons et caouanes.*												
D. P. E.	30.159	23.075	19.293 [153 B]	2.411.130	1.438.500	1.273.338	26.540	20.969	15.964 [153 B]	1.857.800	1.258.140	1.053.624
M. et Cies	2.721	3.087	1.768	190.470	185.220	116.688	1.762	1.278	641	123.340	76.080	42.306
	32.880	27.062	21.061	2.301.600	1.623.720	1.300.026	28.302	22.247	16.605	1.981.140	1.334.820	1.095.930
B. Rognures.												
	1.015	399	1.800	4.568	1.596	8.100	977	399	1.800	4 337	1.596	8 100
Corail. *A. Brut.*												
	6.838	74	1.108	820.560	8.880	132.960	1.212	74	1	145.440	8.880	120
B. Taillé non monté.												
	2.631	1.555	2.373	1.249.725	738.625	1.127.175	362	112	346	171.950	53.200	164.350
Éponges. *A. Brutes.*												
D. P. E.	567.972	493.162	468.200	17.039.160	16.767.508	16.855.200	210.062	203.707	184.900	6.301.860	6.926.038	6.656.400
A. R.	90.665	102.583	1.085	2.719.950	3.481.022	3.906.000	76.365	82.750	80.200	2.290.950	2.813.500	2.887.200
	658.637	595.545	576.700	19.759.110	20.248.530	20.761.200	286.427	286.457	265.100	8.592.810	9.739.538	9.543.600
B. Préparées.												
	10.067 [5.079 B]	9.244 [3.997 B]	6.640 [3.061 B]	644.208	647.080	498.000	7.229 [4.558 B] 293.656	6.813 [3.505 B] 293.270	5.975 [2.895 B] 274.175	461.376	476.910	448.500
Peaux de phoques. Brutes.												
	50.088	59.723	84.300	450.792	537.507	758.700		59.723	84.800		53.757	763.200
Peaux de chiens de mer.												
	615	1.448	4.100	1.845	4.344	12.300		1.448	4.100		4.344	12.360

EXPORTATIONS

COMMERCE GÉNÉRAL						COMMERCE SPÉCIAL					
QUANTITÉS EN KILOS			VALEURS EN FRANCS			QUANTITÉS EN KILOS			VALEURS EN FRANCS		
1907	1908	1909	1907	1908	1909	1907	1908	1909	1907	1908	1909
Fanons de baleine. A. Bruts.											
26.683	36.463	35.400	1.854.130	2.182.580	2.121.000	24.973	36.333	35.100	1.748.110	2.179.980	2.106.000
B. Apprêtés ou coupés.											
30.027	34.902 [1.478 B]	42.300	2.702.110	2.942.425	3.381.500	24.973	34.529 [1.478 B]	41.800	1.748.110	2.934.695	3.344.000
Imitations de baleines de corne.											
177.820	124.460 [16.679 B]	127.800 [25.400 B]	1.244.652	871.220	1.022.250	177.664	124.460 [16.679 B]	127.500 [25.400 B]	1.243.648	871.220	1.020.000
Cornes de bétail. A. Brutes.											
2.128.325	1.937.400 [274.200 B]	2.422.400 [409.400 B]	3.161.911	2.681.485	3.383.130	2.006.019	1.812.700 [274.200 B]	2.340.100 [409.200 B]	3.009.028	2.537.780	3.276.140
B. Préparées.											
35.290	34.496 [2.502 B]	34.400 [5.200 B]	77.638	75.891	75.020	33.500	32.385 [2.502 B]	29.300	72.820	71.247	64.460
C. Débitées en feuilles.											
18.033	15.329 [648 B]	15.900	238.937	203.109	214.650	17.923	15.209 [648 B]	15.900	237.480	201.519	214.650
Coquillages nacrés.											
A. Nacre de perle. — a. En coquilles brutes.											
532.379 [36.495 B]	242.122 [12.829 B]	491.800 [33.200 B]	2.129.516	968.488	2.457.260	494.557	208.099	483.100 [33.200 B]	1.978.228	832.396	2.415.500

b. Sciée ou dépouillée de sa croûte.

	60.073 [14.076 B]	47.461	57.500 [35.500 B]	47.058	31.080	42.425	36.716 [14.076 B]	19.906	43.200 [35.500 B]	33.044	15.925	34.560
Perles fines. (Grain : 1/20 de gramme.)												
	86.458	67.183 [55 B]	343.400 [52 B]	5.187.480	4.030.980	20.604.000	86.458	67.183 [55 B]	343.400	5.187.480	4.030.980	20.604.000
Écailles de tortues. *A.* Carapaces, onglons et caouanes.												
	6.719	6.087	5.668	440.355	352.630	363.638	2.144	1.259	1.070	119.895	62.950	58.850
B. Rognures.												
	1.293	350	»	7.074	1.750	»	1.255	350	»	6.903	1.750	»
Corail. *A.* Brut.												
D. P. E.	5.298	887	1.090	697.770	100.950	121.305	302	122	211	22.650	43.125	15.825
A. O. F.	658	575	496	49.350	43.125	47.730	658	575	262	49.350	9.150	19.650
	6.586	1.462	1.586	747.120	144.075	169.035	960	697	473	72.000	52.275	35.475
B. Taillé non monté.												
Italie.	45	248	708	34.675	117.800	363.850	44	»	114	24.200	»	62.700
Algérie.	2.268	1.272	1.404	1.077.300	609.600	666.900	»	72	»	»	39.600	»
A.O.F.	2.313	1.520	2.102	1.101.975	727.400	1.030.750	44	72	144	24.200	39.600	62.700
Éponges. *A.* Brutes.												
	369.047 [28.951 B] 1.706	329.124 [34.853 B] A.T. 2.692	349.600 [42.700 B]	11.087.439 52.806	11.221.720 96.912	12.657.200	16.029 1.706	15.572 [8.928 B] 2.692	17.900 [10.700 B]	496.899 52.886	567.072 96.912	716.000
	370.753	331.816		11.140.325	11.318.632		17.735	18.444		549.785	663.984	
B. Préparées.												
	17.049 [4.952 B] 1.664	13.404 [840 B] 1.950	12.881 [959 B] 1.446	1.531.398 157.708	1.267.740 194.700	1.514.895 173.520	14.202 [3.632 B] 1.652	12.202 [240 B] 1.940	12.196 [710 B] 1.446	1.349.190 156.940	1.098.200 194.000	1.463.520 173.520
	18.713	15.354	14.327	1.689.106	1.462.440	1.688.415	15.834 33.569	14.142 32.586	13.642	1.506.130	1.292.200	1.637.040

Produits de la pêche pour les utilisations industrielles.

IMPORTATIONS

	COMMERCE GÉNÉRAL						COMMERCE SPÉCIAL					
	QUANTITÉS EN KILOS			VALEURS EN FRANCS			QUANTITÉS EN KILOS			VALEURS EN FRANCS		
	1907	1908	1909	1907	1908	1909	1907	1908	1909	1907	1908	1909
Blanc de baleine et de cachalot.												
A. **Brut.**												
	66	»	700	224	99	2.380	»	»	»	»	»	»
B. **Pressé.**												
	327	»	»	1.112	»	»	»	»	»	»	»	»
C. **Raffiné.**												
	8.160	9.400	10.400	27.744	31.933	35.360	8.134	8.400	10.300	27.656	28.723	35.020
Graisses de poissons.												
A. **Huile de baleine.**												
	551.092	627.400	530.700	303.101	345.060	291.885	537.187	606.100	505.100	295.453	333.370	277.805
B. **Huile de morue.**												
	1.831.613	2.352.600	2.145.800	3.022.161	2.352.645	2.145.800	1.792.298	2.321.300	2.137.000	2.957.292	2.321.253	2.137.000
St.-P. et P.	937.017	1.057.900	1.106.900	1.546.078	1.057.922	1.106.900	937.017	1.057.900	1.106.900	1.546.078	1.057.907	1.106.900
	2.768.630	3.410.500	3.261.700	4.568.239	3.410.567	3.261.700	2.724.315	3.379.200	3.243.900	4.503.370	3.379.160	3.243.900
C. **Autres.**												
	»	1.752.900	1.726.700	»	1.577.643	1.554.030	1.459.182	1.742.300	1.665.400	2.864.977	1.568.043	1.498.860
		[979 B]	[186.200 B]					[1.008 B]	[186.300 B]			
I.-C. et Cies	»	2.310.300	2.681.200	»	2.079.301	2.413.080	1.724.126	1.886.300	2.637.300		1.697.713	2.373.570
		4.063.200	4.407.900		3.656.944	3.967.110	3.183.308	3.628.600	4.302.700		3.265.756	3.872.430
Colle de poisson.												
	69.663	72.610	67.200	1.950.564	1.815.250	1.680.000	55.000	63.459	61.600	1.540.000	1.586.475	1.540.000
I.-C. et Cies	28.427	13.021	10.400	795.956	325.525	260.000	19.992	10.621	10.400	559.776	265.525	260.000

Vessies natatoires brutes et simplement desséchées.

Colonies. 70.103 [9.330 B] 10.824 80.929	111.470 [4.693 B] 32.545 143.715	83.800 [4.200 B] 18.000 101.800	24.537 3.788 28.325	38.910 11.390 50.300	29.330 6.300 35.630	61.935 [9.330 B] 9.785 71.720	110.545 [4.673 B] 29.024 139.569	78.800 14.000 92.800	21.677 3.425 25.302	38.691 10.158 48.849	27.580 4.900 32.480

EXPORTATIONS

Blanc de baleine et de cachalot.
A. Brut.

758	1.200	2.000	2.577	4.080	3.400	299	200	300	1.017	680	1.020

Graisses de poissons.
A. Huile de baleine.

14.249	40.400	48.000	7.837	12.220	9.900	6.049	22.100	200	3.327	12.155	110

B. Huile de morue.

Colonies. 49.011 25.841 74.852	54.000 23.000 77.000	68.900 24.600 93.500	79.829 42.637 122.466	54.000 23.000 77.000	68.900 24.600 93.500	42.912 19.941 62.853	36.200 16.100 52.300	46.000 21.400 67.400	70.805 32.902 103.107	36.200 16.100 52.300	46.000 21.400 67.400

C. Autres.

Colonies. 365.250 13.150 378.400	726.300	699.800	328.725 11.835 340.560	653.670	629.820	334.574 12.813 347.387	289.000	570.400	301.117 11.531 312.648	260.100	513.360

Colle de poisson.

96.935 [35.261 B] 9.270 106.205	118.200 [35.000 B]	89.500 [28.900 B] 16.900 106.400	2.714.180 259.560 2.973.740	2.955.000	2.237.500 422.500 2.660.000	73.952 [32.811 B] 9.270 83.222	107.200 [31.300 B]	84.000 [B] 16.300 100.300	2.070.656 259.560 2.330.216	2.680.000	2.100 000 407.500 2.507.500

Vessies natatoires brutes et simplement desséchées.

30.148 [13.010 B]	29.461 [10.049 B]	25.100 [9.400 B]	40.552	10.206	8.785	20.939 [6.240 B]	25.035 [9.444 B]	16.100 [B]	7.329	8.762	5.635

	COMMERCE GÉNÉRAL						COMMERCE SPÉCIAL					
	QUANTITÉS EN KILOS			VALEURS EN FRANCS			QUANTITÉS EN KILOS			VALEURS EN FRANCS		
	1907	1908	1909	1907	1908	1909	1907	1908	1909	1907	1908	1909
Engins divers.												
Filets de pêche en coton, lin, etc. — (Kg.)												
Colonies.	30.613 3.071 33.684	22.350	26.200	160.178 16.123 176.841	134.100	176.850	17.966 214 18.180	12.100	9.600	94.321 1.124 95.445	72.600	64.800
Hameçons.												
St-P. et P.	55.060 7.023 62.083	65.673 4.266 69.939	72.600	550.600 70.230 620.830	985.085 63.990 1.049.085	1.080.000	15.103	14.867	14.800	151.130	213.005	222.000

EXPORTATIONS

	COMMERCE GÉNÉRAL						COMMERCE SPÉCIAL					
	QUANTITÉS EN KILOS			VALEURS EN FRANCS			QUANTITÉS EN KILOS			VALEURS EN FRANCS		
	1907	1908	1909	1907	1908	1909	1907	1908	1909	1907	1908	1909
Engins divers.												
Filets de pêche en coton, lin, etc. — (Kg.)												
Colonies.	68.214 28.759 96.973	57.944 [13.235 B] 29.942 87.886	63.400 27.700 91.100	401.256 169.418 570.674	547.664 179.652 727.316	413.750 181.125 594.875	57.510 24.578 82.088	51.871 [13.235 B] 25.432 77.303	56.800 23.400 80.200	345.060 147.468 492.528	311.226 152.492 463.718	369.200 152.100 521.300
Hameçons.												
	4.846 48.209 53.055	1.935 58.701 60.636	8.000 54.100 62.100	40.441 476.857 517.298	23.993 870.779 894.772	111.200 804.300 915.500	2.673 1.811 4.484	629 1.217 1.846	1.100 900 2.000	18.711 12.677 31.388	4.403 8.519 12.922	7.700 6.300 14.000

TABLE DES MATIÈRES

Imp. P. MELLOTTÉE, 33, quai des Grands-Augustins, Paris et Châteauroux.

RAPPORT TECHNIQUE

PAR

M. H. COUTIÈRE

Professeur à l'École Supérieure de Pharmacie.

Rapport sur les opérations du Jury

de la Classe 53.

La classe 53 (aquiculture et pêche) avait été jusqu'alors solidaire
de la classe 54 comprenant les produits des cueillettes. Ce range-
ment, très logique en soi, acceptable à la rigueur si les deux classes
ont une faible importance, apporte une gêne intolérable lorsqu'on
essaie de l'appliquer pratiquement. Le jury devient très difficile à
constituer et risque de comporter une moitié d'incompétences. Devant
cette difficulté, qui d'ailleurs ne se reproduira plus, le jury primitif
résolut de se scinder en deux groupes parfaitement distincts et indépendants, dont chacun s'adjoignit en outre un expert. Choisi à
ce titre par le président du jury de la classe 53, M. le Dr Leprince,
je fus en outre chargé, suivant l'excellente discipline préconisée par
lui à Londres, du rapport d'ordre scientifique, alors que le point de
vue technique et commercial sera traité d'autre part par M. Caill.

La classe 53 a réuni, à Bruxelles, 160 exposants. Elle en possédait
4 à Liège, 21 à Milan, 66 à Londres, une centaine à Paris en 1900.
Le public qui voit défiler devant ses yeux, — lassés mais non rassa-
siés — le raccourci lui permettant de se représenter l'état actuel
d'une industrie ou d'une ressource naturelle, le public ne soupçonne
pas l'effort de persévérante persuasion que représente la brusque
ascension de chiffres tels que ceux-ci. Ce sont autant de petites vic-
toires sur l'apathie, l'incuriosité, l'hésitation, la crainte, aspects
divers du moindre effort, et ce résultat est dû, en grande partie, à
M. le Dr Leprince, vice-président du groupe IX, dont l'active compétence a été contagieuse et la belle humeur convaincante.

Et, pour qu'on ne voie pas dans ce qui précède de vaines paroles
complimenteuses, je me hâte d'ajouter que ces chiffres devraient,

pourraient facilement être doublés ou triplés. Une foule de personnalités et d'entreprises, isolées ou collectives, privées ou officielles pourraient exposer qui n'exposent pas, par indifférence, à cause d'une longue sécurité commerciale, du manque de concurrence ou d'initiative. Les expositions sont précisément là pour montrer le danger de cette tournure d'esprit ; tout ce qui n'avance pas recule, tel qui croyait son renom indéfectible se voit soudain éclipsé par un nouveau venu. Quant aux participations officielles, elles sont presque un devoir. Et s'il fallait résumer notre pensée en une formule concise, nous dirions volontiers : Tout ce qui est officiel se doit au grand public, parce qu'il a payé pour qu'on lui plaise, tout ce qui n'est pas officiel se doit au grand public, parce qu'il paiera si on sait lui plaire. Le stand, même coûteux, d'une exposition est une obligation ou un placement, souvent les deux.

Dans ces notes sur les diverses expositions, nous suivrons autant que possible les catégories indiquées au programme de la classe, en commençant par les pêches maritimes.

C'est surtout à cette section que s'applique le reproche d'abstention que nous nous sommes permis de formuler. Nous eussions voulu voir parmi les exposants nos très nombreux — d'aucuns disent trop nombreux — ports de pêche (plus de 240 en y comprenant ceux de Corse et de Tunisie). Sans doute, dans cette poussière de petites localités, dont quelques-unes ne possèdent pas 10 pêcheurs [1], bien peu disposent des éléments et sont capables de l'effort nécessaire pour exposer, mais, groupés en syndicats, guidés par les fonctionnaires de la marine, ils pourraient présenter des expositions collectives et régionales, des sortes de monographies, d'un intérêt évident. Qu'on suppose les harenguiers de la Manche, les thoniers de Groix et du Golfe de Gascogne, les langoustiers et homardiers bretons, les sardiniers, de Loquémau à Arcachon, envoyant au hasard des bonnes volontés, des modèles de bateaux et d'engins, même réduits à des photographies, des produits de leur récolte rangés commercialement, des modèles d'emballage, des aspects de ports et de marchés, que quelques commissaires intelligents et actifs prennent à charge de classer et de mettre en valeur les envois, il y aurait là une exposition, au sens le plus compréhensif du mot, de la valeur économique de

---

1.   75 de ces ports comptent de 5 à   100 pêcheurs.
   100   —   —   5 à   500   —
    24   —   —   plus de 1000   —
    11   —   —   —   2000   —
     6   —   —   —   3000   —

notre littoral, et une révélation pour bien des personnes. Et, sans préjudice du bénéfice de publicité, il en sortirait sans nul doute une sorte d'émulation entre ces petits métiers de la mer, si souhaitable pour qui connaît leur méfiance et leur routine.

Je ne parle pas des grands ports, qui pourraient si facilement organiser chacun un stand particulier. Sur 100 visiteurs ayant défilé à Bruxelles devant des nappes de filets de pêche ou des spécimens étranges de la faune marine, combien savent que Boulogne peut seul entrer en parallèle avec les grands ports de pêche anglais et allemands, Fécamp, Lorient, La Rochelle, Arcachon, suivant de plus ou moins près. Combien se font une idée claire de l'outillage requis par cette industrie — usine à glace incluse — de ses méthodes et de son caractère. Objectera-t-on que l'ignorance de ces 50 0/0 de visiteurs — à moins que ce ne soit 90 — est indifférente au succès de ces entreprises, puisque celle-là n'a pas empêché celui-ci ? L'objection est valable pour toutes les industries ; il est douteux qu'une société de constructions mécaniques ou de métallurgie, par exemple, transporte pour le seul plaisir quelques centaines de tonnes des produits de son activité. Lorsqu'on se rappelle les foules qui défilèrent en 1900 devant les réductions lilliputiennes des flottes de la Norddeutscher ou de la Hamburg-Amerika line, il serait peut-être osé de prétendre que les intéressés firent en pure perte ces exhibitious si crûment démonstratives.

Notre littoral est le siège d'une industrie ostréicole dont l'importance a été mise en lumière par des débats peut-être fâcheux, en tout cas retentissants. C'est une industrie toute française, qui a beaucoup évolué depuis ses fondateurs, très curieuse à connaître, qui doit se défendre contre d'incessantes difficultés venant de la nature ou des hommes. La Belgique, avec le centre d'Ostende, fait à nos produits une concurrence très vive. Autant de bonnes raisons pour exposer. D'autant que nos producteurs sont groupés en syndicats puissants et qu'à défaut d'une collaboration générale, difficile à cause des intérêts qui les divisent, chacune des régions où règnent ces syndicats eût facilement pu organiser une exposition collective. Quelques sobres documents graphiques, plans, cartes, photographies, tableaux de production, auraient montré à la foule des consommateurs éventuels la vitalité de cette industrie et sa prépondérance encore incontestable. Et il vaut mieux faire envie que pitié.

Il y avait deux exceptions à cette abstention générale. M. Hervé

Paul, d'Etaules, avait exposé quelques valves d'Huîtres à différents âges, provenant de ses parcs d'élevage. Le Dr Calvet, sous-directeur de la Station zoologique de Cette, et depuis professeur à la Faculté des Sciences de Clermont-Ferrand, avait exposé ses travaux relatifs à l'Ostréiculture dans l'étang du Thau. Un ouvrage que l'on regarde par la tranche est, pour le public, le mur classique derrière lequel il se passe quelque chose, et c'est la critique, d'ailleurs aussi inutile qu'évidente, que j'adresserai une fois pour toutes aux nombreux cas analogues. Le professeur Calvet, en collaboration avec M. l'ingénieur Paul, a réussi à reproduire la « verdeur » qui a fait la gloire et la fortune de Marennes. Ces essais ont été effectués dans l'établissement de la Société d'Ostréiculture méridionale, à Balaruc-les-Bains. Les 12.000 mètres carrés de bassins de l'établissement sont alimentés par la circulation en gradins, à l'aide d'un moteur, des eaux de l'étang de Thau, les bassins pouvant à volonté être isolés les uns des autres. Après deux essais infructueux d'ensemencement par des Huîtres vertes de Marennes, il se trouva que 2.500 de ces mollusques furent abandonnés dans un des bassins, avec seulement 30 centimètres d'eau non renouvelée et en attendant la mise à sec définitive. Dix jours plus tard, la Navicule Ostréaire, ayant rencontré là par hasard l'ensemble des conditions qu'elle exige, s'était multipliée très activement et les Huîtres avaient verdi. En cherchant à canaliser ce hasard, MM. Calvet et Paul virent qu'indépendamment de la stagnation d'une faible épaisseur d'eau, les conditions favorables étaient une température comprise entre les limites — à vrai dire fort étendues — de 9 et 31° et une densité de l'eau de 1016 à 1024. M. Calvet, continuant ces recherches, en arriva à la conclusion que certaines pratiques des ostréiculteurs de Marennes sont inutiles, par exemple le « parage » en fond des claires à verdeur, la diatomée pouvant se développer indifféremment sur tous les sols. Il faut aux Navicules la lumière solaire naturelle et un grand éclairement, conditions faciles à réaliser dans le Midi. Enfin, résultat important, elles sont abondantes, non seulement sur le fond, mais encore aux différents niveaux du bassin, si bien que l'on peut mettre à verdir à la fois plusieurs couches de Mollusques disposés dans des casiers.

A côté de ces résultats, dont l'importance n'échappera à personne, M. Calvet a rompu de nombreuses lances en faveur des Huîtres de la région de l'étang de Thau et de Cette. C'est elles qui avaient, en effet, déterminé les premiers accidents typhiques et servi de point de

départ à la campagne violente et passionnée dont l'industrie ostréicole a eu tant à souffrir. Il est juste de dire que cette campagne avait
un fondement, à savoir la complète insouciance ayant précédé à
l'établissement des parcs où s'engraissent les Huîtres. Le seul fait
que l'eau éparse sur une contrée est apportée finalement à la mer
par le drain unique d'un fleuve, suffit à faire comprendre que les
portions du littoral comprises entre les drains devront manquer d'eau,
et par suite de propreté. Chaque petit cours d'eau côtier qui se risque
à baigner un port devient un égout, dont les eaux peuvent polluer
des parcs mal situés. Il est probable que les Huîtres peuvent véhi-
culer le bacille typhique, malgré sa fragilité au contact de l'eau de
mer, peut-être même renforcer sa virulence ; les accidents survenus
de ce chef paraissent indéniables. Mais il est non moins indéniable
que de nombreux facteurs secondaires interviennent, qui peuvent
rendre les Huîtres toxiques en dehors de tout bacille. M. Calvet a
fait voir l'influence de la faune parasitaire des valves, qui meurt, se
décompose sur l'Huître placée à l'air, et dont il convient de la débarrasser par un brossage énergique. La pratique du « rafraîchissement »
d'ailleurs signalée par bien d'autres auteurs et qui peut si bien
infester l'Huître du fâcheux bacille typhique, la simple conservation
prolongée, qui amène la toxicité des liquides du Mollusque, sont
parmi ces facteurs secondaires.

M. Calvet avait été amené à ces études par ses recherches sur
l'étang de Thau, le régime de ses eaux, sa faune et la protection de
celle-ci, dont l'exploitation inconsidérée risque d'amener la destruction. C'est lui qui avait signalé à l'administration de la marine la
réapparition des bancs huîtriers de l'étang. Dans un autre ordre
d'idées, M. Calvet avait exposé ses travaux sur les Bryozoaires, pour
la connaissance desquels il est un des spécialistes les plus autorisés, et
ceux accomplis à la Station zoologique de Cette, réorganisée par ses
soins.

A la suite, je dois passer en revue les nombreux travaux scientifiques ayant trait à la biologie des animaux aquatiques, et dont la
plupart méritent une notice. Je suivrai, autant que possible, l'ordre
alphabétique.

M. le professeur R. Blanchard, président de la classe 53 (hors concours comme membre du jury à Londres), avait fait en son nom personnel, au nom du laboratoire de Parasitologie et de l'Institut de
médecine coloniale, une exposition fort remarquable. Elle comprenait d'abord une série de planches murales, reproductions agrandies

des dessins relatifs à ses beaux travaux sur les Hirudinées. Il est
inutile d'entrer dans le détail de ces recherches, qui font autorité
dans la morphologie et la systématique de ce groupe difficile de
Vers.

M. le professeur BLANCHARD a fondé en France l'enseignement de
la Parasitologie, dont on connaît le prodigieux essor, les beaux résultats et les espoirs plus beaux encore. Il l'a dotée du premier laboratoire de recherches qu'elle ait possédé à Paris, d'un périodique,
les Archives de Parasitologie, qui s'est de suite imposé au premier
plan, et de collections aussi riches que bien classées, c'est-à-dire
d'instruments de travail de premier ordre. C'est à son initiative et à
sa ténacité que la Faculté de médecine doit de posséder un Institut
de médecine coloniale, organisme utile au premier chef dans un pays
pourvu d'aussi vastes possessions d'outre-mer. La pathologie exotique s'attaque de toutes parts aux maladies mystérieuses et souvent
si terribles des régions tropicales, les nations voisines rivalisent à
l'envi dans ce champ nouveau par l'envoi de missions, la fondation
d'instituts et de périodiques spéciaux ; il était de nécessité urgente,
pour les futurs médecins coloniaux de posséder le minimum de connaissances précises sur ces questions, car il faut bien se persuader
que la mise en valeur de ces régions est avant tout d'ordre hygiénique
et médical. C'est seulement quand l'hygiéniste et le médecin auront
vaincu, tout au moins contenu et domestiqué les fléaux naturels
qu'on pourra parler de civilisation et de colonies. Il est beaucoup
plus urgent d'obtenir d'un nègre sa confiance en un médecin blanc
que d'en faire un électeur. Beaucoup plus difficile aussi.

La Parasitologie est une science très étendue, qui fait à chaque
instant appel à la zoologie et à la botanique pures, à la cytologie la
plus délicate, à l'expérimentation physiologique, à l'anatomie patho-
logique, à la clinique. Le milieu aquatique joue un grand rôle dans
l'évolution d'une foule de parasites dangereux de l'homme et des
animaux, que ceux-ci se développent librement dans ce milieu, ou
que le plus souvent ils y rencontrent un de leurs hôtes nécessaires.
La simple exposition d'une partie des planches de démonstration du
laboratoire de Parasitologie et de l'Institut de médecine coloniale
suffisait à s'en convaincre, en même temps qu'elle constituait une
leçon de choses des plus démonstratives.

Dans un ordre d'idées analogues, il faut citer les importants travaux de M. COZETTE, vétérinaire à Noyon, sur les maladies des Poissons. On sait que la gent aquatique n'est, pas plus que la faune ter-

restre, indemne d'affections parasitaires de toutes sortes. Bien plus, le milieu spécial où elles évoluent facilite leur transmission et les épidémies sévissant sur les Poissons sont fréquemment très étendues et très meurtrières. Même en laissant de côté les parasites volumineux, Cestodes ou Nématodes, qui encombrent le tube digestif et sont souvent assez nuisibles à leurs hôtes, les Poissons sont victimes d'une foule de maladies microbiennes, dues à des Bactéries, des Champignons inférieurs, des Protozoaires. D'un grand intérêt au point de vue de la science pure, on conçoit aussi que ces maladies intéressent l'hygiène alimentaire, que leur traitement et surtout leur prophylaxie méritent qu'on les étudie avec le plus grand soin. C'est dans cet ordre d'idées qu'il a été créé à Munich, dès 1896, un laboratoire de recherches dirigé par le professeur Höfer et spécialement affecté à la Pathologie des animaux aquatiques. En attendant qu'un organisme semblable existe en France, il convient de mentionner les efforts des travailleurs isolés, parmi lesquels M. Cozette, et son collaborateur M. Delobel.

M. le Dr Bordas, maître des conférences à la Faculté des sciences de Rennes, a consacré à l'étude des appareils glandulaires et reproducteurs des Insectes plus de 150 notes ou mémoires. Dans la grande variété des types étudiés, se trouvent les Coléoptères et les Hemiptères aquatiques, Dytiques, Hydrophiles, Nèpes, etc. Malgré l'importance de ces recherches couronnées à deux reprises par l'Académie des sciences, et qui représentent une somme énorme de travail, elles ne ressortissent pas assez directement de la classe 53 pour que je puisse en parler longuement.

Je dois, pour la même raison, me borner à signaler les publications de M. Houlbert, professeur à l'Ecole de médecine et de pharmacie de Rennes ; ils se rapportent en effet aux Insectes, principalement aux Coléoptères de la faune armoricaine, au sujet desquels il n'a jamais été fait de travail aussi consciencieux et aussi pratique.

MM. Boisvin et Cie, éditeurs, et M. Maurice Cabs, ont obtenu une mention honorable, les premiers pour leurs publications, le second pour un intéressant organe de vulgarisation fondé par lui, le *Pêcheur populaire*.

MM. Conte et Vaney, de la Faculté des sciences de Lyon (méd. de bronze), avaient exposé leurs travaux, dont plusieurs effectués en collaboration. Je me borne à signaler ceux qui portent sur les Echinodernes et sur les Mollusques parasites.

M. l'inspecteur des eaux et forêts Demorlaine, chargé du service du département de la Somme, avait exposé une de ses études piscicoles les plus intéressantes sur la région picarde. Ce mémoire, « les Poissonniers de la Somme », accompagné de photographies, montre les funestes effets des déversements industriels. Il prend une importance toute particulière en raison de la région considérée, qui est, comme le dit l'auteur, l'un des fiefs de l'aquiculture française. On peut dire que cette région de la Haute-Somme, si curieuse par l'aménagement des eaux du fleuve, l'utilisation aquicole très poussée des étangs adjacents, est la seule source régulière du poisson d'eau douce pour Paris et ses environs. Dans une conférence faite à la séance générale de la Société d'Aquiculture et de pêche, en 1907, M. DEMORLAINE estime à 350.000 francs la valeur des produits pêchés, auxquels s'ajoutent les produits très importants de la culture maraîchère, la chasse, et même quelques denrées inattendues, tels que les joncs et les roseaux.

Mais cette terre promise des Poissons d'eau douce a le malheur de se trouver dans une région très industrielle. Et toute industrie, quelle qu'elle soit, a deux aspects : l'un est visible, elle envoie sur le marché des produits ouvrés, qui sont sa raison d'être, son profit et sa renommée ; l'autre est caché, elle lutte contre l'envahissement des déchets, dont le moindre défaut est d'être très encombrants, sales, sans valeur, quand ils ne sont pas malodorants ou toxiques. Comme une usine ne se conçoit guère sans cours d'eau, la tentation d'utiliser celui-ci comme « appareil excréteur » est si forte, si conforme au moindre effort, qu'il a fallu édicter les règlements les plus sévères pour en limiter les funestes effets. On peut dire qu'aucun déversement industriel n'est inoffensif, mais il en est qui, par leur volume ou leur toxicité, compromettent l'existence même de la faune aquicole et rendent vains tous les efforts tentés en vue du répeuplement.

Telle était la situation en 1902 dans le département de la Somme : la plupart des rivières empoisonnées par des résidus déversés sans règle ni mesure, inhabitables pour leurs hôtes. M. DEMORLAINE a pu améliorer beaucoup cet état de choses par une lutte ininterrompue : il a réussi à faire respecter les règlements en vigueur. Comme l'application de ces règlements comporte de la part des industriels riverains des travaux importants et coûteux, qu'il s'agit, non pas seulement de les faire établir, mais d'obtenir qu'ils fonctionnent, puis qu'ils continuent de fonctionner, qu'on les répare au besoin, alors qu'il serait si simple et si tentant de laisser cet effort gênant se relâcher et disparaître, on se rendra compte de la ténacité et de l'énergie, du « doigté » aussi qu'a dû déployer le haut fonctionnaire des eaux et forêts, en face d'adversaires bénéficiant d'une longue impunité et de la puissance financière.

Une fois les eaux assainies et rendues habitables, on a pu songer à les peupler. M. DEMORLAINE a installé à cet effet à Abbeville, de concert avec une société de pêche locale, celle des pêcheurs à la ligne de Ponthieu, un établissement de pisciculture modèle où l'élevage des Salmonides est pratiqué de façon intensive depuis plusieurs années. Cette société a exposé de son côté et il en sera question plus loin, mais le jury n'a pas oublié que les heureux effets au point de vue aquicole d'une direction intelligente, active et énergique de la pisciculture dans la Somme était due au chef de service du département, et il lui a décerné une médaille d'or.

La même récompense a été attribuée à M. LEBEL, receveur central de la caisse d'épargne de Péronne. M. LEBEL est un véritable apôtre de cette importante question de la pollution des eaux par les résidus industriels. Avec beaucoup de patience et de ténacité, M. LEBEL a pu constituer un volumineux dossier sur les faits d'empoisonnement des eaux causés par les 43 usines, sucreries, distilleries, etc., de l'arrondissement de Péronne. Il a su intéresser à sa cause les conseils locaux, étudier les divers moyens d'épuration à conseiller aux industriels et recueillir des adhésions assez nombreuses pour créer un véritable mouvement d'opinion, début indispensable de l'action légale, en France peut-être plus qu'ailleurs.

De cette masse de faits et de documents, M. LEBEL a extrait en 1909 les éléments d'un ouvrage, « la Pollution des eaux », indispensable à consulter dans cet ordre d'idées.

M. GADEAU DE KERVILLE avait exposé ses travaux sur la faune marine des côtes normandes. La découverte d'une nouvelle espèce de Mysis (*M. Kervillei* G. O. Sars) dans une région si parfaitement connue, témoigne de la précision de ses recherches. M. de KERVILLE a d'ailleurs publié un grand nombre de travaux sur des sujets très variés de zoologie, et il a fait, en Kroumirie, puis en Palestine, des expéditions très fructueuses, dans lesquelles la partie aquicole a fourni nombre de résultats intéressants.

M. Louis GERMAIN est un des spécialistes les plus réputés dans l'étude difficile des Mollusques fluviatiles et terrestres. Il avait exposé sur ce sujet plusieurs mémoires, entre autres un travail de tout premier ordre, présenté par lui comme thèse de doctorat ès sciences,

sur la faune malacologique africaine. De l'étude serrée des diverses
familles, de leur répartition actuelle souvent si inattendue, M. Germain a pu tirer des conclusions importantes pour la physique du continent africain, conclusions qui sont venues fortifier ou compléter
celles tirées de la géologie, de la géographie, de la zoologie d'autres
groupes d'animaux.

Le Dr Guiart, professeur à la Faculté de médecine de Lyon,
avait envoyé ses travaux sur les mollusques marins Opisthobranches, le professeur Guitel, de la Faculté des sciences de Rennes,
ses diverses mémoires sur les Gobiidés marins où sont décrites les
mœurs si curieuses de ces Poissons, changements de livrée, rôle des
deux sexes dans la nidification, l'incubation des œufs, en même temps
que leurs particularités anatomiques, telles que les ventouses des
Lepadogaster, organes adhésifs résultant de la transformation des
nageoires pectorales.

M. le professeur Jourdan, de la Faculté des sciences de Marseille,
avait envoyé la remarquable collection des Annales du Muséum
d'Histoire naturelle de Marseille, collection qui renferme la plupart
des travaux du laboratoire Marion. Il en sera question un peu plus
loin, à propos des laboratoires maritimes.

M. Hugon, instituteur à Savigna, Jura, s'est attaqué au problème
du repeuplement en Écrevisses, et aussi en *Cambarus* américains,
des cours d'eau de sa région. Il a cherché à déterminer la cause de
la « peste » qui sévit sur les espèces indigènes. Il attribue un rôle
actif à la Myxosporidie du genre *Telohania* qui fut autrefois en effet
décrite de cette région, et croit que les « crevettines » *(Gammarus
pulex)* sont les vecteurs de cette infection. M. Hugon pense donc
qu'il faut s'opposer, par des grilles serrées, à l'entrée de ces Amphipodes dans les bassins d'élevage, et qu'il convient d'autre part de
peupler les eaux vives avec l'espèce *Cambarus affinis,* qui depuis
4 ans lui donne toute satisfaction. Il est permis de discuter ces
diverses conclusions, surtout au point de vue de l'agent infectieux,
déterminé par Höfer comme étant un Bacille, retrouvé d'une façon
très générale dans les contrées infestées d'Allemagne et de Russie,
cultivé avec succès, étudié avec beaucoup de soins, dans ses rapports
avec la lépidorthose, si bien qu'il est difficile de ne pas souscrire à
l'opinion de Höfer, mais il se peut qu'il existe non pas une, mais des
« pestes » de l'Écrevisse, et que les *Telohania* en soient une, locale-
ment. Quant aux *Cambarus* qui ont été l'objet déjà de diverses tentatives d'introduction chez nous, rien ne vaut un résultat heureux

bien constaté et l'on ne peut que s'incliner devant lui. M. Hugon avait exposé un manuscrit contenant ses recherches et ses idées, et le jury lui a décerné une médaille d'argent.

Le professeur Kœuler, de la Faculté des sciences de Lyon avait envoyé ses beaux travaux sur les Echinodermes dans lesquels sont étudiés les matériaux provenant des grandes expéditions océanographiques, en particulier celles de la « Princesse-Alice ». Les matériaux recueillis par l'« Investigator » dans l'Océan Indien par les naturalistes anglais de l'Inde, ont été également soumis à M. Kœuler en raison de sa grande notoriété dans l'étude de ce groupe.

Le Dr Langeron est l'auteur d'un petit ouvrage pour la détermination des animaux et des plantes que l'on rencontre le plus communément au bord de la mer, plantes de la flore littorale, Algues marines, Echinodermes, Bryozoaires, Mollusques, Crustacés, Poissons. Les descriptions sont le commentaire sobre et précis de planches en couleur assez bonnes, et l'ensemble répond à un véritable besoin, que chacun a entendu exprimer.

Mlle Jeanne le Bras, de Pont-Croix, avait exposé un opuscule « Sport-pêche en Bretagne » dont son père, décédé depuis, est l'auteur. Cette brochure s'adresse surtout aux amateurs de pêche en mer. Elle comprend d'abord la description très claire des engins usités, avec les dispositions qu'une longue expérience a suggérées à l'auteur, puis viennent l'énumération des pêches pratiquées dans la région d'Audierne, de Penmarch et de Sein, des extraits des lois, décrets, instructions régissant les signaux, les commandements, les accidents de mer. Dans l'ensemble, un ouvrage très pratique. Son auteur aurait voulu le voir distribuer comme prix aux élèves des écoles du littoral, futurs marins de demain. C'est un but très légitime dont nous ne pouvons que souhaiter la réalisation.

M. Odin est un des naturalistes connaissant le mieux la faune de la région vendéenne, bretonne et charentaise au point de vue zoologique et économique. Ancien maire des Sables-d'Olonne, il fonda, de sa propre initiative, un petit laboratoire maritime d'où sont sortis de très intéressants travaux. Il faut citer en particulier son histoire de la pêche sardinière en Vendée, celle de la pêche du thon dans le golfe de Gascogne et une foule d'articles sur des sujets ayant trait aux pêches maritimes. L'idée d'un laboratoire privé, ou plutôt d'un aquarium avec laboratoire annexé, mériterait d'être reprise. Telles plages en vogue reçoivent chaque été des dizaines de milliers de baigneurs, momentanément oisifs, dont chacun connaît — pour l'avoir éprouvé — la quête enfantine de distractions. Quelques bacs peuplés des hôtes de la mer, si beaux dans leur milieu, si curieux à voir vivre, seraient faciles à installer. Ils auraient un succès certain, même financier, et vaudraient tous les manuels du monde.

Les travaux de M. le Dʳ Pellegrin, assistant au Muséum, font autorité en matière d'ichtyologie. Sa monographie de la famille des Cichlidés a fait connaître en détail, au point de vue anatomique, biologique, zoogéographique, une famille de Poissons d'eau douce analogues aux Perches, mais répandues seulement dans l'hémisphère sud, en Afrique, à Madagascar, en Amérique tropicale. Une série de mémoires sur la faune dulçaquicole ou marine de nos colonies, Afrique tropicale et Madagascar, Indo-Chine, Guyane, baie de Tadjourah, pêcheries de l'Afrique occidentale, donne la détermination précise d'une foule d'espèces utilisées ou utilisables, comme alimentation et aussi comme ornement. Il faut y joindre un traité de zoologie appliquée, en collaboration avec M. Cayla, particulièrement développé au point de vue aquicole, et qui, rédigé surtout pour les besoins des fonctionnaires des Eaux et forêts, ne peut manquer de leur être un guide précieux.

M. Raveret-Wattel est un de ceux qui ont le plus fait pour étendre et vulgariser en France les pratiques de l'aquiculture. Naturaliste éminent autant qu'observateur judicieux, il a su, en de nombreuses publications, rendre accessibles les notions acquises par une longue expérience, principalement à la station du Nid du Verdier, près de Fécamp. Citons ses ouvrages classiques sur l'élevage de la Truite, sur l'aménagement des eaux au point de vue de la culture du Poisson, son excellent livre sur les Poissons d'eau douce et d'eau de mer de notre territoire. Sans parler de nombreux articles de revues, d'une documentation et d'une écriture parfaites, relatant le résultat d'expériences d'acclimatation, comme celle des *Cambarus* américains, ou bien mettant au point une question aquicole peu connue ou insuffisamment développée chez nous.

M. le Dʳ Robert, chef des travaux à la Faculté des sciences, a effectué de remarquables recherches sur le développement des Mollusques, en prenant comme exemple les Troques, si communs sur notre littoral. M. Robert s'est posé le problème de la destinée ultérieure des blastomères issus des divisions successives de l'œuf fécondé. Les difficultés croissent très vite avec le nombre des cellules, celles-ci deviennent très inégales au bout de quelques divisions, et les plus petites ne peuvent être dépistées et suivies que par une rigueur de méthode et un soin extrêmes. M. Robert a pu obtenir de tous les stades étudiés des photographies parfaites, comme valeur démonstrative et beauté d'exécution. Il a débité en coupes sériées des organismes, de quelques millimètres de diamètre, et les a reconstitués en cire d'après la méthode qui, pour être connue et de principe très simple, n'en est pas moins d'une pratique très ardue. Ces modèles étaient exposés à Bruxelles et ont certainement intrigué plus d'un visiteur.

M. le Dr de Varigny, si connu et si goûté comme publiciste, biologiste éminent, avait exposé la collection de très nombreux articles de critique et de mise au point qu'il a publiés dans diverses revues, sur les pêches maritimes et les questions qui s'y rattachent. L'excellente publication du ministère de la Marine, la *Revue maritime*, le compte parmi ses principaux rédacteurs. A citer, par exemple, son étude très complète sur l'Arénicole ou ver des pêcheurs, que tout le monde a vu rechercher sur les plages vaseuses qui est la base d'un « petit métier » de la mer fort important et tout à fait curieux.

M. le Dr Vayssière, de la Faculté des Sciences de Marseille, a publié sur les Mollusques opisthobranches, et sur quelques Poissons de la Méditerranée, une série de mémoires intéressants à divers titres. Au point de vue faunistique d'abord, en ce qu'un seul petit coin de la Méditerranée se rencontrent autant d'espèces de ces Mollusques que tout le long des côtes océaniques, et que nombre de Poissons, dans les fonds de 20 à 80 mètres, peuvent trouver là une nourriture suffisante, l'absence ou la faiblesse de la coquille faisant des Opisthobranches une proie facile. Au point de vue bionomique et anatomique, ensuite, en vue de compléter les données antérieures sur ce groupe très particulier de Mollusques.

Trois grandes sociétés scientifiques étaient représentées dans la classe 53 par leurs publications : la Société nationale d'Acclimatation, la Société centrale d'Aquiculture et de pêche, la Société zoologique de France. Cette dernière accueille plutôt les travaux de science pure, alors que les deux premières envisagent plutôt la zoologie appliquée. L'aquiculture est devenue une branche assez notable de la Zootechnie pour constituer encore une section très vivante de la Société d'Acclimatation, et pour occuper exclusivement l'activité de la Société d'Aquiculture.

La Société Nationale d'Acclimatation fut fondée en 1854 par L.-S. Geoffroy Saint-Hilaire. Elle vient donc de voir s'accomplir, dans sa séance solennelle de 1911, son 57ᵉ anniversaire, et les années lui sont assez légères pour qu'elle se voie dans l'obligation de doubler la périodicité de son Bulletin. Les 58 volumes de cette belle publication, volumes dont beaucoup ont plus de mille pages, constituent une collection du plus haut intérêt, parce que les variations et les exigences de la vie économique s'y manifestent à chaque page et que c'est là en quelque sorte de l'histoire, non la moins attachante et la moins vraie. Il y a une relation indéniable entre l'état de prospérité matérielle, de paix morale, et le désir de se rendre l'existence plus facile et plus fleurie ; il est bon que ceux dont l'esprit est parvenu à une vue supérieure des choses refrènent l'ardeur destructrice de la foule, la canalisent vers des buts de conservation en lui faisant toucher du doigt la beauté ou l'utilité des productions naturelles, lui enseignent à tirer parti de celles qui nous entourent et lui donnent la curiosité de celles des autres régions. Destruction inconsidérée des forêts, extermination de toutes les espèces non domestiquées de Mammifères et d'Oiseaux, exploitation trop intensive des eaux marines, dépeuplement des eaux douces, culture exclusive d'un très petit nombre d' « esclaves » végétaux ou animaux, tel est le bilan de l'homme « lâché » dans la nature vivante, sans s'apercevoir que l'excès de ses progrès finiraient par la rendre inhabitable pour lui-même à force d'ennui, de banalité et de laideur.

Les efforts d'une Société, si puissante soit-elle, ne peuvent prétendre arrêter une tendance aussi fâcheusement généralisée, mais on ne saurait rendre cette justice à l'Acclimatation qu'elle a su créer autour d'elle une atmosphère d'intérêt, nous dirions volontiers de justice, vis-à-vis des animaux et des plantes, et que la liste serait très longue et très édifiante des résultats pratiques dus à son activité. Pour ne parler que de la section d'aquiculture, qu'il nous suffise de citer ses tentatives anciennes d'introduction de Poissons ou de Crustacés, les procès-verbaux ou les articles relatifs au Saumon de Californie, la Truite arc-en-ciel, l'*Eupomotis*, les *Ameiurus* ou Poissons-Chats, les Sandres, les diverses variétés de Carpes, les *Micropterus* ou Black-bass, les Ecrevisses, les *Cambarus*, etc.

La Société centrale d'Aquiculture et de pêche est sortie de la précédente en 1889, et Lacaze-Duthiers fut son premier président. Sa formation traduisait l'intérêt croissant que prennent les questions aquicoles ; elle a su depuis grandir et prospérer, si bien qu'elle a vu à son tour essaimer autour d'elle divers organismes répondant à des besoins spéciaux : ligue contre la pollution des cours d'eau, syndicats de Sociétés de pêche, de pisciculteurs, de commerçants, amateurs de Poissons d'ornement. Le Bulletin qu'elle publie mensuellement comprend des articles originaux sur l'histoire naturelle des espèces comestibles, leur biologie, leurs parasites et leurs maladies, leurs méthodes de propagation, sur la technique des pêches, leur législation, tant sur son état actuel que dans ses modifications possibles, sur le transport, la conservation des Poissons, etc. En outre, une partie bibliographique comprenant un grand nombre d'analyses de comptes rendus, de sommaires, achève de faire du Bulletin l'organe indispensable pour toute information relative à l'aquiculture et aux pêches, y compris les pêches maritimes.

La Société a fait établir et éditer avec le plus grand soin trois tableaux en couleurs, représentant les Poissons de France. Leur exactitude est rigoureuse, contrôlée qu'elle a été par des spécialistes tels que le Dr PELLEGRIN au point de vue de la forme, de la couleur, des détails pouvant servir à l'identification des espèces. De courtes et substantielles notices les accompagnent, de sorte que leur ensemble constitue un document pratique de valeur incontestable. Ces tableaux méritent d'autant plus d'être vulgarisés dans les Sociétés de pêche et les écoles qu'ils sont d'un prix très modique.

La Société intervient encore dans les intérêts de l'aquiculture par les récompenses qu'elle décerne chaque année aux travaux scientifiques, ou aux efforts des praticiens, des agents de la répression du braconnage, par des conférences, des visites aux établissements ou aux régions aquicoles, par des consultations sur les points qu'on lui soumet.

La Société zoologique, fondée en 1876 par quelques naturalistes zélés, et reconnue, comme les précédentes, d'utilité publique, a sa place nettement distincte à côté d'elles par l'importance accordée dans ses publications à la Zoologie pure. Le dévouement et l'autorité du professeur R. BLANCHARD, qui fut son secrétaire général pendant vingt ans, n'a pas peu contribué à établir sa notoriété. Son Bulletin et ses Mémoires s'échangent avec les plus réputées des publications étrangères. La Société s'est ainsi constitué une bibliothèque très précieuse, renfermant des périodiques dont on chercherait souvent en vain la collection ailleurs. Le nom de la Société est lié intimement à la fondation des grands congrès zoologiques internationaux, à la réforme de la nomenclature zoologique. L'une des plus importantes publications consacrées à Lamarck, due à M. LANDRIEU, a été éditée par ses soins et constitue un volume de ses Mémoires.

La collection de ses publications, exposée à Bruxelles, renferme de nombreux travaux relatifs aux animaux aquatiques : Protozoaires, Éponges, Cœlentérés, Échinodermes, Mollusques, Bryozoaires, Vers parasites des Poissons, Hirudinées, Crustacés, Poissons, Batraciens, Reptiles et Mammifères aquatiques. La Société compte au nombre de ses membres honoraires et correspondants les plus grands noms parmi les zoologistes français et étrangers et le chiffre de ses membres titulaires dépasse 320. Le jury l'a placée hors concours.

Nous voici parvenus à une seconde catégorie d'exposants, ceux qui avaient apporté à Bruxelles des objets plus immédiatement appréciables. Son intérêt n'est pas moindre que celui de la catégorie précédente, beaucoup de ces expositions étaient fort complètes et fort belles.

Après avoir été parmi les créateurs du groupe IX et de la classe 53, M. le Dr Leprince n'a pas cessé, depuis Milan, de présider aux destinées de cette dernière classe. Il a, l'un des premiers, cherché à faire entrer l'aquiculture dans une voie pratique, estimant qu'en matière de science appliquée, aucune dissertation ne vaut un résultat. Nous relatons ailleurs son action tout à fait prépondérante dans le fonctionnement et la fondation de l'active Société de pisciculture du Cher, l'une des doyennes dans cet ordre d'idées.

M. le Dr Leprince expose ailleurs les produits pharmaceutiques qui ont fait de sa maison l'une des premières dans cette industrie et rendu son nom familier à une grande partie du monde civilisé. Mais l'un de ces produits, en raison de sa curieuse origine, figure à la classe 53. C'est l'acide nucléinique pur, extrait des laitances de harengs et de maquereaux, et connu comme médicament sous le nom de rhomnol.

Le phosphore est dans l'économie un élément d'importance capitale. Non seulement les tissus où il prédomine reçoivent de sa présence une « qualité » qui les classe hors pair, mais le système nucléaire d'un élément anatomique quelconque a précisément servi à nommer tout un groupe de protéides phosphorés, les nucléines, qui y jouent un rôle essentiel.

Comme pour tant d'autres médicaments, la difficulté de faire réparer à l'organisme un déficit éventuel en phosphore est une des difficultés capitales de la thérapeutique. L'organisme refuse les combinaisons les plus ingénieusement déduites et les élimine sans leur rien emprunter. L'on compte celles qui échappent à cette indifférence.

L'acide nucléinique est la plus simple des combinaisons organiques du phosphore dans nos tissus. C'est lui qui présiderait aux faits de réparation et de genèse des protoplasmes, au point de constituer une réserve circulante avec retenue temporaire par le foie à la façon du glycogène. Les nucléines, malgré leur étroite dérivation du corps précédent, n'ont nullement cette propriété. Constater de tels effets et les reproduire sont encore deux choses très différentes. De même qu'une serrure compliquée reste close pour un insignifiant détail d'une clef étrangère, un énorme édifice moléculaire tel que l'acide nucléinique risque de n'être pas assimilé s'il n'est pas exactement propre à remplir la place offerte. Les laitances des poissons sont la source la plus abondante du produit phosphoré, c'est aussi en partant de ces glandes que sa laborieuse et délicate extraction est la plus facile.

Ces rapides notions étaient nécessaires pour montrer comment le Dr Leprince, guidé vers l'obtention d'une nouvelle combinaison phosphorée assimilable, finit par arriver à un mode d'obtention de l'acide nucléinique relativement simple et économique donnant un produit toujours identique et pur. C'est à lui que l'on doit l'introduction dans la thérapeutique usuelle d'un corps à propriétés importantes mais resté jusque-là une curiosité de laboratoire. Ce n'est pas ici le lieu de discuter de l'efficacité et des indications de ce corps ; il importe cependant d'ajouter que les laboratoires du Dr Leprince traitent chaque année plus de 40.000 kilos de laitances de Harengs. L'humble Clupéide est pourvu de glandes reproductrices qui lui permettent les plus fastueuses prodigalités ; le Maquereau qui lui sert de succédané comme matière première quand le Hareng n'est plus « laité » nulle part, n'est qu'un pauvre pis aller à ce point de vue, et son prix plus élevé est encore un désavantage sérieux. Un tel poids de laitances représente au moins 200 tonnes de poissons dont on utilise ailleurs les filets ; il serait à souhaiter pour la prospérité de notre littoral que l'on trouvât au poisson frais un débouché de semblable importance dans chaque sous-préfecture....

M. le Dr Leprince, dans un ordre d'idées plus modeste, a imaginé aussi un petit appareil extrêmement pratique pour compter les œufs des Salmonides, matière d'assez haute valeur, comme on sait. Il s'agit du compte-pilules des pharmaciens, mais approprié comme grandeur et forme de ses trous. Une fois l'appareil rempli, puis l'excédent écoulé, le simple soulèvement de la planchette mobile libère d'un seul coup la centaine d'œufs, comptés sans erreur possible si tous les trous étaient garnis, ce qui se vérifie d'un seul coup d'œil.

Les fabriques de conserves de Poissons, de Sardines en particulier, se trouvent vis-à-vis de la classe 53 dans une situation assez particulière. D'une part, elles ne possèdent pas de matériel de pêche et ne font pas acte de pêcheurs. D'autre part, elles sont liées à un tel degré à l'exercice de ce métier de la mer qu'elles ne se conçoivent pas sans lui, ni lui sans elles. Ce sont les deux parties d'un même tout, différenciées selon la loi de la division du travail. Que les deux parties souffrent l'une et l'autre des mêmes circonstances adverses, qu'elles se dressent de ce fait l'une contre l'autre en les plus graves conflits, ainsi qu'on l'a vu en ces dernières années, il n'est cependant au pouvoir d'aucune d'entre elles de rompre le lien qui les soude, et leur histoire est une longue suite de guerres dans l'adversité, de réconciliations dans les jours heureux. Mais il faut bien dire que jusqu'à présent l'un des belligérants a consisté en une poussière de pauvres gens sans valeur « énergétique », même fortifiés par la discipline syndicale, chez lesquels la violence tient lieu de volonté comme l'alcool de nourriture. L'autre est constitué par un petit nombre d'hommes chez lesquels le capital et l'intelligence sont souvent à un « potentiel » également élevé, de sorte que le rôle de chefs leur est échu, quoi qu'ils en eussent, de par la force des choses, avec toutes ses obligations, en particulier celle d'instruire et d'éduquer.

Sous l'aiguillon de la concurrence, l'instrument qu'ils utilisent et dont ils sont le prolongement a dû être amené à fournir des rendements élevés auxquels il était inapte. Mais le fondement de la connaissance étant ici d'ordre biologique, l'un des plus mal déterminés qui soient, ses données demanderaient, pour être posées de façon claire, une somme de temps et d'argent incompatible avec les nécessités immédiates.

En attendant qu'il soit possible de profiter de données biologiques que l'on n'a guère, il faut au moins tirer parti des conditions précaires et capricieuses que l'on a, apprendre d'abord à ne pas se nuire. Parmi les maisons qui ont le mieux compris ces nécessités, il faut citer Amieux et Cⁱᵉ. Sa participation à la classe 53 consistait en la carte de ses usines, en modèles de filets et de bateaux. Mais le jury, en leur accordant un grand prix, s'est souvenu de la part active prise par ces établissements dans la solution équitable de la crise sardidière, en particulier au Congrès tenu aux Sables-d'Olonne, en 1910.

L'exposition du Dʳ Anthony m'amène à parler du laboratoire maritime de Saint-Waast-la-Hougue et des autres stations disséminées sur le littoral, au nombre de douze.

Wimereux (Laboratoire d'évolution des êtres organisés, Faculté des sciences, Paris).

Le Portel (Faculté des sciences de Lille).

Luc-sur-Mer (Faculté des sciences de Caen).

Saint-Waast (Muséum d'Histoire naturelle).

Roscoff (Faculté des sciences, Paris).

Concarneau (Collège de France).

Arcachon (Faculté des sciences de Bordeaux).

Banyuls (Faculté des sciences, Paris).

Cette (Faculté des sciences, Montpellier).

Endoume (Faculté des sciences, Marseille).

Tamaris (Faculté des sciences, Lyon).

Villefranche (Laboratoire russe).

Alger (Faculté des sciences, Alger).

Boulogne possède en outre une station aquicole, les Sables-d'O-lonne un laboratoire fondé par M. Odin, et Sfax une station pour l'étude de la Spongiculture.

Sauf Concarneau, presque tous les autres ont été fondés à la suite de Roscoff et de Banyuls. L'influence, ou pour être plus exact, l'apostolat de Lacaze-Duthiers, créateur de ces deux stations, a été certainement pour beaucoup dans leur multiplication, en France et aussi à l'étranger, tant il est vrai que les plus austères questions subissent elles-mêmes l'influence de la mode. Il est sorti de ces laboratoires, au moins des plus importants, une masse considérable de travaux, dont beaucoup de premier ordre. Des savants de toutes nationalités sont venus et viennent chaque année profiter de leurs ressources fauniques. A ce point de vue, ils ont rendu et rendent les plus réels services, ils ont été les instruments indispensables du progrès des sciences naturelles. Qu'on parcoure n'importe quel groupe d'animaux marins, et que l'on additionne les notions acquises sur la distribution des espèces suivant la profondeur ou les « faciès » du rivage, sur une foule de points d'anatomie, d'embryogénie, de bionomie, qu'on les mette en regard avec ce que l'on savait avant la fondation des laboratoires maritimes, et la part de ceux-ci apparaîtra énorme. Encore faut-il faire entrer en ligne les services plus modestes qu'ils rendent en fournissant des animaux d'études usuels aux étudiants des Facultés, et d'ailleurs à tous ceux qui en désirent : Ce sont des centres d'activité, mais aussi d'instruction mutuelle, dont le séjour est très profitable, et dont on devient facilement un fidèle. Mais, s'il est nécessaire de leur rendre pleine justice, il convient de noter aussi les perfectionnements qu'ils sont susceptibles de recevoir Les stations maritimes ont franchi la période « historique » pourrait-on dire. Elles ont accompli la partie la plus facile de leur tâche en permettant d'étudier ce qui se laissait recueillir de façon usuelle, en fournissant des matériaux pour des mémoires sur un point particulier d'anatomie ou d'embryologie, buts auxquels se prête très bien leur activité intermittente. Il leur faudra désormais s'ouvrir à l'océanographie, surtout à la partie biologique de cette science si étendue, mais aussi à ses branches physiques et chimiques. On leur demandera de plus en plus de s'intéresser aux espèces comestibles ; les précédents Congrès des pêches maritimes contiennent à ce sujet des indications très nettes, et les laboratoires maritimes eux-mêmes l'ont bien compris en se faisant adjoindre, au moins certains d'entre eux, des naturalistes du département de la Marine pour l'étude des questions de pêche. Certaines de celles-ci exigent des observations faites sur divers points de la côte, en même temps et pour le même objet. Dans ses travaux préliminaires, la commission pour l'étude de la Méditerranée l'a indiqué, en faisant dresser par les naturalistes la liste des espèces particulièrement utiles à étudier de cette façon, avec la collaboration de toutes les stations affiliées.

Un très petit nombre de stations avaient pris part à l'Exposition de Bruxelles. Ce sont celles du Portel, d'Endoume et de Saint-Waast-la-Hougue. Le laboratoire du Portel fut fondé par le professeur HALLEZ en 1888 et réorganisé en 1900 ; il dépend de la Faculté des Sciences de Lille. De dimensions assez modestes, il est cependant aménagé de façon très pratique, comme le montrent les documents exposés, et il constitue pour la chaire de zoologie de Lille une annexe précieuse, d'où sont sortis beaucoup de bons travaux, en particulier ceux du professeur HALLEZ.

Le laboratoire d'Endoume a été fondé par MARION, en 1888 également. Les travaux dont il a été le point de départ ont presque tous été publiés dans les Annales du Musée de Marseille, dont la collection figurait à Bruxelles. Sous l'impulsion de son fondateur, dont tous les zoologistes ont connu la haute valeur et l'activité, le laboratoire devint un centre d'études pour la faune méditerranéenne. Il suffit de citer les noms de MARION lui-même, dont le nom a été si justement conservé à la station, du professeur JOURDAN, le directeur actuel, de STEPHAN, mort bien avant d'avoir pu donner sa mesure, d'après les beaux travaux qu'il a laissés, de GOURRET, mort également en pleine activité, de Kowalevsky, de Rietsch, de Kœhler, de Vayssière, de Roule, de J. Cotte, pour montrer l'importance du laboratoire d'Endoume et le rôle qu'il a joué.

Le laboratoire de Saint-Vaast-la-Hougue occupe les bâtiments d'un ancien lazaret, dans l'îlot de Tatihou, auquel on accède à marée basse par un seuil à peu près découvert. Il appartient au Muséum d'Histoire naturelle, et fut fondé en 1892 par M. E. Perrier, la richesse de la faune marine en ce coin du Cotentin ayant été signalée depuis longtemps, en particulier par de Quatrefages. D'abord installé de façon un peu sommaire, bien que très fréquenté, le laboratoire s'est progressivement aménagé. Il a été doté récemment d'une embarcation à moteur pour les dragages, et de bassins à circulation d'eau de mer en vue d'expériences de piscifacture. C'est grâce à ces moyens que le Dr Anthony, directeur-adjoint, a pu tenter et mener à bien l'élevage du Turbot, dont les résultats figuraient à l'Exposition de Londres. A Bruxelles, le laboratoire exposait le compte rendu des travaux de l'année 1908 et un tableau représentant les stades de l'élevage de la Sole de rochers *(Zeugopterus punctatus)* réalisé en 1909.

Comme avec le Turbot, le Dr Anthony a pu obtenir des pontes en aquarium, et prolonger la vie des larves jusqu'au delà de la résorption du vitellus. Ces résultats ont été atteints en nourrissant lesdites larves à l'aide de plankton finement tamisé et en les soumettant à l'agitation continue dans les appareils de MM. Fabre-Domergue et Bietrix. On sait que ceux-ci consistent en un grand baril de verre, dans lequel se meut un axe vertical portant une hélice à rotation lente. L'hélice est un disque de verre calé obliquement sur son axe. Un train d'engrenages à roues d'angles permet de commander plusieurs hélices à la fois. Un appareil assez analogue, mais de dimensions beaucoup plus grandes, où les barils sont remplacés par des sacs de toile sur un radeau flottant, a été imaginé par le professeur Mead, et lui a permis d'élever les larves du Homard américain jusqu'au cinquième stade.

La Sole de Rochers, pleuronecte peu connu sur nos marchés mais excellent pour la consommation, présenterait, d'après le Dr Anthony, un certain nombre d'avantages sur le Turbot au point de vue de l'élevage. Ses larves sont plus robustes et l'époque de sa ponte (mai) permet d'opérer aisément dans les conditions favorables de température. Les expériences de pisciculture marine de Saint-Vaast-la-Hougue sont des plus encourageantes, et il y aurait un intérêt évident à les faire passer dans la pratique. Les résultats obtenus, avec les ressources restreintes du laboratoire, ont un caractère de certi-

tude et de facilité assez grandes pour que l'on puisse songer à tenter
leur réalisation industrielle, si l'on peut dire, avec des moyens d'action appropriés.

Il convient, d'autre part, de s'étendre sur ces travaux de Zoologie
appliquée des laboratoires maritimes. Si l'on en rapproche les recherches de Fabre-Domergue à Concarneau sur le développement de la
Sole, sur une rogue artificielle, sur la recherche des bacilles pathogènes dans les Huîtres, ces dernières faites en commun avec
Legendre, celle de Faye à Banyuls sur l'Histoire naturelle de l'An-
chois, encore inédites, on reconnaîtra un commencement de réalisation du programme d'études pratiques, qui doit donner aux stations
maritimes leur maximum d'utilité.

Le laboratoire de l'Université de Caen avait indirectement exposé,
sous les espèces d'une très belle collection d'invertébrés marins du
littoral, due à M. le professeur Topsent. Cette collection comprenait
une cinquantaine de pièces, toutes remarquables par leur mode de
présentation et leur beauté. On sait combien la fixation de la plupart
des invertébrés marins est difficile, et surtout combien elle comporte de tours de mains, chaque animal posant un problème différent. Les tissus se rétractent, les appendices ou les lobes s'intriguent,
se déforment ou se détachent à moins que le corps tout entier ne
s'émiette en tronçons. On obtient ainsi des spécimens dont l'utilité
est fort restreinte, et qui rappellent ce que de Quatrefages appelait
spirituellement des « espèces alcooliques ». Les préparations de
M. Topsent, faites à Luc-sur-Mer en vue du cours de zoologie de
l'Université, cherchent à montrer le plus de choses possibles sur un
seul animal. Celui-ci est durci au formol dans sa position réelle,
collé à la gélatine sur une plaque de verre, de façon à pouvoir être
examiné sur toutes ses faces. Les organes internes sont mis en place
près de l'animal entier, la demeure à côté de l'habitant, s'il y a lieu,
les particularités telles que le dimorphisme sexuel mises en évi-
dence. Des Eponges, des Coelentérés, des Echinodermes, des Annélides libres ou tubicoles, des Mollusques, des Bryozoaires, des
Crustacés parasites, etc., sont ainsi préparés sous cette forme éminemment pratique, qui fait le plus grand honneur au savoir, à
l'ingéniosité et aussi au dévouement de son auteur, car on n'ignore
pas les prix extrêmement élevés des spécimens de collections préparés
par les spécialistes, spécimens qui sont loin d'atteindre cette perfection démonstrative.

Bien qu'il me soit difficile de m'étendre sur mon exposition personnelle, je dois indiquer en peu de mots ce qu'elle contenait. Désirant rassembler quelques données sur les espèces comestibles de Crustacés, j'ai visité, faute de mieux, le littoral français en 1906-07-08, y compris les îles, accompagné les pêcheurs en mer, recueilli le plus possible de renseignements oraux, de dessins et de photographies. Une soixantaine de vues stéréoscopiques, des dessins à la plume dus à un jeune artiste de talent, M. GUYADER, étaient placés sous les yeux du public. Une vitrine renfermait quelques espèces comestibles, choisies parmi les moins connues : le Homard américain, la Langouste de Lalande, du Cap, consommés en Europe uniquement à l'état de conserves, la Langouste pénicillée, de Maurice et Madagascar, la Langouste tachetée des Antilles, la Langouste royale de l'Afrique occidentale. Un Homard ♂ de grande taille, provenant de Pouliguen, mesure 80 cm. et pèse 3 k. 600 ; il n'a certainement pas mué depuis 3 ans, si l'on en juge par le revêtement d'Anomies, de tubes d'Annélides, de Bryozoaires et de Synascidies qui couvre sa carapace. Étaient exposées aussi quelques larves de Homard au 2° stade, capturées dans un vivier à Port-Haliguen, un Phyllosome de la Langouste commune, les Crabes de diverses espèces que l'on trouve sur nos côtes, les Cardisomes des Antilles, et le « blue-crab » américain, dont il est fait une si grande consommation aux États-Unis à l'état « soft » c'est-à-dire lorsqu'il vient de muer et que sa carapace est molle. Les Latins, qui mangent de temps immémorial des Telphuses molles dans des beignets, les ont devancés sous ce rapport. Enfin, la vitrine renfermait des Pénées, parmi lesquels l'espèce activement exploitée à l'embouchure du Mississipi, connue en conserve sous le nom de « Barataria Shrimps », la petite crevette blanche de nos estuaires, *Leander Edwardsi,* un grand « camaron » des Antilles, de la taille d'un Homard, mais qui vit, comme ses congénères, si nombreux en espèces, exclusivement dans les eaux douces, y compris les plus petits ruisseaux.

La connaissance des ressources du littoral, au point de vue des Mollusques comestibles, a été poussée très loin depuis quelques années par le professeur JOUBIN, seul ou en collaboration avec le Dr GUÉRIN-CANIVET. Toute la région de la Seine à la Loire, a déjà été publiée sous forme de cartes à grande échelle, avec un luxe de teintes et de signes conventionnels très minutieux et très clair. Ces cartes ont exigé un travail considérable, les auteurs s'étant astreint à voir par eux-mêmes les gisements de Mollusques qu'ils mentionnent. Celles en particulier des huîtrières bretonnes de la région d'Auray et d'Etel sont un véritable plan cadastral, qui a été très ardu à établir. Il n'est pas besoin de faire ressortir l'intérêt d'une telle publication, qui fournit une sorte d'inventaire d'une de nos richesses naturelles, et qui permettra d'en suivre les fluctuations. Il est juste d'ajouter que les frais élevés que nécessite l'établissement de ces cartes sont assumés par S. A. S. le Prince de Monaco, auquel la science océanographique doit déjà tant de belles initiatives. M. le professeur JOUBIN est d'ailleurs l'un des professeurs de l'Institut océanographique édifié à Paris, comme complément du magnifique musée de Monaco.

Pour en terminer avec les exposants français dans le domaine des eaux marines, il me reste à parler de l'œuvre particulièrement intéressante des musées scolaires de pêche, fondée à Bordeaux par son infatigable apôtre, M. SÉPÉE. Il y a longtemps que l'on a senti la nécessité d'apprendre aux marins-pêcheurs, sinon leur profession, au moins une partie importante de celle-ci, en particulier à savoir se diriger en mer. Les conditions ont changé pour l'exploitation de la mer comme pour celle du sol, l'une et l'autre tendant à s'industrialiser, l'une et l'autre souffrant, presque au même degré, de la redoutable crise qui déplace vers les villes la population rurale. Ce déplacement, depuis longtemps manifeste, a fini par être officiellement reconnu, et parmi la foule des médecins qui se penchent sur le cas, quelques-uns ont même nettement indiqué la cause du mal, à savoir qu'il consiste en une question d'argent, et que le « retour à la terre » s'effectuera de lui-même le jour où les salaires seront comparables. Tout le reste est littérature.

Pour en revenir à la population côtière qui vit de la pêche, elle exerce sa profession comme le petit cultivateur au temps des jachères et du travail à la main, la concurrence des engins perfectionnés le décourage, le manque d'instruction professionnelle lui interdit toute initiative, et, suivant son tempérament ou son âge, elle se soumet ou se démet. Et l'idée très logique est venue de divers côtés d'agir sur l'enfant à l'école, d'une double façon : lui enseigner les choses de la mer que la routine de l'exemple paternel ne lui apprend pas, lui graver dans l'esprit l'idée qu'il ne peut être autre chose qu'un marin-pêcheur, et qu'il doit tirer à cette profession tout le profit qu'elle peut donner. D'où les écoles de pêche fondées un peu partout sur le littoral, où les enfants reçoivent quelques notions très sommaires d'océanographie et de navigation. M. SÉPÉE a pensé très ingénieusement que l'on pourrait aider leur action bienfaisante, et de plus étendre cette action aux simples écoles primaires par des musées scolaires de pêche. Il s'agit d'une collection de modèles réduits, mais fidèlement exécutés, de gréements, d'embarcations, d'apparaux servant à la pêche, d'instruments de navigation. Le musée comprend aussi des sections d'ostréiculture, de mytiliculture, d'hygiène, d'alimentation, s'efforçant ainsi de concrétiser tout ce qui a trait à la vie du futur marin-pêcheur. Tous les modèles sont autant que possible d'un prix infime, les enfants eux-mêmes peuvent les exécuter comme travaux manuels. Toujours visibles, pouvant être maniés de près, ils se prêtent très bien aux leçons sur le sujet, dont ils sont le commentaire et le rappel. Aussi 65 écoles du littoral en sont-elles pourvues déjà, et un bien plus grand nombre désirent en recevoir. De plus, les écoles des diverses régions échangent entre elles des modèles qui leur sont spéciaux, et c'est encore un bon moyen de diffuser les connaissances techniques, comme aussi de combattre les préventions contre telle pratique ou tel engin étranger. On peut donc dire que les musées scolaires de pêche provoquent la création d'un enseignement, puis le facilitent et le rendent plus réel, d'où leur incontestable utilité. Mais, si parfaites que soient les notions acquises à l'école, leur valeur n'apparaît que lorsqu'elles sont mises à l'épreuve de la dure réalité : le dissolvant décape le ciment livresque et fait s'évanouir tout ce qui n'est pas la forte notion, alibile sous un petit volume, productive et monnayable. A l'usage, le bel ouvrage homogène n'a plus que des trous. C'est là l'écueil de tous les enseignements professionnels ; s'ils ne sont pas assez forts pour faire franchir à leurs élèves la période critique qui relie l'école à la vie réelle, leur mission est à peu près vaine et leur effort stérile. Ces réflexions n'atteignent pas les musées scolaires de pêche, qu'il faut considérer comme un instrument nouveau et très ingénieux d'enseignement, sans plus. Elles nous sont suggérées surtout par la comparaison avec les efforts similaires tentés à l'étranger, en Belgique notamment, et dont il sera question plus loin.

La partie aquiculture et pêche en eau douce était très bien représentée à Bruxelles. Il s'agit là d'une richesse naturelle qui n'est pas utilisée en France avec le même soin que dans d'autres pays. Alors que nous possédons un admirable réseau de rivières, de canaux, d'étangs, nous sommes tributaires de l'étranger comme consommateurs de poisson d'eau douce et le revenu de nos eaux est très au-dessous de ce qu'il pourrait être. C'est une vérité qui a été dite et redite. Quant aux causes de cette indifférence, qui s'étend d'ailleurs aux choses de la mer, peut-être faut-il les chercher dans ce fait que la France, par son climat et par son sol, se suffit sensiblement comme alimentation. Cette aisance à vivre de ses ressources la dispense d'être industrieuse : l'idée des cours d'eau s'associe d'abord à celle de distraction et de sport, secondairement à celle d'un revenu possible. Il faut reconnaître toutefois que les idées se modifient dans le sens pratique, sur ce point comme sur tant d'autres, et le premier effet de cette modification est la place de plus en plus marquée que prend l'aquiculture à côté de la pêche. Alors que celle-ci se comporte avant tout comme un consommateur, exploitant la richesse des eaux à la façon d'une mine, celle-là est productrice et se préoccupe non seulement de remettre dans les eaux ce qu'elle a prélevé, mais d'en extraire un surcroît prévu et régulier. Elle procède ainsi de l'agriculture. Mais les méthodes agricoles ne sont pas nées spontanément, elles sont bien loin d'avoir partout la même perfection, et, comme toujours, chacun de leurs pas en avant n'a été franchi qu'après beaucoup d'hésitations, d'assertions contradictoires, voire de souffrances de la part des intéressés. L'aquiculture est loin de prétendre à la même utilité fondamentale, bien que son ancienneté soit aussi très grande, et ses méthodes peuvent attendre que la nécessité, mère de toute industrie, les rende uniformes et sûres.

Il a été parlé ailleurs des brochures, manuscrits, ouvrages exposés ayant trait aux eaux douces. Il sera seulement question ici, par ordre alphabétique autant que possible, des tableaux, plans, cartes, appareils se rapportant au même sujet.

M. de DROIN DE BOUVILLE exposait une très belle collection de photographies représentant les divers engins usités dans les rivières ou étangs, par la capture des Poissons. M. de BOUVILLE, qui dirige à Nancy la station d'essai des eaux et forêts, est un de ceux qui connaissent le mieux les questions piscicoles, il en a donné la preuve dans de nombreux articles qu'a publié le Bulletin de la Société d'Aquiculture, ou celui de la station de Toulouse. Citons en particulier des recherches très méthodiques sur le repeuplement en Ecrevisses, sur la peste de ces Crustacés, un mémoire très documenté sur le rôle de la simple pêche à la ligne comme agent de dépeuplement des cours d'eau, mémoire dont il est bien difficile de rejeter les conclusions, quelque inattendues qu'elles soient, enfin une bibliographie aquicole internationale très bien faite et utile à consulter.

L'exposition de la Société de pisciculture du sud-ouest, dont le président est M. KUNSTLER, professeur à la Faculté des sciences de Bordeaux, consistait essentiellement en plans divers.

Tout d'abord on y remarquait les esquisses de différents établissements de pisciculture fondés sous ses auspices. A citer, le grand établissement de Peyrehorade qui produit lui-même les œufs de saumons nécessaires à ses éclosions, ceci d'après les données scientifiques de la Société.

Il s'y trouvait aussi les plans, esquisses, reproductions diverses de l'aquarium marin de l'Exposition bordelaise.

Tout le monde connaît la difficulté qu'il y a à édifier un aquarium d'eau de mer en pleine terre, et les multiples échecs qui se sont produits un peu partout l'ont suffisamment établi. C'est en Belgique plus spécialement, où l'on a fait des tentatives coûteuses, qu'on a dû remarquer combien l'établissement de la Société de pisciculture de Bordeaux a été supérieur à tout ce qui a été fait jusqu'à présent dans les Expositions. Il a été supérieur non seulement par son agencement mais surtout par sa réussite.

Prêt au premier jour de l'exposition, il montrait une eau de mer cristalline et pure dans laquelle ses hôtes marins, nombreux et accumulés, vivaient en parfaite santé. Une notable proportion de ses hôtes y est entrée le premier jour et en est sortie vivante le dernier jour. Tous ceux qui connaissent la difficile question des aquariums marins se rendront compte des difficultés techniques qui ont dû être surmontées dans l'édification de ce ravissant pavillon.

Un petit tableau spécial donnait les plans et perspectives d'une installation susceptible de rendre de grands services.

L'application des procédés de culture des Carpes, préconisés par divers traités techniques, est chose complexe. Il est nécessaire de posséder des étangs nombreux et étendus, pour la ponte, l'élevage, l'hivernage, etc., et il est indispensable de se livrer à des manipulations fréquentes, pénibles et onéreuses, à des opérations plus ou moins compliquées. Ce sont là des nécessités qui se concilient assez mal avec les ressources dont disposent le plus souvent les pisciculteurs, qu'il s'agisse de simples particuliers ou de Sociétés de pêche, animés du désir de contribuer au repeuplement des eaux. Le morcellement actuel de la propriété est un obstacle presque absolu à l'application intégrale des méthodes enseignées.

De ce qui précède, il résulte qu'une installation peu coûteuse, rudimentaire, mais permettant cependant aux petits groupements et aux particuliers peu fortunés de produire, avec un petit nombre de reproducteurs, une quantité de jeunes poissons assez considérable pour permettre d'effectuer un repeuplement suffisant, serait de nature à rendre des services que l'on ne saurait espérer d'organisations certainement plus parfaites, mais ayant le tort de n'être que rarement à la portée de ceux qui auraient besoin de s'en servir.

La Société de pisciculture du Sud-Ouest a adopté un dispositif qui répond à certains besoins et rend d'appréciables services. Avec des moyens d'action rudimentaires, il lui est possible de multiplier presqu'en tous lieux les Cyprinides dans des proportions importantes.

Il est, en effet, aisé de creuser un bassin d'une quinzaine de mètres de long, sur huit ou dix mètres de large et de soixante centimètres à un mètre de profondeur, et de l'aménager de la façon simple et judicieuse qui permet d'en retirer les bénéfices désirables.

Sur tout le pourtour de ce bassin, l'on disposera une bordure d'environ un mètre de large, mais n'ayant guère que vingt centimètres de profondeur au-dessous du niveau supérieur de l'eau ; elle sera plantée d'herbages aquatiques. Cette zone bordante sera divisée en deux bandes inégales, la périphérique plus large pouvant atteindre quatre-vingts centimètres, par un treillis métallique dépassant le niveau de l'eau d'une façon suffisante pour que les reproducteurs ne puissent pas le franchir.

Le remplissage d'eau peut se faire à l'aide d'une dérivation d'un cours d'eau voisin ou même avec une simple pompe. Sans établir aucune circulation d'eau permanente, on se contente de maintenir le niveau primitif par des apports successifs.

Une demi-douzaine de bons reproducteurs suffiront largement à peupler une petite installation de ce genre, et la préoccupation de leur alimentation ne saurait donc guère entrer, pour une part quelconque, dans les difficultés de l'entreprise.

La ponte a lieu dans l'étroite zone herbeuse interne. Après leur éclosion, les alevins se réfugient dans la zone périphérique plus large, où ils ne craignent plus rien de la gourmandise de leurs parents.

Du côté de la vanne d'échappement, on immerge, une fois par semaine, un peu de crottin de cheval, et la présence de cette matière suffit à nourrir des myriades de petits crustacés et autres animalcules aquatiques indispensables à la vie des jeunes alevins.

En résumé, par ce procédé qui est à la portée du grand nombre, quelques poissons adultes suffisent à assurer les besoins de repeuplement des Sociétés de pêche dont les ambitions ne sont pas trop grandes. Vidant complètement leurs bassins tous les ans, les amendant et recommençant la même culture, il ne sera plus de Sociétés de pêcheurs, si modiques que soient leurs ressources, qui ne puissent avoir à leur disposition une installation aussi simple qu'incontestablement utile.

Quelques exposants sont à citer à cette place. MM. LEBLANC et fils ont construit, sur les indications de M. BELLOC, la petite machine à sonder bien connue, pouvant s'installer sur le moindre bachot de pêche, avec laquelle l'auteur a fait ses beaux travaux sur l'hydrographie des lacs de montagne. Je ne décrirai pas plus longuement cette machine, qui est un peu en dehors de mon sujet, et me bornerai à cette brève mention, malgré l'importance de la maison LE BLANC et fils comme constructeurs.

M. DAGRY est également trop connu pour que j'insiste longuement sur ses appareils de pisciculture. Il a effectué, en diverses régions, de nombreuses installations d'établissements piscicoles, surtout pour l'élevage des Salmonides, et ses modèles d'incubateurs fixes ou flottants, de bidons de transport pour Poissons vivants, de récipients pour œufs de Salmonides, sont très soigneusement étudiés et très pratiques. Un détail en dira plus qu'une longue description : C'est M. DAGRY qui a été chargé de l'installation du magnifique aquarium d'Anvers. Si nous ne pouvons que déplorer qu'un établissement de ce genre n'existe pas en France, malgré le succès qu'il y rencontrerait certainement, c'est au moins une satisfaction de penser qu'un constructeur français a pu être préféré à Anvers et maintenir notre renom sur ce point.

M. VOLMERANGE, inspecteur des eaux et forêts à Aurillac, expose un incubateur qu'il s'est attaché à faire très rustique. C'est une boîte en bois à deux compartiments inégaux, le plus petit servant de filtre à sable ou à charbon, le second d'incubateur. Il ne manque pas d'appareils simples et réputés efficaces, mais la vraie originalité de M. VOLMERANGE est celle-ci : Il délivre gratuitement l'appareil et les œufs, et achète les alevins 10 francs le mille à deux mois, 100 francs à six mois. De la sorte, il trouve plus de pisciculteurs qu'il n'en désire, pour le plus grand bien des rivières du Cantal, et aussi pour la plus grande vulgarisation des idées piscicoles. Il est vraiment difficile de résoudre plus élégamment le problème.

Il faut faire une place spéciale à deux stations de pisciculture d'installation modèle et qui sont annexées l'une et l'autre à une université : celle de Grenoble, sous la direction du professeur LÉGER, celle de Toulouse, fondée par le professeur ROULE avec l'aide de M. AUDIGÉ, et actuellement dirigée par le Dr JAMMES.

Le laboratoire de Grenoble date de 1901. Il a été fondé par le professeur Léger et amené par lui à son degré de perfection actuelle avec des ressources restreintes, à force de persévérance servie par un grand savoir. Le but poursuivi a été la mise en valeur des cours d'eau alpins, éminemment propres à la culture des Salmonides par leurs qualités physiques et biologiques, et capable ainsi d'apporter à des régions pauvres l'appoint d'un revenu notable, ces Poissons étant d'une valeur très élevée. La première et capitale condition de réussite, c'est que le cours d'eau considéré puisse nourrir les Poissons qu'on lui confie à l'état d'alevins, et ç'à été la raison d'être primitive du laboratoire, dont le rôle s'est grandement élargi depuis. Chaque cours d'eau, chacun de ses affluents, doit être étudié au point de vue de sa faune, sur tout son parcours. Cette faune varie en qualité et en quantité avec une foule de circonstances, de même que la flore ; le cours d'eau n'a pas un parcours toujours libre, en raison des barrages qui peuvent le traverser, il peut être empoisonné par des déversements industriels, enfin son régime peut être tel qu'il arrive à être à sec à certains moments. Il est commode de fixer ces renseignements par des signes conventionnels ou des formules simples. Chaque cours d'eau, après l'établissement de son « dossier piscicole » verra ce dossier traduit en une carte d'une part, d'autre part, en une formule exprimant sa « capacité biogénique » selon l'expression du professeur Léger. On opérera ainsi en connaissance de cause, et on ne déversera pas en pure perte des alevins coûteux là où il n'y a aucune chance de les voir prospérer. On pourra, au contraire, charger tel cours d'eau exceptionnellement coté, et en obtenir un rendement inespéré en Salmonides, rendement qui arrive à dépasser celui de la culture de la terre dans la région. D'autant que ces résultats ne sont pas théoriques, ils ont été démontrés sur des ruisseaux plus ou moins étendus de la région de Grenoble, et comme il n'est pas de leçon comparable à un résultat monnayé, de nombreux propriétaires ou fermiers de la région se sont mis à la pisciculture et ont exploité avec profit leurs eaux jusque-là sans valeur. En même temps, le laboratoire est devenu un centre d'enseignement très actif, grâce aux agents forestiers de la région de Grenoble ; il est à souhaiter que les méthodes si ingénieuses et précises du professeur Léger soient appliquées un peu partout, et qu'il devienne possible de dresser une sorte de carte piscicole pratiquement utilisable pour une région donnée. Déjà l'action du laboratoire s'est fait sentir dans le pays par la création d'un établissement de salmoniculture à Vizille, qui peut produire annuellement 90.000 alevins de Truite par des moyens très simples et très peu coûteux. C'est la Société de pêche la Gaule de Grenoble qui possède cette station, et, d'abord seule dans l'Isère, cette société a vu depuis plusieurs autres se fonder dans le département, sous l'impulsion du laboratoire et des résultats qu'il obtient.

Indépendamment de cet apostolat véritable et si fructueux, le laboratoire de Grenoble poursuit des travaux très intéressants sur les maladies des Poissons et leurs malformations ; il étudie aussi l'action nocive des déversements industriels et on lui doit dans ce sens plusieurs mémoires remarquables.

L'établissement comprend d'abord des incubateurs permettant de traiter 30 à 40.000 œufs de Salmonides. Ceux-ci appartiennent, non seulement à la Truite indigène, mais encore à la Truite arc-en-ciel, au Saumon de fontaine et à l'Omble chevalier, toutes espèces excellentes, auxquelles conviennent très bien les eaux de la région. Les œufs ne peuvent tous être fournis par les reproducteurs de la station, une portion notable est achetée dans le commerce. Les alevins sont conservés cinq à six mois dans des bacs spéciaux où ils sont nourris de pulpe de rate et de fromage blanc, et peuvent alors être lancés. Ils mesurent cinq centimètres environ. Mais un nombre suffisant est conservé au laboratoire en vue de recherches ou pour fournir de futurs reproducteurs. Malgré l'espace forcément restreint qu'offrent les bacs, les Salmonides y vivent très bien et peuvent atteindre 1 kilog à quatre ans. Un ruisseau où se déversent les trop-pleins des bacs sert à élever les sujets plus grands.

Mais la station comporte en outre des bassins d'essai, au nombre de cinq, à des altitudes variant de 275 à 1.500 mètres. Ces bassins situés à des distances plus ou moins grandes du laboratoire, dans des terrains de types variés, sont sous la surveillance d'un chef du bassin habitant à proximité. Chacune de ces sous-stations possède son dossier, et la faune de Salmonides qui y est introduite est mise rigoureusement en expérience, afin de se rendre un compte exact de la valeur de l'espèce pour les eaux de telle ou telle région. Ces expériences ont déjà donné des résultats très intéressants : ils ont permis de constater par exemple, l'influence nuisible de certains vers parasites du genre *Cyathocephalus* sur le développement du Saumon de fontaine, et surtout l'origine de ces parasites, dont les premiers stades se passent chez les petits Amphipodes *(Gammarus pulex)* qui servent habituellement de nourriture aux Salmonides. Le professeur LÉGER a pu démontrer aussi que l'aspect saumoné de la chair était lié à cette nourriture, ce que l'on soupçonnait à vrai dire depuis long-temps, le même lipochrome se trouvant chez les Amphipodes et les Poissons saumonés. C'est au même savant que l'on doit l'explication du « goût de vase » des Poissons de certains étangs, goût dû à l'absorption d'Algues Oscillatoriées. Quant aux résultats pratiques donnés par ses sous-stations d'essai, ils se traduisent par l'introduction du Saumon de fontaine dans les rivières froides de montagne, de la Truite arc-en-ciel dans leur cours inférieur, du peuplement de plusieurs lacs de montagne (jusqu'à 2.400 mètres) par des Salmonides appropriés à leur altitude.

Le laboratoire de l'Université de Toulouse a commencé par être un établissement destiné à l'élevage industriel des Poissons. Il fut donné à l'Université en 1903 par M. LABIT, en mémoire de son fils, qui avait consacré plusieurs années de sa vie à en faire une sorte de musée-laboratoire pour l'enseignement de la pisciculture. Sous la direction de M. le professeur ROULE et de M. AUDIGÉ, la station est devenue un établissement modèle, remarquable par l'ingéniosité et le soin avec lequel tous les détails ont été réglés.

La station comporte une partie destinée au public, comportant des aquariums pour les espèces régionales de Poissons, un musée d'engins de pêche et de pisciculture. La partie réservée aux recherches comprend, outre une bibliothèque et une grande salle de travail, divers bassins et leurs annexes. Un groupe particulièrement intéressant de quatre bassins est consacré à la faune des eaux régionales, avec un nombre important des espèces des divers groupes zoologiques, depuis les microscopiques Rotifères jusqu'aux Poissons.

Un groupe de 7 bassins est consacré aux Cyprinides, et cette batterie est complétée par des bassins de fraye. Le tout est alimenté par l'eau d'un canal dérivé de la Garonne.

On sait que la production des alevins, quand il s'agit de Cyprinides, est loin des brillants rendements obtenus avec les Salmonides. Il faudrait mettre les jeunes, à peine éclos, hors de la portée des parents, bien plus, isoler les œufs aussitôt après leur ponte, afin d'éviter les pires scènes de cannibalisme. A la station de Toulouse, après avoir usé de banquettes-refuges, ou de caisses flottantes à étroites ouvertures grillagées, on prit le parti d'isoler les œufs dans des bassins d'alevinage, après en avoir provoqué la ponte sur des faisceaux de brindilles de bruyère. Ces bassins sont munis d'un filtre à sable, d'une rigole d'aération de l'eau, d'une banquette immergée. Ils se nettoient par le fond et sont munis d'un seau à capture, comme ceux destinés aux Salmonides et dont la description suit.

La partie réservée aux Salmonides est très importante. Elle comprend une batterie de 36 bassins associés par deux, dont chacun peut loger 10.000 alevins, et des bassins pour les reproducteurs. L'eau du fleuve et de son canal présentent de graves inconvénients pour cet élevage, à cause de ses impuretés, de sa température, de l'inconstance de son débit, ces bassins sont alimentés par l'eau de la nappe souterraine, élevée par une pompe centrifuge à moteur dans un château d'eau en ciment, et distribuée par un système très bien ordonné de canalisations. Les œufs à faire éclore sont placés dans des auges à baguettes de verre d'un modèle classique, situées au-dessus des bassins. L'eau leur arrive très aérée et par le fond. Quand les œufs sont éclos et que les alevins peuplent les bassins, on enlève tout simplement les auges et leurs tubulures d'alimentation. Les bassins se vident par le fond, grâce à un très ingénieux siphon, mobile suivant un arc de cercle autour du joint d'une de ses branches. La fosse de vidange, fermée normalement par une grille, peut recevoir un seau à capture qu'il suffit d'enlever pour avoir en mains, sans y avoir touché, la population du bassin, et l'on sait si cette condition est essentielle, tout Poisson blessé étant perdu.

Les bacs d'élevage des reproducteurs sont construits de même, sauf les dimensions du seau de capture beaucoup plus vaste et dont la manœuvre exige un palan mobile sur un rail. Leur nettoyage se fait par le vide, à l'aide d'un siphon dont l'extrémité permet de gratter le fond des bassins.

Ainsi outillée, la station de Toulouse est comme une école de piscifacture. Elle ne se borne pas à la seule exploitation pratique, mais s'efforce de l'améliorer par des recherches techniques et surtout de la rendre accessible à tous en montrant par tous les moyens son exemple et ses méthodes. Les visites publiques ont lieu le dimanche et des cartes d'admission sont en outre largement distribuées à toutes les personnes qui veulent apprendre la pisciculture ou examiner en détail les installations. Outre ces visites, des leçons sont faites pendant la belle saison, chacune d'elles étant suivie d'une conférence-promenade et portant sur un point déterminé de l'aquiculture. Ces leçons ont lieu normalement à la station même, mais aussi dans les centres importants de la région.

Chaque année, la station procède à des immersions d'alevins, soit de Salmonides dans les cours d'eau de montagne, soit de Cyprinides dans les régions plus basses. Elle publie un Bulletin des plus intéressants, comportant des articles de fond, une chronique d'après les principaux périodiques et une bibliographie très soignée. La station s'efforce ainsi de vulgariser les notions scientifiques et pratiques, qu'elle a vu d'ailleurs appliquées dans un certain nombre d'établissements du sud-ouest, de création récente, et qui s'adonnent à la piscifacture industrielle.

L'école pratique d'aquiculture de Saint-Bon, fondée en 1876 sous les auspices de M. E. Tisserand est le plus ancien établissement de ce genre. Son directeur actuel est M. Rolland. Située aux sources de la Blaise, affluent de la Marne aux eaux vives et courantes, elle se prêtait très bien à l'établissement d'un laboratoire de pisciculture, destiné à repeupler les têtes de bassins. En 1883, M. Chabot-Karlin y organisa en outre l'enseignement piscicole.

L'établissement, à ses débuts, pouvait traiter 10.000 œufs de Truite ; les alevins étaient immergés avec grand soin, et les résultats ne tardèrent pas, si bien qu'en 1896, la Société Nationale d'Aquiculture accordait à Saint-Bon une médaille d'argent. La Truite arc en ciel, le Saumon de Californie étaient venus s'ajouter à la Truite indigène, le nombre des alevins produits avait doublé. Nouvel agrandissement, très important, lorsque le service de la pisciculture est confié à l'administration des Eaux et Forêts. Saint-Bon peut alors produire 80.000 alevins. De plus, il peut distribuer des œufs à huit sous-stations confiées à des gardes. Muni d'appareils flotteurs du système Dagry, ceux-ci font éclore sur place les alevins provenant de 4 à 6.000 œufs et s'occupent de la mise à l'eau sur des frayères soigneusement aménagées et surveillées.

Non seulement l'école de Saint-Bon a contribué pour une part importante au repeuplement de la région, mais elle a encore prêché par l'exemple, si bien que plusieurs établissements de pisciculture, et dix Sociétés de pêche, se sont fondés grâce au mouvement piscicole créé par elle. Plus de trois cents jeunes gens y sont venus apprendre les pratiques de la fécondation artificielle et de l'alevinage et ont ensuite utilisé chez eux les connaissances acquises.

A côté de ces laboratoires officiels, à la fois pratiques et enseignants, il existe en France deux autres catégories d'organismes intéressant la culture des eaux douces ; ce sont d'une part les établissements industriels, fondés uniquement dans le but commercial de vendre des alevins ou des adultes de diverses espèces, d'autre part les Sociétés de pisciculture et les Sociétés de pêche. Un seulement parmi les premiers avait exposé, celui de Pont-à-Mousson, appartenant à M. GRANDEAU, très pratiquement conçu au point de vue de la production des alevins et de l'élevage des adultes pour la vente. Il produit surtout la Truite arc-en-ciel, qui est expédiée sur Paris et les grandes villes de la région. L'établissement GRANDEAU livre même des Truites vivantes par service automobile. Ajoutons seulement qu'il est fâcheux de voir si peu de ces exploitations figurer parmi les exposants, alors que la plupart d'entre elles auraient à montrer une méthode, ou tout au moins un point de technique qui leur est propre. Nous nous permettrons de citer dans cet ordre d'idées un grand établissement de pisciculture du Centre, qui obtient de remarquables résultats en prônant la culture paradoxale des Salmonides en étangs, qui fait autour de lui une propagande tout à fait méritoire par sa difficulté même, en vue de faire triompher ses idées, par la plume, par la parole, par des expositions locales. Il est tout à fait regrettable qu'un ensemble aussi original de faits ne soit pas mis sous les yeux du grand public.

Les Sociétés s'occupant simplement de pêche n'étaient pas représentées directement à Bruxelles, celles faisant en même temps, ou exclusivement, de la pisciculture étaient au nombre de trois, chiffre également bien faible si l'on considère leur grand nombre et l'intérêt qu'elles présentent. Il a été question antérieurement de la Société des pêcheurs à la ligne du Ponthieu, dont l'établissement de salmoniculture est dû en grande partie aux efforts de M. DEMORLAINE, inspecteur des Eaux et Forêts dans la Somme.

La Société des pêcheurs vosgiens, à Epinal, avait exposé un appareil d'éclosion présentant plusieurs détails ingénieux. Une table à deux gradins reçoit, dans un bassin supérieur très plat, les boîtes à incubation. Elles sont en zinc perforé, longues et étroites et reposent à une faible distance du fond. L'eau d'alimentation leur arrive par une sorte de trémie de même longueur qu'elles, offrant une large surface d'aération grâce à cette longueur et à ses surfaces convexes en dedans. Cette trémie ou gouttière, évasée en haut, supporte elle-même un filtre à sable où l'eau arrive par le fond et sort par un trop-plein pour tomber sur les parois de la trémie et parvenir, par le fond également, dans le bassin incubateur. Celui-ci est muni d'un trop-plein, mais normalement se déverse dans le second bassin inférieur, y conduisant les alevins éclos. Dans ce second bassin se trouve un très ingénieux distributeur de nourriture (viande crue) consistant en une turbine mue par l'eau d'alimentation du bassin. La viande finement haché est distribuée par un double système de broches, les unes fixes, les autres mobiles, avec une abondance variable suivant la vitesse de la turbine. Celle-ci est démontable en un clin d'œil et sa simplicité la rend indéréglable.

La même Société exposait aussi un bidon de transport avec dispositif d'aération, réservoir à glace, amorces et engins de pêche, qui parait ingénieusement combiné.

J'ai gardé pour la fin la Société de pisciculture du Cher, qui avait exposé trois appareils très simples à incubation, construits en terre cuite dans la région, d'un prix infime et fonctionnant très bien. Cette Société est intéressante à plus d'un titre ; elle est d'abord la plus ancienne du genre, ayant été fondée en 1883, et prise depuis comme modèle par un grand nombre d'autres. Dès son début, alors qu'elle avait à vaincre des difficultés de toute sorte provenant de la méconnaissance de son but, elle s'est appliquée à faire une œuvre mesurée et méthodique. Une première enquête sur l'état des cours d'eau du département lui ayant montré la gravité de leur dépeuplement, elle étudia la nature de leurs eaux, afin de placer chaque espèce là où elle pouvait prospérer. La flore, la faune de chaque cours d'eau, la température et la composition de l'eau, la nature géologique du bassin furent soigneusement relevés. La Société fit d'abord de la pisciculture au ruisseau, dépourvue qu'elle était de laboratoire d'éclosion, et ses efforts portèrent uniquement sur des espèces connues, éprouvées et rustiques. C'est un moyen très facile et très économique, mais qui a le défaut grave de mettre en liberté des alevins trop jeunes dont la mortalité est considérable. En 1887, les efforts de la Société, aussi bien pour le réempoissonnement que contre le braconnage, étaient récompensés par la médaille d'or OLIVIER DE SERRES de la Société d'Agriculture, et, en 1889, devançant les idées si brillamment développées par le professeur LÉGER, elle envoyait à l'Exposition universelle une carte hydrographique et piscicole du Cher, accompagnée d'une notice par son président d'alors, M. ANCILLON

Dès 1887, la Société projetait la création d'un établissement de pisciculture, afin de peupler d'alevins de Salmonides les cours d'eau granitiques du département. Elle pensa d'abord placer cet établissement à l'Ecole normale d'instituteurs de Bourges, idée excellente au point de vue de la vulgarisation de la pisciculture, mais le projet ayant échoué par suite de difficultés diverses, d'ordre budgétaire surtout, la Société créa son établissement elle-même et il put fonctionner dès 1890. L'analyse des eaux de la ville fut faite, il fut pallié à sa richesse en bicarbonates et par suite en gaz carbonique par un bassin à éponges où ce gaz se dégage en grande partie. Alimentant trois appareils à incubation du type commercial, l'eau se rend ensuite par le fond aux bassins d'alevinage. Toute cette installation fut l'œuvre du Dᵣ Leprince, alors trésorier de la Société et à qui elle a dû en grande partie sa prospérité. Avec des ressources très modestes, l'établissement fonctionne à souhait grâce aux bonnes volontés de tous. Soins méticuleux apportés à l'éclosion des œufs de Salmonides, déversements de Cyprinides, à l'état de feuille ou de reproducteurs, garde attentive et incessante des cours d'eau pour la répression du braconnage, ainsi qu'en témoignent des circulaires aux divers agents de l'autorité, avec modèles de procès-verbal, conférences de vulgarisation sur la pisciculture, tels ont été les efforts de cette vaillante Société. Il faut encore y ajouter des travaux originaux, tels ceux sur les Poissons du Cher par un P. Dubois, président en 1903, sur les étangs du Cher par M. de Glatigny, etc. De nombreuses sociétés locales, groupées depuis en une Fédération, se sont formées dans le Cher sous son impulsion.

Ce terme de fédération nous amène à parler, pour en terminer avec le domaine des eaux douces, de l'un des plus importants exposants dans cette branche, à savoir le Syndicat central des associations des pêcheurs, riverains et pisciculteurs de France. Ces groupements sont extrêmement nombreux, peut-être dépassent-ils 800. D'importance très variable, les uns sont de simples associations temporaires de pêcheurs, instituées en vue des concours, d'autres sont au contraire des sociétés propriétaires d'établissements piscicoles avec un budget important et une histoire déjà longue. Poursuivant un objectif commun, sentant que leurs efforts isolés étaient incapables de résoudre les multiples problèmes que pose la réalisation de cet objectif, ces groupements ont depuis longtemps senti qu'ils formaient une poussière sans cohésion, et qu'ils n'avaient aucune chance de parler efficacement s'ils ne parlaient au nom d'une majorité, par le canal d'une minorité de chefs bien choisis. C'est cette tendance, si répandue aujourd'hui dans toutes les branches de l'activité sociale, qui prit corps en 1887 par la fondation du Syndicat central. Ce dernier groupe aujourd'hui 430 sociétés réparties en 360 Associations ou Fédérations, soit peut être plus de 350.000 membres. Son programme, défini par ses statuts, est très clair : s'efforcer d'amener la réalisation des vœux d'intérêt général ou régional intéressant la prospérité des Sociétés affiliées, et pour cela effectuer auprès des pouvoirs publics toutes les démarches nécessaires, faire que le Syndicat central apparaisse comme le rouage indispensable dans les rapports entre les intéressés et le département ministériel compétent. D'autre part, le Syndicat s'attache spécialement à la répression du braconnage et de la pollution des cours d'eau par les résidus industriels. Malgré les difficultés de tout ordre qu'entraîne la réalisation d'un programme aussi vaste, de très sérieux résultats ont été obtenus. Les subventions votées par le Ministère aux Sociétés sont passées de 40 à 60.000 francs ; les gardes particuliers ont été commissionnés au même titre que ceux de l'Etat, que les rivières surveillées soient navigables ou non ; la loi sur la pollution des eaux et celle devant remplacer la vieille loi de 1829, ont été enfin déposées devant les commissions compétentes. Les Sociétés, par les délégués qu'elles envoient aux congrès du Syndicat central, sont réellement représentées, et peuvent faire aboutir, en ces congrès, des questions impossibles à résoudre par une autre voie. Elles l'ont bien montré récemment en se prononçant contre le projet de permis de pêche, dans la proportion de 88 0/0. Une commission permanente au Ministère de l'Agriculture, des commissions départementales qui seront prochainement instituées, constituent des instruments d'études pour tout ce qui touche à la pêche et à la pisciculture alors qu'un groupe parlementaire, comprenant, à la Chambre ou au Sénat, 360 membres environ, permettra de résoudre, par son influence, bien des questions relatives à la législation de la pêche et à l'assainissement des eaux. Outre les sacrifices incessants de temps et d'argent que s'imposent ses militants, à commencer par son fondateur M. EHRET, mort à la peine, et son président actuel M. FORTIN, le Syndicat central possède un Bulletin mensuel comme lien et organe de propagande vis-à-vis des Sociétés adhérentes et des autres, il a fondé aussi une caisse de prévoyance, destinée à aider ces Sociétés dans les procès qu'elles peuvent avoir à engager et qui a été déjà bien souvent d'un utile secours.

Il s'agit, on le voit, d'un organisme très vivant, dont l'action multiple exige un effort d'autant plus incessant que les intéressés constituent une petite république fort ombrageuse. « Genus irritabile », s'il en fut, prenant facilement son petit intérêt de clocher pour le bien général, il exige, pour se laisser obliger, un tact et un doigté fort grands, que justifient, il est vrai, l'importance de l'œuvre à accomplir.

Les Colonies françaises, qui auraient pu constituer une exposition du plus haut intérêt, n'avaient pas pris place dans la classe 53. Une seule exception est à signaler, celle de la Tunisie, où la Direction générale des Travaux publics avait exposé une trentaine de spécimens d'Eponges. Étant donné ce que l'on connaît sur la richesse des eaux tunisiennes en Eponges, les recherches tentées en vue de les utiliser ou de les préserver, étant donnés surtout les résultats qu'on en attend, il nous a paru que cette exposition ne présentait pas l'importance qu'elle aurait dû avoir et qu'un effort plus sérieux s'imposait.

Quant aux autres colonies, les produits de la pêche qu'elles exposaient peu ou prou presque toutes étaient confondus avec les autres spécimens des ressources naturelles et n'ont pas été soumis à l'appréciation du jury. Dans cet ordre d'idées d'ailleurs, leur exposition était en général insignifiante soit par manque de place, soit parce que leur attention ne s'était pas suffisamment portée sur ce point. Il y a une exception importante à signaler, celle de l'Afrique occidentale française, où la mission Gruvel avait exposé une très belle collection de Poissons et Crustacés de Mauritanie, conservée à l'Office colonial.

Bien que notre rapport doive se borner à l'appréciation des efforts faits par les exposants français, il nous semble que son utilité sera accrue, et sa valeur complétée, par une incursion rapide dans les stands des nations étrangères. C'est le but principal des expositions de faire se connaître des efforts isolés et d'exciter entre eux, avec le public pour juge, une émulation profitable au plus grand nombre. Sans doute, l'exposé que nous allons faire se retrouvera, bien plus complet, dans les rapports étrangers des diverses classes, mais nous pensons faciliter la tâche de ceux que ces questions intéressent en leur donnant préalablement une opinion, du point de vue français. Cette revue des expositions étrangères pourrait d'ailleurs se borner à la Belgique et à la Hollande. L'Allemagne s'était complètement abstenue, le seul objet qu'elle exposait étant un modèle d'éclusette à poisson à fonctionnement automatique. L'Italie avait quelques spécimens de corail brut, de perles retirées de mollusques autres que l'Huître perlière, la Norvège un exposant pour les huiles de Poisson. Le Brésil et le Japon méritent une mention un peu plus longue. La première nation comptait 24 exposants dont les deux plus importants étaient d'une part le service officiel de l'Inspection du Domaine maritime, des jardins, de la chasse et de la pêche dans le district fédéral de Rio, d'autre part la Société nationale d'Agriculture. L'une et l'autre présentaient de très belles collections de

Cétacés, de Poissons, de Crustacés et de Mollusques. En outre, on remarquait, avec leur aspect commercial, divers produits tirés des animaux aquatiques, en particulier de l'écaille de Tortue, de la graisse et des œufs du même Chélonien, de la graisse de divers Poissons, des engins et des embarcations de pêche.

On sait que le Brésil possède, non seulement une très vaste étendue de côtes, mais surtout un bassin fluvial sans autre exemple au monde, avec l'Amazone et ses affluents ; la faune ichtyologique renferme un grand nombre d'espèces intéressantes au point de vue alimentaire ou scientifique, des Siluridés très variés, des Gymnotes électriques, l'énorme Piracuru, le géant des eaux douces, qui peut peser plusieurs quintaux, etc. La Tortue caret abonde sur le rivage atlantique, et on y trouve aussi des Lamantins, ces curieux Sirénides menacés d'une extinction prochaine. On sait aussi que ce vaste état, si amplement pourvu de richesses naturelles, tant minérales que végétales, est en voie active d'organisation et de mise en valeur. Il ne faut pas considérer ses productions aquicoles comme celles des vieux pays d'Europe, qui doivent constamment songer à réparer les déficits que creuse la consommation et qui n'ont pas, si l'on peut dire, de « stock ». Ici, comme dans beaucoup de pays neufs, on peut vivre sur le fonds sans penser encore à l'avenir, et choisir entre les meilleures espèces en délaissant les moins parfaites. La piscifacture ne peut y avoir aucune raison d'être.

Le Japon n'avait guère qu'un seul exposant, mais fort curieux. M. Mikamoto, de Tokio, prétend avoir découvert le secret de la production des perles véritables, et non point celui des excroissances de nacre produit par l'introduction d'un corps étranger. En fait, il nous a semblé que les perles exposées ne répondaient pas à la définition de ces précieuses productions, elles ne sont guère qu'hémisphériques bien que fort belles, et pourraient être considérées comme un perfectionnement décisif dans l'obtention des excroissances de nacre par blessure de l'Huître. Quant au procédé employé, l'explication qu'en donne l'auteur ne sert qu'à masquer soigneusement, sous de grands mots, sa véritable nature.

L'exposition de la Hollande, dans la classe 53, était très importante et elle a suscité un vif intérêt. L'un des stands les plus remarqués, devant lequel on voyait presque toujours de nombreux visiteurs, consistait en une sorte de diorama où l'on pouvait voir en action les divers engins et les embarcations de pêche. Il avait été conçu par la Société d'encouragement à la pêche, de Scheweningen.

On y pouvait voir, comme à travers la vitre d'un aquarium, les divers apparaux travaillant sur le fond : palancres, lignes à main, trémail, nappes de filets, chaluts à perche et à plateaux, ces derniers tirés par des bateaux très fidèlement reproduits. Les reproductions de ce genre pèchent facilement par la pauvreté des moyens d'illusion, il faut beaucoup de goût et une longue pratique de ces « jeux de scène » pour qu'une toile peinte arrive à rappeler sans trop d'invraisemblance les flots de la mer. Ce n'est pas le moindre compliment à faire à ce diorama que de le dire très vraisemblable, et méritant son très vif succès de curiosité.

La station zoologique du Helder est une des plus importantes de celles établies sur la mer du Nord. A cheval entre celle-ci et le golfe du Zuiderzée, elle a pris une part très importante à l'étude de cette mer intérieure. Elle fut fondée en 1876 par la Société néerlandaise de zoologie, de façon assez pittoresque. La commission nommée à cet effet, qui comprenait les noms de MM. Hubrecht, Hoffmann et Hœk, pensa que le moyen le plus approprié de faire des recherches zoologiques sur la côte pendant les mois d'été serait d'avoir une station volante. Transportable à peu de frais, elle pourrait ainsi connaître les ressources des divers points de la côte au point de vue de la richesse de leur faune, et quand on voudrait transformer ce provisoire en définitif, on pourrait désigner en parfaite connaissance de cause l'endroit le plus favorable. Le provisoire dura 15 ans. La baraque avait place pour sept travailleurs, mais « préférait » n'en avoir que cinq dans ses quarante mètres carrés. En 1878, en 1880, on lui ajouta chaque fois une petite pièce, l'une comme aquarium, l'autre comme bureau du directeur. En 1877, la baraque était à Flessingue, en 1878-79 à l'île de Terschelling, en 1880 elle revint à côté du Helder. Reprise en 1881 de son goût pour les voyages, elle s'installe à l'embouchure de l'Escaut de l'Est pour étudier les Huîtres dont la culture fait vivre la région, puis Flessingue la revoit en 1884, le golfe du Dollart en 1885, le Helder en 1886-87, Enkhuizen en 1888, au cœur du Zuiderzée. Ce fut la fin de son existence errante. Ayant été ouverte toute l'année, y compris les mois d'hiver, la « roulotte » zoologique se montra vraiment trop inhospitalière pendant la mauvaise saison et la Société néerlandaise prit le parti d'établir au Helder la station définitive, qui fut édifiée en 1889. La maison de planches primitive n'y joua plus que le rôle d'annexe. Encore, en 1895, dût-on agrandir considérablement la station.

Pendant toute cette période, la station du Helder, mobile ou fixe, a beaucoup travaillé. C'est là que se sont accomplis les travaux de la section hollandaise pour l'étude internationale de la mer, c'est pendant sa direction que le professeur P. P. C. Hoek a publié ses importants mémoires sur la pêche aux Pays-Bas, sur les Salmonides, etc.; enfin, sans parler des travaux relatifs aux diverses pêcheries, ou des travaux de science pure, c'est au laboratoire de Helder qu'ont été faites surtout les observations sur le régime et la faune du Zuiderzée. On sait que cette vaste mer intérieure s'est formée peu à peu dans les premiers siècles du moyen âge, au même titre que le Dollart, qui lui ressemble par plus d'un point. Il était beaucoup plus vaste qu'aujourd'hui, car les 7/8 de ses rivages ne sont défendus que par des digues. Sa profondeur est si faible, du moins dans la région la plus intérieure, qu'on a eu depuis longtemps l'idée de le faire disparaître en le transformant en polders. Le Zuiderzée comprend en effet trois zones : une partie marine, dont la salure — et la faune — sont celles de la mer du Nord, et qui se vide presque entièrement à marée basse. Puis une partie médiane, la plus profonde, située entre deux rangées de bancs de sable, zone de mélange pour les eaux de salures différentes, et qui montre le phénomène très particulier des bordures de courants, aux points où se produit ledit mélange. Enfin une partie interne, présentant elle-même de grandes différences de salure suivant l'apport en eau douce de la côte qui la borde, mais partout saumâtre. La faune, pauvre en espèces, est extrêmement riche en individus, Poissons migrateurs et Crevettes. Aussi la question d'indemnité à verser aux pêcheurs est-elle une des plus épineuses à résoudre dans le gigantesque projet d'assèchement de cette mer intérieure. Il s'agit de plus de 200.000 hectares à gagner, mais d'une dépense d'au moins 200 millions. L'Association du Zuiderzée estime que le dessèchement du dernier polder pourrait être un fait accompli après trente-trois ans. Il est probable que l'idée, très bien étudiée et mûrie, finira par triompher des difficultés que soulève son énormité même et que la Hollande aura encore une fois gagné une province sur la mer du Nord, d'où elle n'émerge qu'à force de science et de longue patience.

Le laboratoire du Helder est avant tout un établissement de zoologie appliquée, l'étude de la bionomie des espèces comestibles ayant toujours été au premier rang de ses préoccupations. Dans le même ordre d'idées, il faut citer le laboratoire des pêcheries de l'Escaut à Bergen op Zoom, qui s'est attaché à l'étude bactériologique de l'eau des parcs à huîtres de la Zélande. Il est inutile de rappeler ce qui a été dit plus avant sur la nocivité des huîtres, la panique de consommateurs et la crise de mévente survenue chez les parqueurs et autres industriels vivant de ce Mollusque. Si l'alarme a été exagérée, elle aura du moins produit une réaction énergique et qui risque de durer longtemps ; bien des parcs installés contre toutes les règles de l'hygiène auront dû modifier leur agencement, sous peine de se voir boycotter par la phobie du bacille typhique. On pouvait voir, exposée par le laboratoire, une série très intéressante de cultures en boîtes de Petri, montrant le degré de pollution d'eau de diverses provenances côtières, ainsi que le matériel utilisé pour les prélèvements et les analyses.

La Société par le défrichement des bruyères, qui a son siège dans la capitale industrielle et financière, à Utrecht, avait groupé, dans une exposition fort belle et fort remarquée, les spécimens vivants des Poissons qu'elle cultive. Cette Société dans l'unique but d'augmenter la productivité du sol, et sans aucun gain, se propose la mise en valeur de terrains incultes, encore bien nombreux si l'on en juge par les milliers d'hectares sur lesquels elle opère. Elle les fait étudier à tous les points de vue, géologique, chimique, topographique, plante ici des bois, crée plus loin des prairies irriguées, élève du bétail, et, lorsque le terrain s'y prête, une tourbière, par exemple, le transforme en étang, qu'elle peuple d'espèces rustiques et de vente assurée. Elle a d'ailleurs une section propre aux Pêcheries d'eau douce avec la cotisation très minime de un florin. Elle fournit des alevins, publie des brochures et un périodique, fait des conférences et des enquêtes, etc. Il faudrait s'étendre longuement sur cette œuvre, qui gère des domaines immenses, comme celui de la Société d'assurances d'Utrecht (1415 hectares) avec des résultats financiers très appréciables. C'est encore une fois, la longue patience néerlandaise, que les siècles ont vu s'exercer contre les ennemis les plus variés, et qui a joué historiquement un rôle infiniment supérieur à ce que son exiguïté semblait permettre à la Hollande.

L'exposition belge de l'aquiculture et de la pêche par laquelle nous terminerons ce rapport, était tout à fait digne de l'activité pratique que nos voisins déploient dans toutes les branches de l'industrie. Les 30 exposants environ que comprenait la section belge étaient pour la plupart des commerçants ou des industriels, sur les produits desquels je n'insisterai pas, leur appréciation étant mieux à sa place dans un rapport technique et commercial.

La Société centrale de protection de la pêche, dont le siège est à

Bruxelles, a essentiellement pour objet d'empêcher la pollution industrielle des cours d'eau et le braconnage, ces deux fléaux des eaux douces. Elle avait exposé son champ d'opérations, à savoir une carte à grande échelle de la Belgique où s'étalaient, de la façon la plus suggestive, les taches sombres rayonnant autour des centres industriels, et formant en aval de longues traînées sur le cours des rivières polluées. Des tableaux et des graphiques indiquaient en outre les opérations de la Société et permettaient de mesurer son action très efficace.

Il faut aussi mentionner ici les tableaux représentant les espèces usuelles de Poissons ramenés par le chalut, exposés par la Société des Pêcheries à vapeur d'Ostende, et un curieux Office international de documentation, qui s'occupe de recueillir, sous forme de fiches, tout ce qui paraît dans les journaux et revues sur les questions de pêche et de pisciculture. Fondé seulement en 1908, l'Office n'a pu encore enrichir ses archives de beaucoup de documents ; sa tâche est d'autre part assez ardue, car en cette matière, il est bon de faire un choix sévère pour éliminer les redites sans intérêt que la multiplicité des périodiques rend inévitables, et les polémiques personnelles fréquentes dans le monde des paisibles pêcheurs. Tel qu'il est constitué, l'office peut déjà rendre des services et il est bon de signaler son existence.

Une partie très intéressante de la section belge était celle des Poissons vivants, installés dans des aquariums facilement accessibles au public et qui ont eu, comme toujours, le plus grand succès de curiosité. L'un des exposants était le baron GOFFINET, propriétaire de domaines très vastes, dans lesquels les eaux sont cultivées avec beaucoup de méthode et de soin. Les Poissons qui en provenaient étaient, d'une part, des Salmonides de diverses tailles, montrant les étapes du développement, d'autre part des Cyprins et en particulier des Carpes. Un autre exposant, qui pratique le commerce des Poissons vivants si florissant en Belgique, dans le nord de la France et en Allemagne, était M. BYNEN VARSEN, de Zonhoven. Dans une série d'aquariums et de bassins, M. VARSEN montrait une collection de Cyprinides d'Europe, tout à fait hors pair par la beauté des spécimens. A citer en particulier des Ides mélanotes, des Tanches vertes, des Carpes de diverses variétés, parmi lesquels des individus de taille monstrueuse. Il eût été assurément souhaitable de voir les concurrents français de M. VARSEN imiter son exemple.

L'Administration des Eaux et Forêts de Belgique, chargée comme en France des intérêts de l'aquiculture et de la pêche, avait fait une exposition très importante et surtout très variée. On y remarquait en effet, au point de vue des eaux marines, des graphiques et des tableaux relatifs au plankton, à ses variations et à sa distribution, puis des modèles réduits des tableaux et des cartes relatifs à la mytiliculture. On sait combien la production des Moules est intense sur les côtes belges et hollandaises qui se prêtent si bien à cette culture et il n'est pas de visiteur d'Anvers qui n'ait savouré ce produit national.

D'autre part, l'Administration avait rassemblé une très belle collection de pièces anatomiques relatives aux Poissons, à leur organisation, à leurs parasites et à leurs maladies. Toutes étaient préparées de façon remarquable, et beaucoup d'entre elles étaient de véritables raretés. Il est certain qu'un pareil musée, mis sous les yeux des agents des Eaux et Forêts, peut leur permettre d'acquérir une instruction professionnelle précise et solide que ne donneraient pas les plus belles descriptions livresques.

Il convient de signaler aussi l'exposition de la Société biologique d'Overmaire, qui publie des Annales de biologie lacustre et par les soins de laquelle ont été effectués de remarquables travaux sur le plankton d'eau douce, travaux qui ont pris tant d'importance dans ces dix dernières années.

Enfin, l'œuvre de l' « Ibis » occupait à la section belge une place tout à fait prépondérante, et méritée. Grâce à un homme du plus grand mérite, le commandant BULTINK, qui s'est donné tout entier à cette tâche et qui en parle en véritable apôtre, grâce à la protection de S. M. le Roi, sous le patronage duquel elle est placée, l'œuvre poursuit une marche ascendante dans la voie difficile qu'elle s'est tracée. Il s'agit en effet de ramener la population côtière vers la pêche, qu'elle délaisse de plus en plus pour des métiers plus lucratifs et moins périlleux. Pour cela, on s'efforce, en agissant sur l'enfant, de lui donner de bonne heure une instruction professionnelle en rapport avec les conditions nouvelles de la pêche maritime, ce qui est l'ambition légitime de toutes les écoles de pêche, mais outre que les moyens employés ici sont très appropriés un but, on a encore une autre préoccupation : faire que les recrues gagnées à la cause de la pêche y gagnent leur vie. On sait en Belgique que toutes les questions sont des questions d'argent, ou du moins on ne feint pas de l'ignorer sous couleur de « sentiment ».

L'Ecole des pupilles de la pêche, fondée par la Société l'Ibis, recueille les orphelins des marins. Elle les place sur un stationnaire où, dès l'âge de 6 ans, ils sont dressés progressivement au matelotage, depuis les exercices en manière de jeu jusqu'aux manœuvres réelles en rapport avec leur âge. En même temps, une instruction élémentaire et pratique leur est donnée. Il semble que le régime leur réussisse physiquement et moralement si l'on en juge par les résultats : aucun surmenage intellectuel, pratique réelle, sur un bateau, de la vie du marin-pêcheur, hygiène bien entendue, nourriture abondante et saine, discipline paternelle, toutes ces raisons font que les enfants se plaisent à bord et font de rapides progrès. A 12 ans, ils entrent dans une nouvelle phase de leur éducation professionnelle et s'embarquent sur une des annexes navigantes de l'Ibis. Ces annexes sont actuellement au nombre de 6. Ce sont un dundee-mixte de 28 HP, à moteur Dan, un cotre danois de 16 HP, mixte aussi, deux vapeurs de pêche, de 400 HP, à vapeur, de construction anglaise pour l'un, belge pour l'autre, un voilier mixte en acier, de 28 HP et moteur Dan, enfin une petite chaloupe, première en date. Cette variété de types est voulue. Les pupilles y sont embarqués tour à tour, ils voient pratiquer et pratiquent eux-mêmes, selon leurs forces les divers modes de pêche. Et, comme il s'agit de voyages assez longs, atteignant 6 semaines à 2 mois, ils peuvent en cours de route se familiariser avec les problèmes de routes et de compas. Les calculs qu'ils établissent sont corrigés au retour. Les « Ibis » vont ainsi jusqu'en Espagne et en Portugal, et jusqu'aux Féroé. Tout récemment, un Ibis est allé en mission de pêche à Katanga et il est question d'établir un poste dans le Bas-Congo. Il est à noter que l'œuvre est une Société mutualiste, qu'elle comporte un capital-actions, que son matériel est déjà très notable et représente des sommes importantes à amortir. Or, l'Ibis a pu en 1910 distribuer un dividende et constituer une réserve d'amortissement, de sorte que les subventions qui lui ont permis de se créer au début ne sont pas découragées par de continuels appels improductifs. Et ce résultat a été obtenu malgré des campagnes de pêche peu intensives, où l'éducation professionnelle des pupilles a primé le côté commercial, qui ont même été grevées de la subsistance de l'équipage tout entier. Aussi « l'Ibis » est-il très populaire sur la côte belge. Il se préoccupe d'élargir son champ d'action en étudiant des navires de pêche spécialement adaptés aux besoins du pays, navires expérimentaux, en quelque sorte, qui pourraient être pourvus d'équipages de choix et fourniraient des indications de la plus grande valeur. Une fois leur éducation professionnelle terminée, les pupilles de l'œuvre sont versés dans les équipages des pêcheries flamandes. Mais, à 24 ans, la Société peut confier à un groupe de cinq d'entre eux une barque de pêche à moteur auxiliaire dont ils seront propriétaires au bout d'un certain temps, grâce à leurs bénéfices de pêche, grâce aussi au pécule qu'ils ont amassé sur les annexes navigantes. On voit combien l'œuvre entière est conçue sagement. Il ne s'agit pas d'un vain simulacre d'instruction et d'éducation maritimes, acquises à l'école aux prix d'efforts certes très louables de la part des maîtres, mais que ne vivifie pas la pratique réelle et journalière. Et surtout, on s'efforce d'y enseigner que la vie n'est pas une chose livresque, qu'elle se traduit par de l'argent, qu'on peut tenir de la même profession, suivant qu'on la pratique bien ou mal, des ressources fort différentes. Que l'œuvre de l'Ibis prospère, elle aura produit, en une génération, une population maritime et une flottille de pêche que tous les voisins de la Belgique pourront lui envier. Et cela est si vrai que le Danemark, l'Angleterre, l'Allemagne, l'Italie, sont venues étudier cette intéressante institution. L'idée n'est certes pas nouvelle, et, de l'aveu même des Belges, c'est la France qui a pris la première l'initiative de l'instruction professionnelle des marins. Mais, si l'on veut bien comparer impartialement les méthodes et les résultats, on reconnaîtra que l'initiatrice gagnerait à présent à l'exemple de l'élève. A ce point de vue comme à beaucoup d'autres, l'exposition de Bruxelles pourrait être un fructueux enseignement.

Paris, mai 1911.

H. COUTIÈRE.

Imp. P MELLOTTÉE, 33, quai des Grands-Augustins. Paris et Châteauroux.

RAPPORT DE LA CLASSE 54

PAR

M. Maxime RADAIS

Professeur à l'Ecole supérieure de pharmacie de Paris.

Engins, Instruments et Produits des Cueillettes

I

Appareils et instruments

pour la récolte des produits de la terre obtenus sans culture

II

1. Champignons, Truffes, Fruits sauvages

propres à l'alimentation de l'homme

---

2. Plantes, Racines, Écorces, Feuilles, Fruits

obtenus sans culture et utilisés pour l'herboristerie, la pharmacie, la teinture, la

fabrication du papier, la fabrication de l'huile ou d'autres usages.

---

3. Caoutchouc, Gutta-Percha, Gommes et Résines

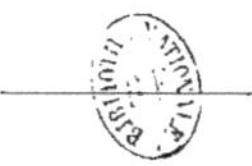

INTRODUCTION

La classification générale appliquée à l'Exposition de Bruxelles en 1910 était sensiblement la même que celle qui fut suivie à l'Exposition universelle de Paris en 1900. La classe 54 (Produits des Cueillettes), qui reçut son autonomie à cette époque, devait par suite réunir les mêmes catégories d'exposants.

Il faut bien reconnaître que les attributions de cette classe n'étaient pas nettement définies. Les difficultés qui avaient surgi en 1900 pour le recrutement des exposants et qui s'étaient accentuées lors des Expositions suivantes, se sont retrouvées à Bruxelles et il n'a pas fallu moins que la clairvoyante autorité de M. le Commissaire général de la section française pour donner une saine interprétation aux textes peu précis qui fixaient les limites de la classe.

Il suffit d'ailleurs de comparer ces textes litigieux à ceux qui définissent d'autres classes admettant les produits végétaux, pour reconnaître que, de bonne foi, l'interprétation pouvait varier.

Sans insister outre mesure sur le § Iᵉʳ qui comprend les « **Appareils et Instruments pour la récolte des produits de la terre obtenus sans culture** », on peut remarquer que cet outillage, en général fort simple, se confond le plus souvent avec celui qu'utilisent les exploitations rurales, horticoles et forestières. Les classes 35, 43, 49 et 54 s'adressent donc au même titre aux exposants d'outils de récolte qui peuvent légitimement concourir dans toutes ces classes.

La première partie du § II soulève d'autres difficultés. Les Champignons et Truffes constituent, au point de vue alimentaire, des produits périssables qui ne peuvent, en dehors d'échantillons de collection, figurer qu'à l'état de conserves. A ce titre, ces produits sont réclamés par la classe 58.

Si, éliminant cette forme litigieuse de conserves, on veut faire figurer à l'état frais les cryptogames comestibles, la classe 44 prélève ceux des champignons (dits de couche) qui sont l'objet d'une vraie culture potagère ; enfin les trufficulteurs peuvent hésiter à considérer comme fruits sauvages des produits qui doivent leur valeur aux soins culturaux dont ils sont l'objet.

La seconde partie du § II, **Plantes, Racines, Écorces, Feuilles, Fruits,** *obtenus sans culture et utilisés pour l'herboristerie, la pharmacie, la teinture, la fabrication du papier, la fabrication de l'huile et d'autres usages,* ne prête pas à une ambiguïté moindre. La spécification « obtenus sans culture » tend à séparer des matières premières qui, entre les mains des mêmes détenteurs, iront figurer à telle ou telle classe suivant les avantages probables et escomptés d'avance de l'exposant.

C'est ainsi que, aux termes même de la classification, les produits végétaux utilisés en herboristerie et en pharmacie se partagent entre les classes 41 et 54 suivant qu'ils proviennent de plantes cultivées ou de plantes sauvages.

Les végétaux à propriétés tinctoriales et tannantes subissent la même scission entre ces deux classes et sont en outre représentés à la classe 50 des Industries forestières.

Une confusion semblable s'applique aux produits oléagineux qui ressortissent à la classe 39, à la classe 41 et à la classe 54, suivant qu'ils sont alimentaires ou non et produits par des plantes cultivées ou sauvages.

La troisième partie du § II, en ce qui concerne les résines, montre que certains de ces produits, comme les colophanes, peuvent se réclamer de la classe 54 par leur nature chimique et de la classe 50 par leur origine forestière ; ce cas litigieux s'est présenté à Bruxelles au moment des opérations du Jury de classe.

Quelques matières premières, par la précision de leur désignation, semblent échapper à l'arbitraire de ces classifications : le caoutchouc, la gutta-percha et les gommes. Une argumentation spécieuse pourrait faire remarquer que désormais, les caoutchoucs de culture, qui prennent chaque jour un plus grand développement, devraient figurer dans la catégorie des produits agricoles non alimentaires, les caoutchoucs sylvestres demeurant à la classe 54. La question n'a pas été soulevée, mais le texte nouveau de la classe 117

(Matériel et procédés de Colonisation), en y faisant figurer les produits d'importation, a retiré à la classe 54 la presque totalité des produits de cueillette de plantes exotiques et notamment les caoutchoucs coloniaux.

En résumé, et si l'on s'en tient au texte de la classification officielle, les détenteurs des produits que nous venons d'énumérer peuvent se trouver sollicités par plusieurs classes et l'incertitude du recrutement aboutit à des solutions diverses qui tendent à séparer des concurrents que la stricte équité devrait réunir sous le jugement d'un même Jury.

Cet exposé était nécessaire pour préciser dans quelles conditions le Comité d'admission et le Jury de la classe 54 ont été appelés à fonctionner.

Malgré ces difficultés, la classe des Cueillettes a pu réunir 128 exposants dans la Section française. Pour les mêmes raisons que celles qui ont été énoncées et qui tiennent à l'incertitude de la classification, les pays étrangers apportaient à cette même classe un nombre restreint d'adhérents. Toutefois, le Brésil, avec 114 exposants de caoutchouc, de gommes et résines et de produits divers retirés de végétaux non cultivés et utilisés dans l'art de guérir et dans l'alimentation, apportait une importante contribution à l'histoire commerciale des produits de cueillette. La Belgique, la Grande-Bretagne, la Hollande n'étaient respectivement représentées que par un exposant.

COMITÉ D'ADMISSION ET JURY

Comité d'admission pour la Section française des Exposants de la Classe 54.

Président :

M. Radais, Maxime, professeur à l'Ecole de Pharmacie de Paris, ancien président du Groupe 114 à l'Exposition de Saint-Louis, expert-juré à la Classe 54 en 1900, 253, boulevard Raspail, Paris.

Vice-Présidents :

M. Lamy-Torrilhon, Gaspard, industriel, président de la Chambre syndicale du Caoutchouc et de la Gutta-Percha, 15, rue d'Enghien, à Paris.

M. Michel, Alphonse, négociant, associé de la Maison Salle et Cie, 4, rue Elzévir, à Paris.

Secrétaire :

M. Lutz, Louis, agrégé à l'Ecole de Pharmacie de Paris, 4, avenue de l'Observatoire.

Trésorier :

M. Bocquillon-Limousin, pharmacien, expert-juré à l'Exposition de Paris en 1900, Grand-Prix à l'Exposition de Milan en 1906, 2 *bis*, rue Blanche, à Paris.

Membres :

M. Armet de Lisle, industriel (Société des Quinquinas), 18, rue Malher, à Paris.

M. Faure, Jean, docteur en pharmacie, 4, rue Brunel, à Paris.

M. Lancosme, Emile, pharmacien à Paris, Médaille d'or à l'Exposition de Milan, 7, avenue d'Antin, à Paris.

M. Sartory, Auguste, docteur ès Sciences, préparateur à l'Ecole de Pharmacie de Paris, mycologue, 35, avenue de Montsouris, à Paris.

Un jury mixte, dont la composition est donnée d'autre part, avait été désigné pour examiner les produits des Classes 53 et 54.

Bien que les membres de ce jury eussent été choisis parmi les exposants respectifs de ces deux Classes, leur réunion pour juger en commun des produits aussi différents que ceux qui ressortissent aux Pêches et aux Cueillettes pouvait, en pratique, présenter des inconvénients. Une scission du jury mixte en deux groupes, avec nominations d'experts, fut décidée sous l'autorité de M. de Sébille, Commissaire général délégué au Groupe IX, et, pour la Classe 54, le jury fut constitué comme il suit pour déterminer les cotes respectives des Exposants.

Jury international pour la Classe 54.

JURÉS TITULAIRES

MM. Ramos, Bernardo, délégué de l'Etat d'Amazonas, *Président*, Brésil.

Boisset, industriel, Algérie.

Lamy-Torrilhon, G., industriel, France.

Mattoso, E., délégué de l'Etat du Para, Brésil.

Radais, M., professeur à l'Ecole de Pharmacie de Paris, rapporteur, France.

JURÉS SUPPLÉANTS

Borgue, F., négociant, Algérie.

Meiffre, E., négociant, France.

EXPERT-JURÉ

Bocquillon-Limousin, docteur en Pharmacie, France.

SECTION FRANÇAISE

CHAPITRE PREMIER

I. — Appareils et instruments pour la récolte des produits de la terre obtenus sans culture.

Les engins et instruments utilisés pour les cueillettes sont, en général, assez simples. Dans un grand nombre de cas, ils se confondent avec les outils agricoles ou horticoles dont la forme et le mode d'emploi sont d'ailleurs variables avec les régions géographiques.

La Classe 54 à l'Exposition de Bruxelles n'avait attiré aucun exposant exclusif d'outils réservés aux cueillettes; toutefois on pouvait admirer, dans la vitrine de M. Lamy-Torrilhon, membre du Jury, une très remarquable collection des instruments employés à la récolte et à la préparation du caoutchouc naturel.

A titre documentaire, la Maison Salle et Cⁱᵉ, de Paris, exposait, à côté de certains produits naturels, tels que la Scammonée et l'Agar-agar, les outils et appareils, soit en nature, soit en réduction, qui servent, dans les pays d'origine de ces matières, à leur récolte et à leur préparation sous la forme commerciale qui les caractérise.

Outils et ustensiles pour la récolte et la préparation de la Scammonée.

Nous reviendrons plus loin, à propos de la drogue, sur son origine et sa nature. Il s'agit en effet d'un suc de plante, épaissi à l'air, dont la récolte s'effectue en recueillant, dans un récipient approprié, le liquide qui exsude d'une blessure faite au végétal par un instrument tranchant. Un matériel simple suffit à la cueillette : une serpette pour pratiquer la section, une cupule de fer-blanc ou une coquille de moule pour recevoir l'exsudation du suc, un couteau pour râcler sur la blessure le produit de sécrétion concrété. Ces instruments primitifs, si l'on en juge par les échantillons exposés, sont de fabrication grossière. Si l'on ajoute un récipient collecteur où le récoltant réunit la cueillette du jour, on aura tout le matériel d'exploitation de la plante qui, répartie à l'état sauvage sur de grands espaces, nécessite, pour une faible récolte, une main-d'œuvre assez notable.

Instruments et appareils pour la récolte et la préparation de l'Agar-agar japonais ou Kanten.

A côté des diverses sortes commerciales d'Agar-agar dont il sera parlé plus loin, la Maison Salle et Cie exposait différents modèles en bois des appareils servant à la préparation de ce produit au moyen de certaines algues marines. Cette industrie, surtout localisée en Extrême-Orient et notamment sur les côtes du Japon, comporte, non seulement la récolte en mer des plantes susceptibles de fournir cette gelée végétale dont les usages s'étendent de plus en plus, mais encore la préparation commerciale du produit sous sa forme marchande. Il ne fallait pas songer à exposer, en vraie grandeur, les instruments utilisés dans cette industrie qui comporte des installations souvent considérables.

Aussi est-ce sous la forme de modèles réduits en bois, construits au Japon d'après les types en usage, que les appareils montraient au visiteur les phases successives de la récolte et de la préparation du produit.

Des crochets et des filets traînants, utilisés sur les côtes ou même au large, servent à la cueillette. Les algues sont ensuite séchées sur des claies ou nattes en bambou servant à les isoler du sol.

Cette première phase de la préparation se rattache étroitement à la récolte qu'elle suit immédiatement ; la plus grande partie du matériel se rapporte aux opérations ultérieures constituant un véritable usinage de la plante qui va perdre sa forme pour se transformer, avec un faible résidu, en un dérivé commercial d'aspect très différent. Ce matériel comprend ainsi des mortiers en pierre avec pilons de bois pour briser la plante séchée et la débarrasser des impuretés et surtout des dépôts calcaires dus à des polypiers ; des nattes de

bambou servant à l'exposition à l'air des algues étalées en couches
minces ; des cuves métalliques chauffées à feu nu, ou simplement
en bois et chauffées par un courant de vapeur, pour cuire dans l'eau
le produit blanchi par son exposition à l'air et obtenir ainsi le liquide sirupeux dont l'évaporation donnera le Kanten sec. Les
filtres utilisés pour clarifier le liquide sont constitués par un tissu de
chanvre ou de coton tendu par un cadre de bois au-dessus d'un
récipient ou citerne ; l'extraction totale est complétée par le pressu-
rage du résidu introduit dans des sacs de même tissu. Enfin, des
auges de bois peu profondes reçoivent le liquide qui se prend en gelée par le refroidissement. Les plaques gélatineuses ainsi obtenues
sont divisées au moyen de couteaux à lames multiples en blocs souvent transformés eux-mêmes en fines baguettes par une presse spéciale à fond perforé. Ces morceaux, encore gonflés d'eau, sont mis
à sécher sur des claies ou des planches exposées au froid au-dessus
du sol. La masse se congèle et se rétracte et les cordons carrés ou les
lamelles sont définitivement séchés par exposition au soleil sur des
nattes.

Une machine à empaqueter, fonctionnant à la manière d'une
presse, achève de mettre le produit sous sa forme commerciale définitive qui comprend soit des blocs carrés, soit des lamelles compri-
mées en paquets de 25 kins (environ 15 kilos).

Outils et ustensiles pour la récolte et la préparation du Caoutchouc.

Parmi les exposants de caoutchouc dans la Section française,
M. Lamy-Torrilhon exposait seul une remarquable collection des
instruments employés pour la récolte et la préparation du produit
naturel.

Sans entrer dans le détail de l'emploi de ces instruments dont il
sera question plus loin à propos de la récolte de la matière première,
signalons surtout les outils d'extraction employés au Brésil dans l'exploitation des arbres qui fournissent le caoutchouc dit de Para. Ces
outils comprennent différents odèles de la hachette *(machadinho)*
à pratiquer les incisions dans l'écorce de l'arbre à caoutchouc ; les
gobelets récepteurs du latex *(tigelas* ou *tigelinhas)* en fer-blanc,
d'une contenance de 12 à 25 centilitres et pourvus latéralement d'un
crochet servant à les fixer dans l'écorce, au-dessous de la blessure ;
les seaux collecteurs *(baldès)*, servant à réunir le produit recueilli
dans les gobelets ; la cuvette en fer-blanc *(bacia, batea, cazuela)*,

de la forme et de la dimension d'un *tub,* où la récolte totale d'une matinée est réunie pour l'opération de l'enfumage. Cette pratique, qui a pour objet de provoquer la coagulation du latex en y introduisant des substances antiseptiques pour éviter les fermentations ultérieures, nécessite elle-même l'emploi d'une sorte de fourneau *(boido)* où l'on brûle des fruits de palmier; la fumée s'échappe par un orifice rétréci. Les anciens boiâos étaient faits d'argile à peine cuite et assez fragiles ; la collection de M. LAMY-TORRILHON comprend un très bel exemplaire de ces appareils qui sont devenus rares et sont aujourd'hui remplacés par de simples *diables* en tôle ou en fer-blanc, sortes de longs cônes ouverts aux deux bouts qui, recouvrant simplement un foyer pratiqué dans le sol, servent à canaliser la fumée en une colonne étroite et dense.

Le support ou moule pour la coagulation et l'enfumage du latex consiste en une pelle de bois, en forme de lentille plate, pourvue d'un long manche *(pala, taniboca)* ; la pelle, arrosée de latex, se couvre d'une couche mince de liquide qui se coagule par contact avec la fumée du *boiao;* la superposition des couches produit finalement une masse de caoutchouc que l'on détache en l'entaillant. Pour obtenir de très grosses masses pouvant atteindre 100 kilogrammes et plus, on remplace la pelle par une perche longue et solide que deux hommes manient au-dessus du foyer en la supportant par des fourches plantées dans le sol ; le latex est étendu en couches par des arrosages successifs.

Le *machodinho* est encore l'instrument simple et primitif employé par le plus grand nombre des récoltants ou *Seringuieros*. On a néanmoins créé divers outils perfectionnés dont la collection LAMY comprend quelques types et qui ont surtout pour objet de produire des entailles régulières, à une profondeur déterminée et en produisant pour l'arbre un dommage aussi réduit que possible. Ce sont des sortes de gouges ou de rainettes avec des guides spéciaux limitant l'entaille. Ils sont encore peu employés pour la récolte du caoutchouc sylvestre : on en fait surtout usage dans les plantations du Moyen-Orient. La figure de la page 106 montre la forme des entailles obtenues avec ces outils.

CHAPITRE II

Champignons, Truffes, Fruits sauvages

propres à l'alimentation de l'homme.

Les champignons étaient représentés à l'Exposition de Bruxelles soit par des produits en nature, soit par des Iconographies ou des documents relatifs à la connaissance des différents groupes de ces Cryptogames utiles ou nuisibles. Les champignons hypogés comestibles du groupe des Tubéracées étaient représentés en nature par les envois de producteurs truffiers français.

Les autres fruits de cueillette propres à l'alimentation de l'homme n'étaient pas représentés.

§ 1er. — Champignons.

BAINIER, Georges, 27, rue Boyer, à Paris.

Moisissures sélectionnées pour la science et l'industrie.

Les champignons inférieurs jouent en Biologie un rôle considérable. Leur vie au sein de la matière organique qu'ils décomposent, par des processus chimiques dont les Bactéries nous offrent d'autres exemples, y provoque une destruction progressive de la molécule chimique qui se traduit par la mise en liberté de produits divers que l'homme peut avoir intérêt à capter et qu'il ne pourrait souvent obtenir économiquement par les moyens que la chimie de laboratoire met à sa disposition.

On peut réaliser expérimentalement la synthèse de l'alcool, mais l'énorme quantité de ce liquide, utilisé à de multiples usages, est due en entier au travail biologique de champignons microscopiques, les levures ; c'est encore à certaines moisissures du groupe des Mucorinées qu'appartiennent les agents puissants de saccharification qui permettent aujourd'hui à cette même industrie de l'alcool de réaliser une attaque rapide et profonde des matières amylacées pour leur transformation en sucres fermentescibles ; moisissures encore les agents de maturation des fromages dont une connaissance plus approfondie a permis de régulariser certaines pratiques de cette industrie ; moisissures également ces intéressants *Citromyces*, étudiés par WEHMER, qui servent à transformer rapidement certains sucres en acide citrique ; sans parler des fermentations complexes où les champignons soit seuls, soit associés aux bactéries, fournissent, par des pratiques empiriques et encore mal connues, des produits utiles à l'homme. On pourrait multiplier les exemples de ces interventions utiles.

Les champignons inférieurs peuvent aussi, par leurs actions parasitaires vis-à-vis de la matière organique vivante, devenir de dangereux ennemis et leur action pathogène sur les plantes supérieures, sur les animaux et sur l'homme en fournit de nombreux exemples. Indépendamment des champignons parasites de plantes et dont les ravages, quand ils s'exercent sur des végétaux utiles, peuvent se traduire pour l'agriculture par des pertes considérables, on sait que le parasitisme fongique détermine, dans l'organisme animal, des maladies bien caractérisées et dont le nombre s'accroît sans cesse avec la perfection des méthodes d'investigation. Les Teignes tondantes et diverses Dermatoses, l'Actinomycose, les Aspergilloses, les Sporotrichoses, etc... sont des exemples connus de ces actions parasitaires où des champignons inférieurs, moisissures adaptées à vivre aux dépens de la cellule animale, exercent des actions nocives et produisent des lésions pathologiques dont certaines d'entre elles peuvent entraîner la mort.

L'intérêt est grand, qui s'attache à ces organismes inférieurs dont l'étude a progressé en ces dernières années en bénéficiant des méthodes pastoriennes appliquées tout d'abord aux Bactéries.

L'expérimentation rationnelle au moyen de cultures pures de ces organismes microscopiques a rendu utiles des collections, conservées à l'état vivant, des espèces qui présentent quelque intérêt biologique tant au point de vue de la pathogénie, qu'au point de vue des fermentations industrielles.

C'est une semblable collection que M. Bainier présentait à l'Exposition de Bruxelles. Créée depuis une dizaine d'années au Laboratoire de Cryptogamie de l'École de Pharmacie de Paris, elle comprend actuellement près de 200 espèces de champignons inférieurs intéressants par leurs propriétés utiles ou nuisibles. Une collection analogue existe à Amsterdam où elle est entretenue par un personnel scientifique universitaire, sous les auspices de l'Association internationale des Botanistes. Cet *Office central de cultures pures de champignons* centralise les espèces intéressantes et les distribue, moyennant une redevance, aux Laboratoires ou aux particuliers qui désirent les étudier ou les utiliser. La Mycothèque de l'École de Pharmacie de Paris, entretenue par les soins dévoués de M. Bainier, dont la compétence en mycologie est bien connue, répond en France, au même but que l'Office Hollandais ; la collection a déjà fourni des matériaux de travail à de nombreux mycologues. Les échantillons ont toujours été libéralement distribués sans aucune rétribution.

Il serait à désirer que cette intéressante création qui répond à un besoin et fonctionne sous l'initiative désintéressée de son fondateur, pût recevoir des pouvoirs publics, une aide matérielle qui permît d'en élargir le cadre.

Le jury a récompensé M. Bainier par un *Diplôme d'Honneur*.

LUTZ, Louis, 4, avenue de l'Observatoire, à Paris.

Champignons sauvages. — Procédé de conservation pour collections.

Les champignons supérieurs, ceux dont la différenciation organique entraîne chez l'appareil reproducteur un développement assez considérable pour constituer une masse charnue de poids et de volume appréciables, constituent des réservoirs de matière organique qui peuvent être utilisés pour l'alimentation.

On connaît l'importance commerciale de la production artificielle du champignon de couche qui est devenu, par la culture, une véritable plante potagère susceptible d'alimenter les marchés avec régularité.

Il existe d'autre part dans nos bois, dans nos prairies, des gisements naturels d'espèces comestibles qui apparaissent à certaines saisons, pour la plus grande joie des amateurs de Cèpes, de Gyroles, de Morilles et d'autres espèces fongiques dont quelques-unes peuvent garnir nos tables de plats savoureux. Ces satisfactions ne sont pas d'ailleurs sans danger et chaque année apporte sa liste plus ou moins longue de victimes d'empoisonnements par les espèces vénéneuses imprudemment récoltées.

Diffuser le plus possible la connaissance des champignons est le meilleur remède pour prévenir ces accidents, car, de tous les procédés préconisés pour rendre inoffensifs les champignons toxiques, aucun ne s'applique avec sécurité à certaines espèces mortelles.

Il y a donc utilité incontestable à constituer des collections où les champignons vénéneux et comestibles pourront être, en tous temps, étudiés et comparés ; jusqu'à présent, ces collections ont consisté en Iconographies plus ou moins fidèles, en moulages où tous les caractères ne peuvent être représentés. Il était désirable de constituer des collections où le champignon, conservé *en nature* et avec tous ses caractères de forme et de coloration, fournirait un modèle permanent offert à l'étude et permettrait la création de véritables musées d'enseignement.

C'est cette tâche qui a été entreprise depuis une quinzaine d'années par M. Lutz, agrégé de l'École de Pharmacie de Paris, ancien secrétaire de la Société mycologique de France. Par le choix judicieux de certaines solutions salines, il a pu conserver, avec leur aspect naturel et avec leurs teintes vraies, un grand nombre d'espèces choisies parmi les champignons comestibles et vénéneux. Quarante-deux échantillons, choisis parmi les différents groupes, offraient aux visiteurs des exemples de conservation parfaite : quelques-uns d'entre eux étaient préparés depuis 1898 ; les autres se trouvaient échelonnés sur les années suivantes, au hasard des récoltes annuelles et jusqu'à l'année 1909.

Les solutions salines employées par M. Lutz sont peu coûteuses et de préparation simple. Lors de ses premiers essais, qui ont figuré à l'Exposition universelle de Paris en 1900, le liquide conservateur était constitué par une solution de sulfate de zinc, alun et formol. Quoique imparfaits encore, les premiers résultats étaient encourageants ; toutefois la diversité des pigments fongiques semblait exiger des liquides différents et en 1901, M. Lutz publiait une série de formules répondant à la majorité des cas. Le désir de simplifier cette technique l'engagea à poursuivre ses essais et, en 1907, il proposait une solution hydroalcoolique d'acétate mercurique acidulée par l'acide acétique. Ce liquide répond à la majorité des cas et la plupart des échantillons présentés étaient conservés dans ce milieu ; les couleurs vives et altérables des Russules, si difficiles à fixer, s'y conservent bien et longtemps. Il ne reste qu'un très petit nombre d'espèces à coloration particulièrement fugace qui ne s'accommodent pas de ces méthodes ; M. Lutz continue ses recherches pour donner à son procédé une portée absolument générale.

Diplôme de Médaille d'Or.

KLINCKSIECK, Paul, libraire, 3, rue Corneille, à Paris (L. Lhomme, successeur).

PEINTURES, AQUARELLES, LITHOGRAPHIES EN COULEURS DES PRODUITS VÉGÉTAUX NATURELS DU SOL.

Depuis longtemps déjà, la maison Paul KLINCKSIECK, de Paris, s'est spécialisée dans l'édition d'ouvrages destinés à la vulgarisation par l'image des différentes branches des Sciences naturelles.

L'exposition de cette firme comprenait ainsi un grand nombre de reproductions coloriées se rapportant à la connaissance des plantes non cultivées.

Les Iconographies se rapportant aux champignons attiraient spécialement l'attention. Le visiteur était surtout intéressé par l'exposition d'un certain nombre de lithographies en couleur distraites de l'important ouvrage de M. E. BOUDIER (Icones Mycologicae) qui ne comprend pas moins de 600 planches.

Cette publication, très supérieure à ce qu'on a publié jusqu'ici, fait le plus grand honneur à la Maison P. KLINCKSIECK.

Diplôme de Médaille d'Or.

DUMÉE, Paul, mycologue, 45, rue de Rennes, à Paris.

ICONOGRAPHIES DE CHAMPIGNONS.

Parmi les membres de la Société Mycologique de France qui ont fait le plus pour la diffusion dans le public de la connaissance des champignons, il faut citer M. Paul DUMÉE, pharmacien, qui, depuis de longues années s'est consacré à cette tâche. Mycologue exercé, passé maître dans la détermination souvent malaisée des espèces fongiques, M. DUMÉE a publié deux excellents Atlas coloriés représentant les principaux champignons comestibles et vénéneux; un texte clair et précis complète cette Iconographie. Une autre publication du même auteur, de caractère périodique et intitulée l'*Amateur de*

Champignons constitue une suite à ces Atlas et donne, avec des planches en couleur, la description d'espèces intéressantes, des articles de vulgarisation le tout en un texte simple et susceptible d'être compris sans une connaissance spéciale de la botanique.

Outre ces publications, M. DUMÉE exposait quelques cartables, distraits d'une Collection complète ou *Iconographie générale des Champignons*. C'est un immense recueil, classé d'après le *Sylloge Fungorum* de Saccardo, et où se rencontrent des figures en noir ou en couleurs de tous les champignons connus. Un grand nombre de ces dessins sont dus à M. DUMÉE lui-même.

Cette exposition a été jugée digne d'un *Diplôme de Médaille d'Argent*.

GUÉGUEN, F., 109, rue Saint-Dominique, à Paris,

ETUDES SUR LES CHAMPIGNONS.

L'exposition de M. Fernand GUÉGUEN, Agrégé à l'École de Pharmacie de Paris, comprenait un ensemble de recherches sur les champignons représenté par des aquarelles d'après nature, des dessins, des publications et des échantillons conservés à l'état sec ou présentés en cultures vivantes. M. GUÉGUEN s'est depuis longtemps spécialisé dans la Mycologie et, par ses nombreuses recherches dans ce domaine, a fait progresser cette partie de la Science ; les questions de pathologie végétale et animale, dans leurs rapports avec les champignons. ont surtout attiré son attention et l'on peut voir, parmi les échantillons présentés, des espèces pathogènes nouvelles. Des sujets de Matière médicale concernant le Carragaheen, le Faux Ipéca de la Guyane Française sont également traités.

Diplôme de Médaille d'Argent.

SARTORY, A., 35, avenue de Montsouris, à Paris.

CHAMPIGNONS INFÉRIEURS. — RECHERCHES PHYSIOLOGIQUES.

Si les échantillons exposés par M. SARTORY à l'appui de ses recherches sur les champignons inférieurs, n'offrent pas un intérêt pratique et immédiat comparable à celui de plusieurs des expositions qui précèdent, ils ont le mérite de montrer, autrement que par des figures ou de simples descriptions, l'adaptation de ces organismes à certaines actions mécaniques qui peuvent se trouver réalisées dans la nature. Un Mémoire important, où se trouvent exposées ces recherches, était exposé en même temps. Rappelons que M. Sartory est l'auteur de plusieurs Notes ou Mémoires sur les champignons inférieurs.

Diplôme de Médaille d'Argent.

§ 2. — Truffes.

Le commerce de la Truffe était représenté à l'Exposition de Bruxelles par une centaine d'Exposants, fermiers ou propriétaires de truffières, dont les exploitations sont réparties sur une douzaine de communes des départements du Lot, de la Dordogne, de Vaucluse et de la Drôme.

Les deux grandes régions truffières de France, le Périgord et la Provence, se trouvaient donc représentées. La truffe de Bourgogne faisait défaut. Certains de ces Exposants, déjà titulaires de récompenses aux Expositions, présentaient à part leurs produits ; les autres, exposant pour la première fois, étaient groupés en collectivités plurinominales par communes.

A côté de ces expositions de Truffes obtenues de truffières naturelles, ou améliorées par la culture, on remarquait l'intéressante exposition de M. Émile Boulanger de Paris, qui présentait les premières récoltes obtenues par ensemencement artificiel du mycelium truffier et les méthodes employées par lui à cet usage dans ses truffières d'Étampes. Il en sera question plus loin.

Ce souci, de la part des producteurs, de présenter eux-mêmes leur récolte, mérite d'être encouragé, car il répond au but de diffusion qui est celui de nos Expositions à l'Étranger. Les grands représentants du commerce truffier en France tendent depuis quelques années à s'abstenir de prendre part à ces grandes manifestations : leur qualité d'intermédiaires, dont l'habileté consiste à faire un choix judicieux des produits offerts sur les marchés pour satisfaire leur clientèle, les rend, dans une certaine mesure, indépendants du producteur, comme le négociant en vins vis-à-vis du propriétaire du vignoble. Or, comme pour les Vins, il existe, pour les Truffes, des crûs classés, dont la qualité est due non seulement à la nature du sol, mais aux soins culturaux apportés à la truffière et au souci d'écarter de la production toute espèce médiocre. Comme les raisins, les truffes ont leurs cépages et, sans parler des fraudes grossières, ce n'est pas une des moindres inquiétudes chez les truffi-culteurs soucieux de la qualité de leurs produits de constater que, comme dans le commerce des vins, de fâcheux *coupages* par des sortes inférieures, souvent d'origine étrangère, viennent compromettre, vis-à-vis du consommateur délicat, le bon renom du tubercule parfumé dont BRILLAT-SAVARIN faisait le Diamant de la cuisine !

Faire connaître directement au public la valeur des différents crûs truffiers doit être l'objectif des producteurs, soit par l'action isolée, soit par des groupements communaux dont la Trufficulture à l'Exposition de Bruxelles nous offrait un exemple. L'action commerciale peut être aussi améliorée par la création de Syndicats tels que celui qui a été fondé par le Dr PRADEL, de Sorges-en-Périgord, dont le zèle éclairé a déjà fourni le plus précieux appoint à la pratique de la Trufficulture, et dont l'exposition, très remarquée, a été jugée digne d'un diplôme de Médaille d'Or, la plus haute récompense dans le groupe truffier. Enfin, la question de la truffe, comme nous allons le voir, se relie étroitement à celle du reboisement de nos collines dénudées et c'est encore à l'exploitant direct du sol qu'appartient l'initiative qui pourra transformer en une opération rapidement fructueuse, l'aléatoire création de futaies dont l'entreprise ne semble profitable qu'au Domaine national.

Il y avait donc lieu, dans l'Exposition truffière de Bruxelles, d'apprécier le mérite des exposants, tant sous le rapport de la qualité des produits présentés que sous celui de l'apport scientifique ou moral apporté à la Trufficulture française.

C'est cette considération qui a guidé le Jury dans l'attribution des récompenses à des Exposants dont le plus grand nombre avaient des mérites égaux quant à la qualité et à la beauté de leurs produits.

Il faut bien reconnaître d'ailleurs que les conditions dans lesquelles un Jury d'Exposition, fonctionnant à époque fixe, est appelé à se prononcer sur la qualité de produits périssables, se sont présentées, avec leurs difficultés, pour l'examen des Truffes.

La valeur commerciale de ce précieux champignon repose surtout sur les propriétés organoleptiques de saveur et de parfum que seul le produit frais possède en toute intégrité ; l'aspect extérieur vient ensuite, la grosseur et la forme régulière entrant en ligne de compte dans l'ensemble des qualités marchandes. Or ce n'est qu'à l'état de conserves que les truffes récoltées pendant la saison d'hiver pouvaient être appréciées en plein été au moment des opérations du Jury. On pourra objecter avec raison que ces conditions de dégustation sont celles d'un grand nombre de consommateurs, les truffes ne pouvant être consommées fraiches que pendant une période assez limitée. L'élément d'appréciation relative fourni par les conserves peut d'ailleurs être suffisant, si on les suppose préparées de la même façon. En réalité et à part quelques exceptions, ce moyen lui-même échappait au Jury pour la majorité des exposants qui, petits producteurs, ont coutume d'écouler leurs produits frais sur les marchés.

Néanmoins, plusieurs d'entre eux avaient envoyé sous forme de conserves, en boites de fer-blanc, des échantillons de leur récolte. Pour les autres, on avait procédé de la manière suivante : au fur et à mesure des récoltes, les envois avaient été reçus par M. Raynaud, Conseiller du commerce extérieur de la France, organisateur de l'Exposition truffière, qui avait assumé la tàche, peu ingrate d'ailleurs, de déguster une partie des échantillons pour en noter les qualités et de préparer le reste dans un liquide spécial susceptible de conserver aux truffes l'intégralité de leurs caractères extérieurs. Ces produits, devenus ainsi des échantillons de collection, furent examinés, au point de vue de la forme, par le Jury qui s'inspira d'autre part des notes de M. Raynaud pour en apprécier les qualités organoleptiques. A la vérité, tous les produits exposés, récoltés pendant l'hiver précédent et constitués par la Truffe dite de Périgord (*Tuber melanosporum*) étaient remarquables d'aspect. Cette espèce, la plus estimée de toutes, est surtout acclimatée dans les départements du Lot, de la Dordogne, de la Drôme, des Basses-Alpes et de Vaucluse. On la trouve encore dans la Vienne, l'Aveyron, la Corrèze, l'Isère et même près de Paris à Corbeil, Mireville et Etampes. Hors de France, le *Tuber melanosporum* se rencontre en Espagne, en Portugal et en Italie où des essais de reboisement ayant pour base la trufficulture provoquent maintenant l'arrivée sur nos marchés une quantité notable de Truffes noires, qui sont mélangées avec nos produits indigènes et vendues sous le nom de Truffes de Périgord.

Ce n'est pas ici le lieu de faire l'histoire botanique de la Truffe qui est traitée avec détails dans des ouvrages estimés dont la seule énumération dépasserait les limites de notre cadre. Rappelons seulement que c'est un champignon hypogé, de l'ordre des Ascomycètes dont l'appareil reproducteur ou périthèce constitue le tubercule comestible connu sous le nom de Truffe.

Le développement de ce champignon est encore mal connu. On considère néanmoins comme démontrée une relation symbiotique entre ce mycelium et les radicelles de certains arbres dont la présence est indispensable à la production de la truffe et qui appartiennent d'ailleurs à des essences diverses telles que le Chêne pubescent et l'Yeuse, le Châtaignier, le Noisettier, le Charme, le Hêtre, certaines Conifères, etc...

Aussi la Trufficulture, qui s'est substituée peu à peu à l'exploitation pure et simple des Truffières naturelles, se relie-t-elle étroitement à la question du reboisement dont se préoccupent aujourd'hui à juste titre les pouvoirs publics.

L'immobilisation de capitaux qu'exigent les plantations d'essences forestières comme le Chêne, le Hêtre, le Châtaignier, dont l'évolution s'étend sur plusieurs générations humaines, est la cause principale du peu d'empressement apporté à utiliser des terrains qui, par la nature ou par la configuration du sol, ne se prêtent qu'à l'exploitation forestière. Ce n'est qu'à partir d'une trentaine d'années que les profits retirés des éclaircies apportent un commencement de rémunération. Or, c'est précisément pendant cette période de nul profit que les plantations forestières peuvent devenir une source de revenus, grâce à la culture de la Truffe. Il suffit seulement de faire choix des essences truffières qui s'accommodent le mieux des terrains ensemencés ; les règles qui président aux éclaircies des taillis destinés à se muer plus tard en futaies sont celles qui conviennent à la trufficulture dont le revenu, dans les terrains convenables, peut atteindre 600 francs à l'hectare.

Cette rémunération élevée du travail et du loyer du sol suffit à nombre de propriétaires-truffiers qui se limitent à cette culture sans envisager les produits forestiers de haute futaie. Leur objectif consiste donc à entretenir et à renouveler par fractions leurs bois truffiers dont l'action s'épuise quand l'arbre a atteint un certain âge. Cette dernière proposition n'est d'ailleurs pas absolue et l'on connaît des places truffières sous des chênes centenaires, sans doute à cause de la nature du sol qui favorise le développement en surface du système radiculaire qui ne doit pas, pour une utile symbiose truffigène, s'enfoncer à plus de 30 centimètres en profondeur.

C'est qu'en effet, la Trufficulture a ses règles qui se sont peu à peu dégagées des observations empiriques et parfois contradictoires. Il existe aujourd'hui deux méthodes pour cultiver la truffe, la *méthode directe* et la *méthode indirecte*.

MÉTHODE DIRECTE. — Cette méthode, encore à ses débuts, essaie d'utiliser le mycelium truffier obtenu de cultures artificielles, comme on utilise le *blanc de champignon* pour ensemencer les couches à

Psalliotes champêtres; il faut cependant faire cette différence essentielle que, dans le cas de la truffe, la *couche* doit comprendre le terrain convenable et un système radiculaire d'arbre à symbiose truffière. La méthode, qui a eu pour origine la pratique déjà connue du transport de terre de truffière comme semence de mycelium, est encore à ses débuts. Pourtant, au point de vue pratique, les essais de M. Emile BOULANGER, de Paris, sont particulièrement intéressants. Sur un champ d'expériences qui s'étend sur plus de cinquante hectares, aux Blandards, près d'Etampes, cet habile trufficulteur a réussi à obtenir, à partir de l'ensemencement direct au voisinage des radicelles de chêne, plus de 5.000 places truffières dont un millier ont commencé à produire en 1905 des Truffes noires du poids de 30 à 100 grammes et de qualité marchande. La création de ces truffières se fait à partir du mycelium qui est obtenu de la germination directe des spores de truffes mûres. C'est ce mycelium, développé sur carottes, qui est enfoui au voisinage des racines après des soins culturaux du sol qui consistent en des labourages et l'emploi de certains engrais.

A vrai dire, les conditions de formation du mycelium dans ces conditions ne sont pas encore connues. Ces cultures, faites en présence de microorganismes qui souillent les truffes de semence, sont évidemment impures. Néanmoins, les résultats pratiques obtenus par l'auteur, qui exposait comme premières récoltes des truffes assez développées en grosseur et très parfumées, montrent que la méthode directe, mieux connue et perfectionnée, viendra constituer un appoint sérieux pour la création et l'entretien des truffières. Son principal avantage résidera surtout dans la réduction du temps d'apparition des places truffières.

MÉTHODE INDIRECTE. — Elle consiste simplement à semer des graines d'essences truffières, principalement des glands de chênes, dans un terrain calcaire ; au bout de quelques années, les truffes apparaissent sous les arbres. A cette pratique, qui permet de constituer de toutes pièces une truffière, il faut ajouter certains traitements spéciaux d'élagage des arbres et de culture du terrain qui constituent la Trufficulture courante, telle qu'elle est pratiquée actuellement dans les régions dont le climat, le sol et les essences forestières se prêtent au développement de la truffe.

C'est en Vaucluse que furent créés empiriquement au commencement du xixe siècle les premières truffières. Un certain Joseph TALON, de Saint-Saturnin-lès-Apt, ayant semé des glands pour faire un taillis de chênes, s'aperçut que ce taillis était devenu truffier. Il utilisa d'abord en secret le procédé en étendant ses semis de glands, mais la méthode fut bientôt connue et les truffières se multiplièrent, au grand bénéfice des populations de la région qui utilisaient ainsi des terrains rocailleux de valeur médiocre.

Des reboisements méthodiques du Massif du Ventoux, entrepris par les forestiers, ont fait plus tard de ces régions une vaste truffière ; les Basses-Alpes, le Var, suivirent le mouvement. Presque à la même époque, aux environs de Loudun, en Poitou, de semblables truffières étaient créées isolément et, dès 1834, le Loudunois devenait un centre truffier important. C'est à une date un peu plus récente que se placent, sans précision d'ailleurs, les premiers essais de trufficulture en Périgord ; actuellement la trufficulture y est en pleine prospérité, grâce à l'excellence des produits d'un sol qui semble le mieux adapté à cette culture.

Le climat de la truffe est sensiblement celui de la vigne ; si l'on dépasse sa limite de culture, il faut localiser les plantations sur des pentes bien ensoleillées. Le sol doit être légèrement calcaire, perméable pour éviter la stagnation des eaux et de consistance sablonneuse, au moins en surface ; un sous-sol ferme, argileux, en maintenant les racines au voisinage du sol ne peut que hâter la formation de la truffière ; la présence du fer et de l'acide phosphorique joue aussi un rôle favorable.

Le choix de l'essence d'arbre varie avec la région. En général, les Chênes sont utilisés. *Si vous voulez des truffes, semez des glands,* disait l'agronome provençal DE GASPARIN. Encore faut-il une essence adaptée au sol choisi. En Provence, en Dauphiné, le *Chêne vert* ou *Yeuse* est l'essence de choix. On y substitue le *Chêne pubescent* dans le Centre et vers le Nord. Parfois, on y associe le *Noisettier*.

Il est prudent de choisir des glands de belle venue, pris sur des arbres déjà adaptés à la symbiose truffigène. On peut aussi, si l'on opère loin des truffières naturelles, semer dans le sol de la terre emprunté à de bonnes places truffières. C'est le principe de la méthode directe.

Dans les circonstances les plus favorables, ce n'est guère qu'au bout de 6 à 7 ans qu'on voit apparaître les premières truffes comestibles ; la production réelle se place vers la dixième année et peut se continuer assez longtemps si l'on observe certains soins de culture qui ont surtout pour objet d'entretenir à la surface du sol un système radiculaire jeune et vigoureux. Malgré tout, les truffières finissent en général par s'épuiser et il faut alors les renouveler si l'on veut conserver ce mode d'exploitation du terrain. Dans les reboisements qui ont pour objet la création de hautes futaies, cette période d'exploitation sert simplement de culture d'attente.

Les notions relatives à la Trufficulture ont fait l'objet de nombreuses publications. On peut consulter Martin Ravel (1857), Fleurot, Etienne Bonnet (1858), l'abbé Charvat (1862-1871), Lebeuf, Bressy (1867), Imbert (1868), Laval (1883), Grimblot, Kiefer, qui envisagèrent les premiers l'importante question du reboisement (1887), de Ferry de la Bellone (1888), de Bosredon (1889), Adolphe Chatin (1892), dont le savant traité fait toujours autorité.

Deux exposants, le Dr PRADEL, de Sorges-en-Périgord et M. LATOUR, de Sainte-Cécile (Vaucluse) avaient joint à leurs envois d'excellents petits Manuels de Trufficulture.

La récolte de la truffe, pour les deux grandes régions que représentaient les exposants, se fait en hiver ; elle peut commencer en novembre pour finir en mars ou même plus tard. Ce n'est pas ici le lieu d'entrer dans le détail du mode de récolte qui est longuement décrit dans les traités spéciaux. La maturation sporadique des échantillons exige une révision continue des places truffières et, comme le parfum permet seul d'apprécier l'état mûr du champignon, l'homme doit s'aider de l'instinct des animaux pour le découvrir. On emploie le porc ou le chien qu'un dressage minutieux rend aptes à cette chasse spéciale. Avec le porc, le rôle de l'homme, du *Rabassier*, comme on appelle le chercheur de truffes, est assez restreint ; l'animal évente le fumet, creuse le sol et met à nu la truffe que recueille prestement son compagnon. Le chien évente de même mais se contente d'indiquer la place que son maître fouillera lui-même. Quant aux autres méthodes dites *à la mouche, à la marque, à la sonde,* etc., ce sont plutôt des procédés de maraudeurs qu'un indiscret compagnon de recherches désignerait trop facilement à l'attention.

Au fur et à mesure des récoltes, les truffes sont apportées dans des sacs sur les marchés où les achètent les commissionnaires et marchands ou les simples amateurs. Apt et Carpentras sont, en Provence, les centres principaux d'approvisionnement ; Périgueux, Cahors, Brives, sont les marchés du Périgord.

A la production truffière du Midi et du Centre s'ajoute d'autre part la récolte de la Truffe de Bourgogne ou Truffe d'été qui alimente la

Cliché Géniaux.

Récolte de la truffe. Dressage du chien.

consommation de truffes fraîches du 15 octobre au 15 décembre, c'est-à-dire au moment où la Truffe du Périgord a disparu du marché. Cette sorte commerciale n'était pas représentée à l'Exposition de Bruxelles.

Récolte de la truffe. Chien en quête.

Cliché Géniaux.

La truffe noire du Périgord, de Provence et du Dauphiné atteint toujours un prix élevé. La valeur du kilogramme sur le lieu de récolte dépasse souvent 10 francs ; ce prix est facilement doublé pour le consommateur français et l'exportation comporte encore une majoration plus considérable qui peut atteindre jusqu'à 40 fr. le kilogramme. Si l'on remarque que la production de la truffe noire en France atteint le chiffre élevé de 2.500.000 kilogs. on voit que la trufficulture est un élément important de notre commerce.

Il faut souhaiter que les meilleures conditions d'extension de cette

culture soient réalisées. Des notions précises sur l'obtention des
truffières sont déjà connues. Dans les limites climatiques imposées,
il existe encore un nombre considérable de terrains qui peuvent être
utilisés pour cette culture rémunératrice laquelle, indépendamment
de la production truffière, peut servir d'amorce aux reboisements
dont la nécessité s'impose.

Cliché Géniaux.

Récolte de la truffe. Truie en quête.

Aux initiatives individuelles dont quelques-unes désintéressées
ont déjà dépassé les limites de l'intérêt personnel, il conviendrait de
joindre la puissante intervention des pouvoirs publics qui en provo-
quant des études sur la question et notamment en instituant une
enquête sur les terrains de France qui sont susceptibles d'être utilisés
et les essences forestières qui s'y adaptent, constitueront une documentation capable d'éviter aux trufficulteurs des tâtonnements rui-
neux.

Récompenses obtenues par les Exposants de Truffes.

Diplômes de médaille d'Or :

BOULANGER (Emile), à Paris.
Le Docteur PRADEL (Louis), à Sorges (Dordogne).
RAYNAUD (Arthur), à Biarritz (Carte truffière de la France).

Diplômes de médaille d'Argent :

BASTARDIE (Albert), à Martel (Lot).
LATOUR, à Sainte-Cécile (Vaucluse).
SEU DE ROUVILLE (Raoul), à Rochegude (Drôme).

Diplômes de médaille de Bronze :

BROUSSE (Etienne), à Sarrazac (Lot).
Collectivité truffière d'Apt.
    —   —   de Coulaures (Dordogne).
    —   —   de Dieulefit (Drôme).
    —   —   d'Escamps (Lot).
    —   —   de Lacapelle (Lot).
    —   —   de Marminiac (Lot).
    —   —   de Monségur (Drôme).
    —   —   de Négrondes (Dordogne).
    —   —   de Suze-la-Rousse (Drôme).
    —   —   de Terrasson (Dordogne).
    —   —   de Visan (Vaucluse).

En résumé, les expositions concernant les Champignons comprenaient une Section commerciale et alimentaire représentée par les Truffes et une Section scientifique où un certain nombre d'exposants faisaient connaître au public leurs recherches. Ces études nous ont présenté comme objectif la connaissance plus parfaite de ce groupe de cryptogames qui peuvent, à côté d'espèces utiles à l'homme par leurs qualités alimentaires ou leur rôle industriel, présenter des espèces nuisibles soit par leur toxicité, soit par leur rôle pathogène.

CHAPITRE III

Plantes, racines, écorces, feuilles, fruits

obtenus sans culture et utilisés pour l'herboristerie, la pharmacie,

la teinture, la fabrication du papier, la fabrication de l'huile

ou d'autres usages.

Gommes et résines.

Les Exposants de ce groupe exposaient surtout des matières premières à usage médicinal. Les produits tinctoriaux et tannants ne figuraient que pour une faible part.

Les matières premières pour la fabrication de l'huile et du papier n'étaient pas représentées. Un seul exposant présentait des Rotins. Les Gommes et Résines qui sont, pour une partie, des matières premières à usage médicinal, ont été comprises dans ce chapitre.

BOCQUILLON-LIMOUSIN, H., 2 *bis*, rue Blanche, à Paris.

Plantes médicinales exotiques. — Produits dérivés. — Études scientifiques.

Cet exposant, qui avait été appelé, en raison de sa compétence spéciale dans les questions se rapportant aux drogues exotiques, à remplir auprès du Jury les fonctions d'Expert-Juré, présentait un ensemble de produits et de documents du plus haut intérêt pour les Sciences pharmacologiques. Spécialisé depuis longtemps dans l'étude des plantes exotiques, M. Bocquillon-Limousin exposait des types authentiques de végétaux dont le rôle thérapeutique, déjà connu par les applications empiriques des indigènes, a été étudié scientifiquement par ce savant pharmacologue et par divers collaborateurs.

Ces plantes, déterminées et classées d'après les Règles de la Nomenclature botanique, conservées et cataloguées en herbier, comprennent plus de 250 espèces originaires de l'Ile de la Réunion et d'autres Colonies.

Depuis de longues années, et grâce aux relations qu'il a su se créer auprès des botanistes et des pharmaciens de ces contrées, M. Bocquillon-Limousin a pu recueillir ces nombreux échantillons dont le plus grand nombre ont été étudiés au point de vue botanique et au point de vue des principes actifs qu'ils peuvent contenir ; il a publié ainsi plus d'une centaine d'analyses immédiates et a pu isoler une vingtaine de produits nouveaux, alcaloïdes ou glucosides, dont il expose les spécimens à côté de la plante qui les a fournis. Il faut citer, parmi ces principes actifs nouveaux : la *Carissine,* alcaloïde du *Carissa xylopicron* Aub. Th., Apocynacée connue par ses propriétés toniques et fébrifuges et désignée sous le nom vulgaire de *Calac* ou *Bois amer de Bourbon ;* la *Toddaline,* autre alcaloïde extrait du *Toddalia aculeata* Pers., Rutacée Xanthoxylée qu'on trouve à La Réunion, à La Martinique, à Madagascar et qui possède, comme la précédente, des propriétés fébrifuges ; la *Paraisine,* alcaloïde retiré du *Lilas des Indes* ou *Paraiso,* plante de la famille des Méliacées dont l'écorce jouit de propriétés anthelmintiques et fébrifuges ; l'*Ombuine,* alcaloïde extrait de la racine de l'Ombu, nom indigène du *Phytolacca decandra* L. connu encore sous le nom de *Raisin d'Amérique* ou de *Vigne de Judée ;* cette plante, qui croît au Paraguay, au Canada, à la Guyane, à la Réunion et dont l'aire de dispersion est d'ailleurs très étendue, présente des propriétés vomitives et purgatives ; on sait que les fruits seuls, qui constituent un purgatif drastique assez violent, sont employés frauduleusement pour colorer les vins artificiels ; l'*Exostemmine,* alcaloïde du Quinquina piton, *Exostemma floribundum* Rœm. et Schult, plante appartenant aux Rubiacées-Cinchonées et employée avec succès contre les fièvres intermittentes ; la *Condurangine* B., un des glucosides du Condurango, *Gonolobus Condurango* Triana, plante de l'Equateur, appartenant aux Asclépiadacées et bien connue pour ses propriétés toniques, etc., etc.

L'activité thérapeutique de la plupart des plantes médicinales étant due surtout à des complexes chimiques qu'il y a intérêt à conserver dans le plus complet état d'intégrité, M. Bocquillon a préparé, à partir de ces plantes des Extraits fluides qui ont fait l'objet d'une expérimentation raisonnée et dont un grand nombre sont l'objet d'une vente commerciale courante. Citons les Extraits fluides de *Combretum Rambaultii* Heck, plante africaine connue sous le nom de *Kinkéliba* et employée avec succès contre la fièvre bilieuse hématurique, ce terrible fléau de l'Afrique centrale et Méridionale ; de *Casimiroa edulis* Llav, ou *Sapote blanco* du Mexique, plante de la famille des Rutacées Xanthoxylées dont les graines ont des propriétés hypnotiques remarquables par la douceur d'action et l'absence de toxicité ; de *Piscidia erythrina* L., de la famille des Légumineuses-Dalbergiées dont l'écorce de racine possède aussi des propriétés hypnotiques ; ces propriétés, mises à profit depuis longtemps par les indigènes pour étourdir et pêcher le poisson dans les rivières, ont pu être utilement appliquées dans différents cas d'excitation nerveuse où les autres médicaments hypnotiques restaient sans effet ; des feuilles de *Cecropia peltata* L. de la famille des Artocarpées, plante qui croît en Amérique, à la Guadeloupe, à la Martinique, et qui constitue, dans les affections du cœur, un excellent succédané de la digitale, tant par ses propriétés diurétiques que par son action cumulative sur l'énergie de contraction du muscle cardiaque ; de *Montagnoa tomentosa* D. Cerv., plante de la famille des Composées, originaire du Mexique et considérée comme un succédané du seigle ergoté contre les hémorragies puerpérales ; de *Rhizophora Mangle* L. ou Palétuvier noir de l'Amérique tropicale dont l'écorce, très riche en tannin, est employée contre les diarrhées des pays chauds, etc., etc.

Les produits retirés de ces plantes ou les préparations renfermant leurs principes actifs ont fait l'objet d'une expérimentation suivie par les soins de médecins éminents tels que les professeurs HUCHARD, Albert ROBIN, A. GILBERT, P. CARNOT, les docteurs MATHIEU, VAQUEZ, de BEURMANN ou simplement d'essais physiologiques sur les animaux sous la direction du professeur POUCHET, etc.

De 1884 à 1911, M. BOCQUILLON-LIMOUSIN a pu faire entrer dans la thérapeutique une quinzaine de plantes exotiques dont la valeur est aujourd'hui éprouvée et qui constituent de précieuses acquisitions dans l'art de guérir.

Ces travaux de Matière médicale se trouvent consignés dans les nombreux travaux dont l'auteur exposait, à côté des plantes présentées, un certain nombre d'exemplaires. Il faut citer des Mémoires sur les *Xanthoxylées,* sur les *Plantes alexitères de l'Amérique,* sur les *Plantes fébrifuges des Colonies françaises,* sur les *Plantes du*

Mexique, sur les *Gommes et Résines des Colonies ;* des Notes ou Études sur le *Condurango de Loxa,* sur la *Cascara sagrada,* sur les *Guacos,* sur les *Résines Dammar,* sur les *Palétuviers,* etc. ; un *Catalogue raisonné des Plantes médicinales et industrielles,* un *Manuel des Plantes médicinales exotiques et coloniales,* et enfin un *Formulaire de médicaments nouveaux* où se rencontrent avec leur posologie, les médicaments tirés de ces plantes exotiques précédemment signalées.

On ne saurait trop louer l'œuvre considérable accomplie par ce praticien qui, continuant avec la direction de l'officine familiale, les traditions scientifiques qui avaient, dès longtemps, valu à cette Maison des Récompenses aux Expositions de Paris (1867), de Vienne (1873), de Philadelphie (1876), de Paris (1878), de Sydney (1879), de Melbourne (1880), d'Amsterdam (1883), d'Anvers (1885), a figuré avec honneur comme Expert-Juré à l'Exposition universelle et internationale de Paris (1900) où un Diplôme de Médaille d'or, confirmé à Liège en 1905 et accompagné d'un Diplôme d'Honneur fut suivi en 1907, à Milan, du Diplôme de Grand Prix.

C'est encore par un Diplôme de Grand Prix que l'Exposition de M. Bocquillon-Limousin a été récompensée en 1910 à Bruxelles où il exposait dans la Classe 87 des Produits chimiques et Pharmaceutiques. Exposant dans la Classe 54 et Expert près du Jury de cette même classe, M. Bocquillon-Limousin y figure par suite, sur la liste des récompenses, en qualité de *Hors concours.*

MEIFFRE, E., 21, rue Henri-Monnier, à Paris.

Bois de Santal. — Vétyver. — Noix vomique. — Encens. — Gommes. — Essence de Palma Rosa.

Ces produits et quelques autres qui figuraient dans la vitrine de l'exposant sont importés des Indes anglaises.

Bois de Santal.

Le bois de Santal ou Santal citrin se présente dans le commerce sous la forme de bûches plus ou moins régulières de 1 m. à 1 m. 50 de longueur avec un diamètre de 12 à 16 centimètres ; la teinte varie du fauve au brun pâle ; l'odeur très aromatique et due à une essence spéciale s'exalte par le frottement. Ce bois est utilisé en nature dans les cérémonies religieuses de l'Inde, il sert, par combustion lente, à parfumer les appartements ; on l'emploie également en marqueterie et ébénisterie fine, mais il sert surtout à l'extraction de l'essence de Santal dont les usages en parfumerie et en médecine sont bien connus.

Le véritable Santal citrin vient de Mysore où il est connu sous trois variétés commerciales : Thinkali Mysore, Shimosa Mysore et Hassan-Kathi Mysore. Les arbres qui le produisent (*Santalum album* L.) constituent des forêts dont l'exploitation est dirigée par le Gouvernement anglais ; au début, l'ensemencement était abandonné au hasard, mais l'importance commerciale prise depuis une quarantaine d'années par l'essence de Santal a provoqué l'aménagement rationnel des coupes et la culture de l'arbre. Le bois qui s'est développé dans les terrains secs et rocheux est plus odorant que celui qui pousse en plaine, aussi les qualités commerciales sont-elles variables.

L'huile essentielle contenue dans le tissu ligneux s'y rencontre dans la proportion de 1 à 4 0/0. Pour les raisons indiquées plus haut, l'arôme varie beaucoup avec l'origine du bois ; cette essence, d'un prix élevé, est l'objet de nombreuses falsifications. Dans la vitrine de l'exposant figuraient de beaux échantillons de bois de Santal et diverses sortes commerciales d'essence.

VÉTIVER.

Le *Vétiver* ou *Chiendent des Indes* est constitué par le système radiculaire d'une Graminée (*Andropogon muricatus* Retz.) qui est abondante dans le Sud de l'Inde, au Bengale et à Java.

Des tiges souterraines ou rhizomes donnent naissance à de nombreuses racines chevelues dont on fabrique des nattes qui sont utilisées dans les armoires à vêtements contre les mites et s'emploient également aux Indes en grands rideaux qui, arrosés d'eau, donnent une fraîcheur odorante.

A l'état sec, la racine de Vétiver dégage une odeur qui rappelle celle de la myrrhe. On en extrait une essence odorante qui s'emploie en parfumerie et qui est fournie surtout par le Vétiver de Java. Le Vétiver vaut de 50 à 125 francs les 100 kilogrammes selon la propreté du produit.

ESSENCE DE PALMA ROSA

En dehors de celle que fournit le Vétiver, il existe des essences indiennes d'Andropogon qui sont à Bombay, à Singapore et à Ceylan l'objet d'un commerce considérable. L'odeur de ces essences, très employées en parfumerie, rappelle, suivant l'origine, la rose, le citron ou la verveine. Le produit fourni par l'*Andropogon Schoenanthus* L. et surtout l'une de ses variétés (A. *Calamus aromaticus* Royle) est constitué en grande partie par du *géraniol* et désigné sous le nom d'essence de Palma rosa dont l'odeur se rapproche de celle de la véritable essence de rose préparée dans la Turquie d'Europe laquelle est souvent falsifiée par l'essence indienne. Elle est très employée en parfumerie et la France en importe à elle seule environ 8000 kilogrammes au prix moyen de 27 francs. L'essence fournie par l'*Andropogon Nardus* L. (*Andropogon Martini* Thw.) qui est cultivé à Ceylan, possède une odeur qui rappelle celle du citron et la fait désigner sous le nom d'*essence de citronnelle* ; celle que donne l'*Andropogon citratus* DC. est connue, à cause de son parfum, sous le nom d'*essence de verveine*.

Ces différentes essences, outre leurs usages en parfumerie en Europe et en Amérique, sont utilisées dans l'Inde comme carminatives et stimulantes ; en applications externes, elles s'emploient contre les névralgies et les rhumatismes.

Une étude pharmacognosique rationnelle de ces essences fournirait sans doute d'utiles données thérapeutiques.

FRUITS AROMATIQUES D'OMBELLIFÈRES.

Les fruits de Fenouil, de Carvi, de Coriandre, qui sont employés pour la médecine et pour l'alimentation, sont importés des Indes en quantités variables suivant l'état du marché des mêmes produits récoltés en Occident.

Fenouil. — Le Fenouil indien, dont la saveur et l'odeur se rapprochent de celles du Fenouil doux dit *Fenouil de Florence*, est fourni par le *Feniculum Panmorium* DC. très voisin du *Funiculum vulgare* Goertn. Cette dernière espèce fournit le *Fenouil vulgaire* ou *Fenouil d'Allemagne* qui est surtout cultivé en Saxe.

Les Fenouils doivent leur emploi à la présence dans le fruit d'une huile essentielle aromatique riche en *Anéthol* ou *Camphre d'Anis*. On les utilise en médecine comme carminatifs et surtout pour la préparation des liqueurs de table.

Le Fenouil indien est inférieur comme qualité aux Fenouils cultivés d'Europe ; l'importation qui se fait par le port de Marseille avec des chargements qui atteignent 30 à 40.000 kilogrammes est réglée par l'état de la récolte de ces derniers produits. Des droits de douane élevés (15 fr. par 100 k.) tendent à restreindre l'arrivée du Fenouil indien qui est coté actuellement à raison de 57 à 60 fr. les 100 kil. franco port de Marseille.

Carvi. — Le Carvi indien, de la région de Zirah, est fourni par le *Carum nigrum* et le *Carum gracile* Royle. C'est un fruit ovoïde, arqué, qui contient une essence dont les propriétés stimulantes et carminatives le font employer aux mêmes usages que le Fenouil. L'huile essentielle est également utilisée pour parfumer les savons.

Coriandre. — Les fruits de Coriandre *(Coriandrum sativum)*, carminatifs et stomachiques, servent comme condiment dans la préparation de certains mets ; ils entrent également dans la préparation des liqueurs de table. Le fruit vert possède une odeur désagréable qui devient aromatique par la dessiccation. L'Italie, l'Espagne, le Maroc fournissent les meilleures qualités ; les bas prix pratiqués en ce moment sur ces sortes commerciales rendent difficile l'importation des Coriandres de l'Inde.

NOIX MUSCADE ET MACIS.

Le Muscadier (*Myristica fragraus* Houttuyn) est originaire de la Nouvelle-Guinée. Introduite aux Indes, dans la région équatoriale, cette plante est cultivée pour la graine dont l'albumen renferme une huile essentielle douée de propriétés stomachiques et une matière grasse dénommée *beurre de Muscade*.

La Noix muscade du commerce est constituée par l'amande de la graine dépouillée de son testa. Le fruit du Muscadier est une drupe charnue monosperme de forme globuleuse ; quand il est mûr, le péricarpe se fend et permet l'extraction facile de la graine qui sort, revêtue d'un arille rouge et charnu que l'on recueille pour le sécher et le vendre sous le nom de Macis. Les graines sont alors séchées, débarrassées de leur coque et triées. Les échantillons défectueux servent à l'extraction du *Beurre de Muscade* qui fait l'objet d'un commerce spécial et est utilisé en médecine. Les amandes sont surtout employées comme condiment servant à relever l'atonie du tube digestif.

Quant à l'Arille desséché ou Macis, souvent désigné improprement sous le nom de *Fleurs de Muscades*, il est également employé comme condiment et dans la fabrication des liqueurs de table. En raison de son prix moins élevé que celui de la Noix Muscade (1 fr. 50 au lieu de

5 fr. le kg.) il est plus employé que cette dernière dont l'importation en Europe est peu considérable.

Gingembre.

On utilise, pour la préparation de boissons aromatiques et pour les usages de la confiserie, de la cuisine et de la médecine, le rhizome d'une Zingibéracée (*Zingiber officinale* Roscoe) qui est cultivée dans les Indes anglaises depuis l'Himalaya jusqu'au Cap Comorin et dans les Iles de l'Archipel Indien où les indigènes en font une grande consommation. On le rencontre également en Chine, en Australie et sur la côte occidentale d'Afrique où il a été introduit. Le gingembre est un stimulant aromatique qui doit ses propriétés à une oléorésine, particulièrement abondante dans le gingembre de l'Inde, et au *gingérol* liquide jaune, visqueux, de saveur piquante et amère.

Les quantités de gingembre importées en France sont peu considérables, mais l'Angleterre et les États-Unis en consomment des centaines de tonnes surtout pour la fabrication des boissons aromatiques connues sous le nom de Bières de Gingembre (*Ginger beer, Ginger ale*). Le gingembre frais, confit dans le sucre, constitue une confiture très appréciée en Angleterre.

Zédoaire.

Comme le rhizome de Gingembre, le rhizome de Zédoaire (*Curcuma Zedoaria* Roscoe) est originaire de l'Inde et employé comme parfum ou comme stimulant dans le pays d'origine; il entre dans les poudres et cosmétiques pour l'entretien de la chevelure. On commence à l'employer en Europe pour les besoins de la parfumerie, mais l'importation est encore restreinte à l'envoi intermittent de quelques milliers de kilogrammes sur les ports de Trieste et de Hambourg.

Curcuma.

Comme les plantes précédentes, le *Curcuma longa* L., qui fournit au commerce ses rhizomes, doués de propriétés stimulantes et employés en teinture, est cultivé dans la région équatoriale de l'Inde. On le rencontre aussi au Cap, aux Antilles et au Brésil.

Ces rhizomes amylacés renferment une huile essentielle aromatique et une matière colorante, la *Curcumine* soluble dans l'alcool, peu soluble dans l'eau, jaune en lumière transmise et bleue en lumière réfléchie. Cette matière colorante sert à la teinture et sa sensibilité vis-à-vis de certains agents en fait un réactif employé en chimie.

Aux Indes, on emploie le Curcuma comme cordial et stomachique ; il est également utilisé, mélangé à l'alun, comme topique contre les ecchymoses. La demande en droguerie s'applique surtout aux propriétés tinctoriales de la plante et l'importation en France atteint annuellement 100 à 125 tonnes. Les sortes du Sud de l'Inde, plus colorées, ont pris peu à peu plus d'importance que les Curcuma Bengale qui faisaient prime dans l'industrie de la teinture. Les cours varient entre 55 et 72 francs les 100 kilos.

FENUGREC.

Les graines de Fenugrec (*Trigonella Fœnum Græcum* L.) de saveur amère, huileuse et aromatique, contiennent une réserve formée de matière grasse, d'aleurone et de mucilage ; elles renferment également ment des alcaloïdes d'action physiologique insuffisamment connue. La plante qui les fournit, une Légumineuse Papilionacée originaire d'Orient, est acclimatée en France dans le Midi ainsi que dans la Touraine et l'Orléanais. On importe la graine d'Orient à Marseille à raison de 50 tonnes par an ; la presque totalité de ce produit, inférieur au Fenugrec de France, est réexportée en Afrique et principalement au Maroc. Ces graines, qui possèdent des propriétés engraissantes remarquables, fournissent une farine qui est consommée dans les harems islamiques où l'esthétique féminine s'appuie surtout sur l'opulence des formes. On commence à l'utiliser en France pour cet usage et aussi pour l'engraissement du bétail et des volailles.

MYROBALANS.

Employés jadis en médecine pour leurs propriétés astringentes, les Myrobalans, produits par divers *Terminalia* (Combrétacées) des Indes Orientales, sont aujourd'hui exclusivement utilisés pour la teinture et surtout la tannerie. Ce sont des drupes dont le péricarpe est riche en acide gallique et en tannin ; ils contiennent aussi du mucilage et une matière colorante. La France en importe plusieurs millions de kilogrammes par an à des prix variant de 14 à 17 francs les 100 kilogs. La sorte exposée par M. MEIFFRE appartenait aux Myrobalans Belleric du *Terminalia Bellerica* Roxb. ; le lieu d'origine est la région de Beheda, en Hindoustan.

Noix vomique.

La Noix vomique est la graine du *Strychnos Nux vomica* L. Le Vomiquier croît dans les régions tropicales d'Asie et d'Australie ; il donne un fruit charnu, de la grosseur d'une petite orange qui contient dans sa pulpe plusieurs graines orbiculaires, aplaties, dont l'aspect luisant et satiné est dû à des poils tecteurs serrés. Ces graines très amères, contenant un albumen corné blanc, constituent la *Noix vomique* qui renferme trois alcaloïdes toxiques dont le principal est la *Strychnine.* C'est surtout à l'extraction de la strychnine que servent ces graines et cette industrie est localisée en Allemagne qui importe la Noix vomique en quantités considérables. Ces graines sont également employées en médecine, soit à l'état de poudre, soit sous forme d'extrait ; ce débouché est peu important ; la noix vomique est cependant l'objet de demandes actives intermittentes lorsque l'agriculture souffre de l'envahissement des petits rongeurs : on l'emploie rapée pour leur destruction et l'importation peut alors s'élever à des centaines de tonnes. Le prix du quintal varie de 17 à 20 francs.

Séné de l'Inde.

Ce produit est encore désigné sous le nom de Séné de Tinnevelly ou de Séné de Madras. La drogue comprend des folioles et des follicules provenant d'une légumineuse, le *Cassia angustifolia* var. *Royleana* que l'on cultive dans les provinces de Madras, Bombay et Agra.

Le Séné de Tinnevelly, de belle apparence commerciale, se substitue de plus en plus aux Sénés africains moins bien préparés. Il en est importé plus ou moins dans tous les pays d'Europe, mais surtout à Londres qui reste le marché régulateur de cette drogue. Les prix varient selon la couleur, les dimensions des feuilles et leur intégrité entre 33 et 55 francs les 100 kilogrammes. La France s'alimente plus par le Marché de Londres que par l'importation directe.

Gommes et résines.

Les produits exposés comprenaient des Gommes insolubles de Bassorah et des Gommes solubles telles que la Gomme d'Acacia Madras, très usitée pour apprêts d'étoffes, et la Gomme Muklai qui n'est pas employée en France et dont l'Angleterre et l'Allemagne emploient de petites quantités. Les résines étaient représentées par l'encens.

GOMME DE BASSORAH.

La Gomme de Bassorah ou Gomme de Perse est une gomme insoluble, qui renferme, comme la Gomme adraganthe, un hydrate de carbone, la *Bassorine*, gonflable par l'eau et très analogue sinon identique à la *Cérasine* de nos gommes indigènes d'arbres fruitiers. Cette gomme fournit un mucilage peu stable et se prête à peu d'applications ; elle sert souvent à falsifier la Gomme adragante de l'*Astragalus verus* et espèces voisines. On l'emploie pour les apprêts ; la France en consomme environ 150 tonnes, l'Allemagne, 700 à 900 tonnes et la Russie 250 tonnes prélevées à Hambourg sur les importations allemandes. Les prix ont progressé en ces dernières années et atteignent 50 à 80 francs les 100 kilogrammes.

GOMME DE L'INDE.

Cette sorte est aussi connue sous le nom de Gomme d'Acacia Madras, de Gomme de l'Amrad ; elle est fournie par l'*Acacia arabica* W. et s'emploie aux Indes dans les aliments et aussi comme apprêt pour les étoffes ; elle est entièrement soluble et très mucilagineuse et ne doit pas être confondue avec les gommes de Ghatti qui contiennent du tannin et sont incomplètement solubles. D'autres Gommes solubles de l'Inde sont, comme les sortes africaines, fournies par l'*Acacia Senegal* Wall. ; la Gomme Dhaura qui est employée comme apprêt est fournie par *Agnoeissus latifolia*.

ENCENS.

L'Encens ou Oliban est un mélange de gomme soluble, de résine et d'huile volatile qui découle des incisions faites à un petit arbre qui croît en Afrique orientale et en Arabie, le *Boswellia Carteri* Birdwood.

L'encens est peu employé en médecine, sauf en médecine vétérinaire où il remplace le Baume de Tolu dans les affections des voies respiratoires. Son emploi principal se trouve dans les cérémonies religieuses à cause des fumées odorantes qu'il dégage en brûlant.

Les Bédouins Somalis ont la spécialité de cette récolte qu'ils effectuent dans leur pays et aussi sur les côtes d'Arabie. L'encens en belles larmes est envoyé à Bombay, entrepôt principal de la drogue qui porte le nom d'Encens de l'Inde ou d'Encens d'Afrique suivant son origine commerciale. En France, le port de Marseille est le principal importateur et réexporte en Afrique et sur les marchés de religion catholique une partie de ce produit. Depuis quelques années, les demandes du clergé ont été moindres et la consommation a baissé un peu.

Comme on le voit, par cette énumération, l'exposition de M. E. MEIFFRE, comprenait un grand nombre de produits divers d'importation dont quelques-uns sont l'objet d'un commerce considérale.

M. E. MEIFFRE, en qualité de juré suppléant, était classé *Hors concours*.

M. BUCHET Charles et Cⁱᵉ (Pharmacie centrale de France), 21, rue des Nonnains d'Hyères, à Paris.

MATIÈRES PREMIÈRES.

L'exposition de la Pharmacie centrale de France est très remarquable.

Cet important Etablissement a été fondé en 1852 par un pharmacien F. L. M. DORVAULT; il avait pour objet la création d'une association entre pharmaciens pour l'achat des drogues et la préparation en commun et en grand, de médicaments obtenus ainsi dans les meilleures conditions de préparation et d'économie. Constituée au début au capital de un million par actions souscrites par des pharmaciens seulement, la Société possède aujourd'hui un capital social de dix millions partagés en actions de 500 francs.

Désignée tout d'abord sous le nom de Pharmacie centrale des Pharmaciens, la firme changea de nom trois ans après sa constitution pour adopter définitivement celui de Pharmacie centrale de France sous lequel elle est connue aujourd'hui dans le monde entier. La prospérité rapide qui marqua les premières années d'existence de la nouvelle Société exigea bientôt l'échange du premier siège social trop exigu et situé dans la petite rue des Marais-Saint-Germain (aujourd'hui rue Visconti) contre un immeuble plus important. La Société acheta en 1859 l'ancien hôtel des ducs d'Aumont avec ses dépendances. C'est là, rue de Jouy et rue des Nonnains d'Hyères, sur un espace qui ne comprend pas moins de 5.000 mètres carrés de superficie que sont installés les services métropolitains de la Pharmacie centrale de France ; ils comprennent, outre les magasins, des laboratoires et un outillage complet pour la fabrication avec une force motrice de 400 chevaux vapeur. Cette installation se complète d'une vaste usine située à Saint-Denis où elle occupe un emplacement de 3 hectares environ ; l'usine avait été créée par MENIER père en 1816 ; elle devint la propriété de la Pharmacie centrale de

France lorsque cette firme eut acquis la maison de Droguerie MENIER père et fils ; cette acquisition, en permettant la fabrication de tous les produits chimiques, fut l'origine d'un nouvel accroissement de la prospérité commerciale.

Enfin, depuis quelques années, la Pharmacie centrale de France a donné une grande extension aux produits dérivés de l'oranger, de l'eucalyptus, de la rose, tels que les essences et eaux distillées ; aux huiles d'olives, d'amandes et à divers produits aromatiques du Midi pour lesquels une Usine importante, située à Bar-sur-Loup (Var, travaille exclusivement.

Au point de vue commercial, la Pharmacie centrale de France possède des Succursales ou Agences à Lyon, Marseille, Bordeaux, Toulouse, Lille, Nantes, Nancy et Rouen. Son organisation, qui est celle d'une grande administration, comporte un nombreux personnel, environ 700 personnes, et son chiffre d'affaires atteint annuellement 13 millions. Une Agence d'achats à Londres et de nombreux représentants dans les pays de production lui permet de s'approvisionner de drogues aux sources de production. A son siège social de Paris, la Pharmacie Centrale de France possède un journal périodique, l'*Union pharmaceutique*, organe professionnel fondé par DORVAULT et consacré à l'étude des questions scientifiques et commerciales se rapportant à la pharmacie ; un *Office des Pharmaciens* qui sert d'intermédiaire entre les maîtres cherchant un assistant et les élèves désireux de se placer ; des institutions de prévoyance et de bienfaisance ; des concours annuels dotés de prix importants. Enfin une bibliothèque technique, un Musée de drogues servant à l'instruction de la jeunesse pharmaceutique, des laboratoires libéralement ouverts aux chercheurs démontrent le souci d'aider au développement matériel et moral de la profession de pharmacien.

Aussi la Pharmacie Centrale de France a-t-elle reçu depuis longtemps, les encouragements officiels que traduisent les hautes récompenses conquises aux Expositions.

Voici la liste de ces récompenses depuis 1900 :

Paris 1900 : 3 Grands Prix.
Saint-Louis 1904 : 1 Grand Prix.
Liège 1905 : 2 Grands Prix.
Milan 1907 : 3 Grands Prix.
Londres 1908 : 2 Grands Prix.
Nancy 1909 : Hors Concours — Membre du Jury.

A l'Exposition de Bruxelles, la Pharmacie Centrale de France était représentée à la Classe 87 (Produits chimiques et Pharmaceutiques) et à la Classe 54 (Cueillettes) où se trouvaient exposées les matières premières d'origine végétale utilisées par cette firme pour l'extraction des principes actifs, les préparations pharmaceutiques ou la vente en nature au pharmacien détaillant.

Ces produits, élégamment présentés au public dans une vitrine artistiquement décorée, comprenaient des Feuilles de Digitale, destinées à la vente en nature ou à la préparation de la Digitaline cristallisée ; du Quassia amara en copeaux, servant à la préparation de la *Quassine* cristallisée ; des feuilles de Laurier-cerise ; tous les produits de l'Oranger, fleurs en boutons, feuilles, écorces de fruits ; des fleurs de roses pâles ; des fruits et feuilles d'Eucalyptus, etc. Ces matières premières étaient accompagnées des produits dérivés, Essences et eaux distillées dont l'extraction ou la préparation sont pratiquées à l'Usine de Bar-sur-Loup (Var).

Une section spéciale, très importante, comprenait en outre les Quinquinas et produits dérivés. La Pharmacie Centrale de France reçoit en effet par voie d'importation directe, les écorces officinales et commerciales utilisées pour les préparations pharmaceutiques et l'extraction des sels de Quinine.

La Pharmacie centrale de France, toujours représentée dignement dans les Expositions en France et à l'Etranger, est plusieurs fois titulaire de Diplôme de Grand Prix.

Le Jury a confirmé cette haute récompense en lui décernant un *Rappel de Diplôme de Grand Prix*.

SALLE et Cᵢᵉ, 4, rue Elzévir, à Paris.

La maison SALLE et Cᵢᵉ est une des plus importantes firmes de droguerie de Paris. En dehors des matières premières utilisées par l'industrie, cette maison fait un important commerce de Drogues médicinales et son Exposition à Bruxelles comprenait quelques-uns de ces produits choisis parmi ceux dont elle pratique l'importation directe.

C'est ainsi que l'Agar-Agar du Japon, les Scammonées, le Baume du Pérou, qui font l'objet d'un trafic important, étaient représentés tant par des échantillons commerciaux que par des documents proprès à renseigner le public sur l'origine et l'extraction de ces drogues exotiques.

Accessoirement, des échantillons de Guarana, de Muscadier, de Cannelles et de Salep complétaient cette exposition dont l'effet décoratif était rehaussé des échantillons de plantes qui fournissent certains des produits précités.

Déjà, en 1900, à l'Exposition Universelle de Paris, la Maison SALLE avait réuni une collection d'opiums très remarquable qui, grâce à la générosité des Exposants, a depuis enrichi de documents précieux, le Musée de Matières premières de l'Ecole de Pharmacie de Paris. En 1906, à l'Exposition de Milan, une superbe collection de Quinquinas et d'Aloès venait affirmer de nouveau les relations mondiales de la firme. L'Exposition de Bruxelles n'est pas moins bien partagée que ses devancières et le Jury n'a pas hésité à récompenser par un Grand Prix les efforts accomplis par la Maison SALLE et Cie dans le commerce et l'industrie des drogues médicinales.

Le développement commercial de cette firme mérite d'attirer l'attention. Fondée en 1883 par M. ALBERT, avec le concours de son neveu, M. SALLE, la maison débutait à cette époque avec 10 employés et limitait son cercle d'affaires à la France. En 1890, M. SALLE prenait seul la direction avec la collaboration de M. MICHEL ; en 1900, MM. GUIGUES et LAURENT, gendres de M. SALLE, entraient dans la constitution de la Société SALLE et Cie telle qu'elle fonctionne actuel-lement. A chacune de ces étapes correspond une extension de plus en plus considérable des affaires de la Maison. Des relations commerciales s'établissent avec les différents pays d'Europe, avec l'Amérique et les Colonies françaises ou 50 agents et voyageurs trai-tent sur place de l'achat et de la vente. En dehors du siège social, 4, rue Elzévir, à Paris, la maison possède depuis 1907 à Ivry-sur-Seine une usine pour la manipulation des matières premières et la fabrica-tion des produits dérivés tels que les Alcaloïdes. Un laboratoire d'analyses et de recherches, dirigé par trois chimistes, complète l'installation.

Il convient d'ajouter qu'à l'occasion de l'Exposition de Bruxelles, cette maison avait cru devoir éditer un fascicule spécial de la publi-cation trimestrielle qu'elle édite depuis 1907 sous le titre d'*Annales de la drogue et de ses dérivés*. Cet intéressant recueil a déjà enrichi la matière médicale de documents inédits puisés aux sources et nous y avons fait de nombreux emprunts pour les notices qui vont suivre sur les produits exposés par la Maison.

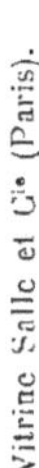

Vitrine Salle et Cie (Paris).

Agar-Agar, ou Colle du Japon.

ALGUES BRUTES SERVANT DE MATIÈRES PREMIÈRES. — AGAR-AGAR EN BATONS,
EN PLAQUES, EN LAMELLES, EN POUDRE. — RÉDUCTION EN BOIS DES APPA-
REILS A PRÉPARER L'AGAR-AGAR.

On utilise depuis longtemps, en Extrême-Orient, un certain nombre
d'Algues marines, tant pour les usages alimentaires que pour certains
emplois industriels. Tantôt les Algues sont consommées en nature,
après une préparation culinaire sommaire, à la manière des légumes
verts ; tantôt les Algues subissent une préparation plus complexe
tendant à les transformer en un produit gélatineux qui, suivant le
traitement, conserve plus ou moins l'aspect général du végétal ou
reçoit une forme commerciale qui n'a plus rien de commun avec
l'Algue traitée.

C'est à cette dernière catégorie de produits qu'on doit rapporter
l'Agar-Agar du Japon dont les diverses formes commerciales étaient
exposées par la maison SALLE et Cie, qui en fait l'objet d'un commerce
important. En même temps, cette firme exposait un certain nombre
de photographies et de documents se rapportant à la fabrication du
produit et, en modèle réduit, les principaux appareils employés au
Japon pour cette industrie.

L'Agar-Agar du Japon est désigné dans le pays d'origine, sous le
nom de *Kanten*. On importe en Europe d'autres produits analogues.
L'un des plus anciennement connus est la *Mousse de Ceylan ;* il est
constitué par le thalle à peine modifié d'une Algue Floridée, le *Gracilaria lichenoides* J. G. Ag. Une autre sorte, l'Agar-Agar de Makassar
ou de Java est formée par le thalle plus ou moins décoloré de
divers *Eucheuma ;* c'est le Carragahen des Indes orientales.

Les principes immédiats qui donnent à ces différents produits commerciaux leur propriété de donner avec l'eau une gelée plus ou moins
consistante sont des hydrates de carbone dont le mélange brut fut
isolé, en 1859, par le chimiste français PAYEN, d'une Algue Floridée,
le *Gelidium corneum* (Huds.) Lnox, et en même temps de la *Mousse de
Chine* ou *de Ceylan* que l'on sait aujourd'hui constituée par une autre
Floridée, le *Gracilaria lichenoides*. PAYEN donna à ce produit le
nom de *Gélose* qui est encore employé pour le désigner et qui sert
souvent, par extension, à dénommer improprement le produit commercial tout entier.

Des recherches récentes ont montré que l'Agar japonais ou *Kanten* contient, à côté des hydrates de carbone solubles dans l'eau bouillante et appartenant au groupe des hémicelluloses, une faible proportion de cellulose insoluble et de matières protéiques solubles. Les hydrates de carbone solubles constituent environ 60 p. 100 du poids de la drogue (O. KELLNER).

Dans la vitrine de la maison SALLE et Cie, l'Agar-Agar japonais était seul représenté. C'est de ce produit qu'il sera question dans la notice qui va suivre.

Le *Kanten* japonais est livré au commerce sous deux formes principales : 1° le *Kanten carré,* en baguettes ayant la forme d'un parallélépipède allongé plus ou moins déformé par la dessiccation ; une livre anglaise contient 50 baguettes semblables. C'est le Kanten de choix, celui qui atteint le plus haut prix et qu'on réserve aux usages culinaires ;

2° Le *Kanten mince,* en filaments plats longs de 30 à 40 centimètres, réunis et serrés en paquets de 200 à 300 grammes. Cette sorte sert également aux usages alimentaires, mais elle est aussi utilisée comme colle végétale pour les apprêts, etc...

La fabrication du Kanten comprend deux phases distinctes : 1° la récolte et le séchage des Algues qui constituent une matière première faisant l'objet d'un commerce spécial et généralement désignée sous le nom de *Tengusa* ; 2° le traitement du Tengusa dans des usines particulières où cette matière première est transformée en *Kanten*.

RÉCOLTE ET SÉCHAGE DES ALGUES.

C'est une véritable pêche occupant sur les côtes une population qui se livre à la récolte de mai à août. Le choix des espèces n'est pas indifférent ; toutes ces algues appartiennent cependant au groupe des *Floridées* et le genre *Gelidium* fournit les meilleures sortes. Ces sortes recherchées sont désignées sous le nom de *Tengusa* qui devient celui de la matière séchée ; elles appartiennent aux espèces botaniques suivantes :

Gelidium corneum (Hudsay) Lamouroux.

Gelidium Amansii Lmx.

Gelidium polycladum Kütz.

On y ajoute, lorsque les espèces précédentes sont peu abondantes ou épuisées :

Gelidium japonicum Okam. dit *Onigusa*, qui fournit un produit très estimé ; *Gelidium elegans* Kütz., dit *Kinugusa*, moins recherché ; *Gelidium subcostatum.*, Okam dit *Hirahusa*, de qualité médiocre.

D'autres genres de Floridées fournissent aussi un contingent d'autant plus important que le bon *Tengusa* est plus rare. L'*Acanthopeltis japonica* Okam., dit *Toriashi*, donne un bon produit ; il n'en est pas de même de l'*Igisu* (*Ceramium Boydenï*), de l'*Ego* (*Campylæphora hypnæoïdes* J. Ag.) et de l'*Oyo* (*Gracilaria confervoïdes*) (L.) (Grev.) qui produisent un *Kanten* de qualité inférieure.

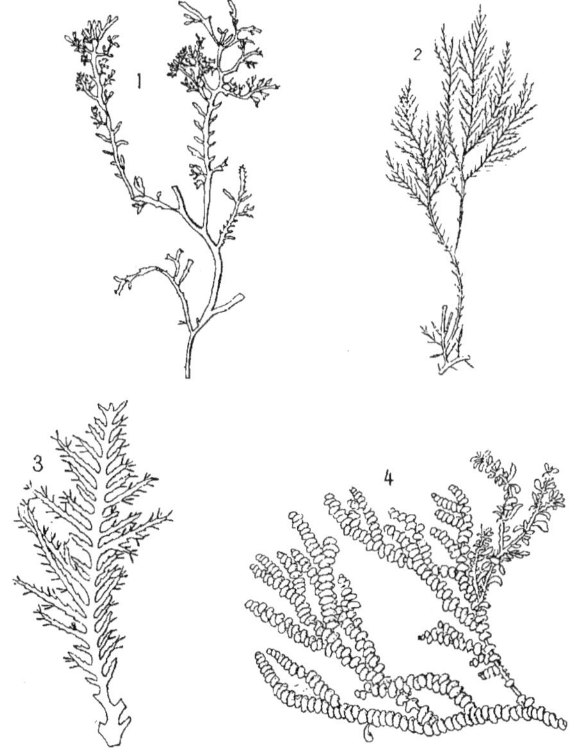

1. *Gelidium polycladum.* Sond (Tengusa). — 2. *G. Amansii* (Higekusa).
3. *G. Subscostatum* (Hirakusa). — 4. *Acanthopeltis japonica* (Toriaski).
Les algues à Kanten.

Les plantes sont récoltées au moyen de crochets, de filets traînants ou même en plongeant.

Les plantes sont séchées en les étalant sur le sol ou sur des nattes de bambou ; elles subissent à l'air et à la lumière un premier blanchiment qui sera complété plus tard à l'usine.

Ce *Tengusa* réuni en paquets est vendu aux fabricants de *Kanten* dont les usines sont installées dans les préfectures d'Osaka, de Kioto, de Nagano et Hiogo. Ces usines fonctionnent en hiver, de novembre à mars, afin d'utiliser une atmosphère sèche et froide pour la dessiccation finale du produit, basée sur l'action de la congélation.

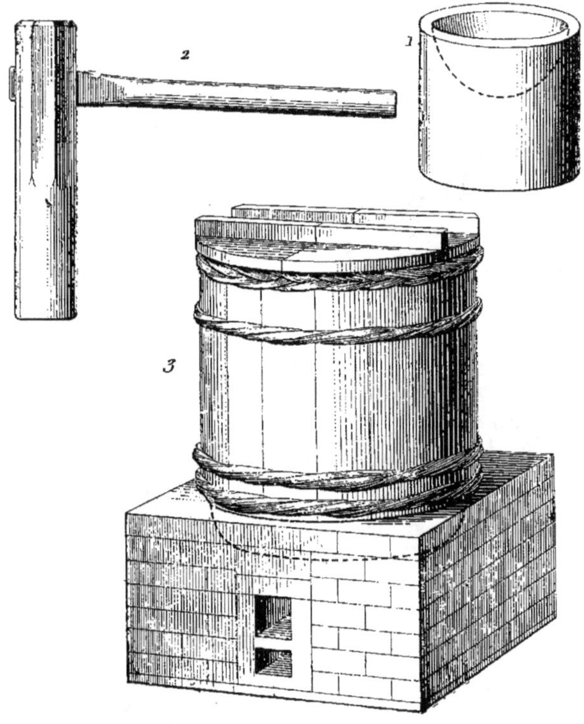

1. Mortier. — 2. Pilon. — 3. Cuve en bois sur son fourneau.

De septembre à novembre, on procède au nettoyage et au blanchiment de la *Tengusa*. Les algues, souillées de polypiers, de coquillages et autres impuretés, sont battues au pilon dans des mortiers de

pierre (fig. 1 et 2) et lavées à l'eau courante dans des tamis de bambou ;
elles sont ensuite exposées à la lumière et à la rosée sur des nattes pour
les blanchir d'abord et les sécher ensuite. Le produit est prêt pour la
cuisson qui s'effectue dans l'eau au moyen de cuves ou de bassines
chauffées à feu nu ou à la vapeur ; la proportion d'eau nécessaire à
la cuisson est environ de 60 litres pour 1 kilogramme d'algues
sèches. La dissolution de la gélose exige un chauffage modéré prolongé pendant 5 à 6 heures ; on facilite l'opération en acidifiant légèrement le liquide au moyen de vinaigre ou d'acide sulfurique afin
de provoquer un commencement d'hydrolyse de la gélose.

Fig. 5. — Vue extérieure de l'usine de Suwa-Gori.

Le liquide gélatineux est filtré à chaud sur un tissu et reçu dans une
citerne ; le résidu est pressé, repris par l'eau chaude pour achever
l'épuisement et les liqueurs sont réunies dans la citerne où le liquide
chaud est abandonné au repos pendant quelques heures. Par des
décantations successives, on retire des jus de qualités différentes dont
la solidification donnera le produit définitif. Le liquide est distribué
rapidement dans des formes ou augettes en bois, de 60 centimètres sur
30, placées horizontalement sur des étagères. Le liquide, solidifié par
refroidissement, forme, au fond des augettes, des blocs que l'on divise
en barres rectangulaires au moyen d'un couteau polylames glissant sur
toute la largeur de l'augette. La dimension des barres varie suivant
qu'on se propose de fabriquer le *Kanten carré* ou le *Kanten mince*.

Dans le premier cas, les barres à section carrée sont enlevées des
augettes et disposées immédiatement sur des nattes pour la dessiccation. Dans le second cas, les barres, plus grosses, sont introduites
dans une presse à piston dont le fond est percé de trous ; le produit
sort à la manière du macaroni, en minces lamelles qui sont, comme
le Kanten carré, mises à sécher sur des claies.

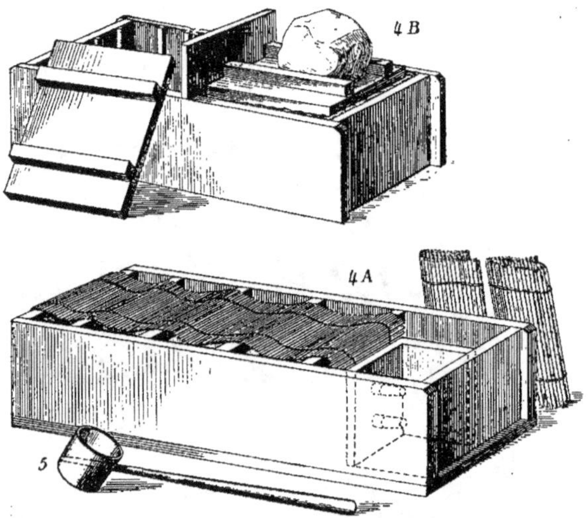

4 A. Citerne sur laquelle se place le cadre 4 B. dans lequel on entasse la masse
à filtrer. En avant et à droite, la cuve à décantation avec les deux bondes superposées.
— 5. Cuillère.

C'est à cette phase de l'opération que doit intervenir l'action du
froid, combinée avec celle d'une atmosphère sèche. Les claies sont
disposées au dehors, à 0^{m}30 au-dessus du sol et les meilleures conditions de dessiccation sont réalisées par un temps froid et sec amenant
la congélation rapide du Kanten. En une nuit, si les conditions sont
favorables, l'eau se congèle en abandonnant la gélatine végétale qui
se rétracte. Lorsque la température s'élève, la glace fond et l'eau
exsude de la gelée ; la dessiccation se poursuit au soleil et l'on a soin
de remuer et de retourner le *Kanten* pour égaliser le séchage. La température la plus convenable varie entre 0° et — 6°.

Cette fabrication exige de la part des fabricants une grande habi-
tude et une connaissance approfondie des conditions météorologiques
de la région où ils opèrent. On choisit de préférence les localités

exposées à l'Est pour obtenir un abaissement vespéral de la température.aussi rapide que possible. Parfois la congélation exige plusieurs jours et le séchage une égale durée.

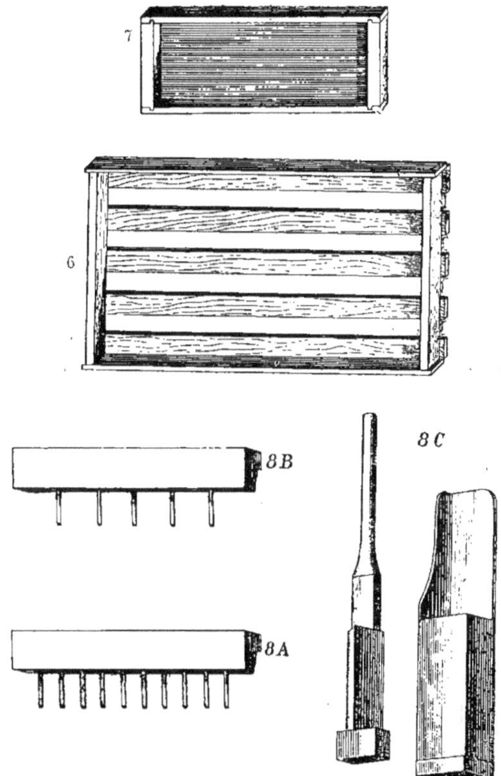

6, Augette. — 7, Claie. — 8 A., 8 B., Couteaux. — 8 C., Presse pour lamelles.

Ainsi préparé, le Kanten est d'un blanc nacré quand il est de belle qualité, sans saveur ni odeur et insoluble dans l'eau froide où il se gonfle seulement. L'eau chaude le transforme en une solution colloïdale qui se prend en gelée par le refroidissement. Une partie de Kanten peut solidifier 500 parties d'eau ; on obtient des gelées de bonne consistance avec 1 gr. 50 de produit sec pour 100 de liquide.

Le Kanten est utilisé au Japon pour préparer des gelées et autres produits alimentaires ; les blocs carrés sont réservés à cet usage. Les

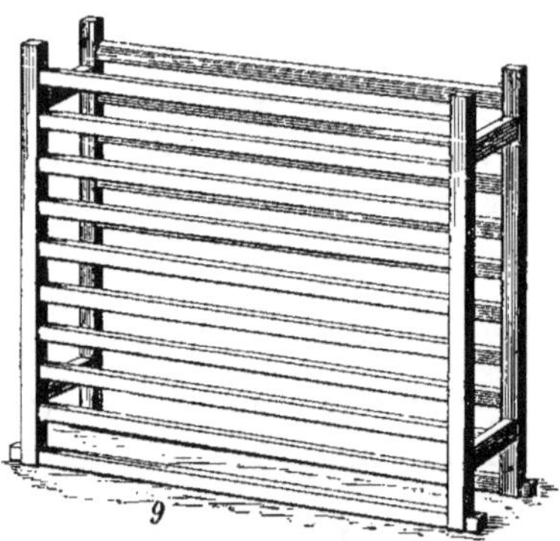

9, Etagère sur laquelle sont disposées les augelles.

lamelles de Kanten mince, de belle qualité, sont aussi utilisées pour la cuisine mais les basses sortes servent surtout aux usages industriels pour les apprêts d'étoffes, les colles à papiers souples et résistants, etc...

Congélation et dessiccation des plaques.

Toutefois le Kanten constitue, surtout pour le Japon, un produit important d'exportation, car l'alimentation populaire s'accommode mieux et plus économiquement du *Kombu*, aliment retiré des Laminaires, de l'*Amanori* (*Porphyra*) et de diverses autres formes alimentaires d'algues diverses qui sont consommées soit seules, soit mélangées au poisson, au riz et au soja.

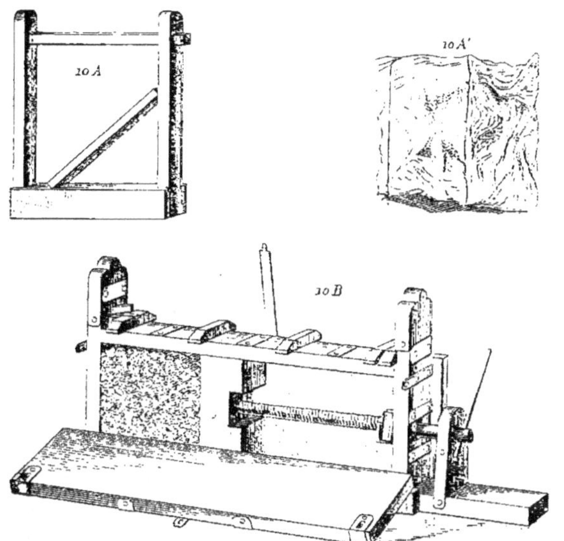

10 A. Moule à empaqueter pour obtenir les blocs. 10 A'. 10 B. Presse pour lamelles.

Le Kanten exporté en Europe, où il est plus connu sous le nom de *Agar-Agar* et improprement de *Gélose*, reçoit des applications de plus en plus nombreuses, calquées sur celles qui sont en usage au Japon. L'une des plus intéressantes de ces applications est celle qui a fait de ce produit un agent thérapeutique très recherché dans les maladies atoniques du tube digestif. L'emploi médical de l'Agar-Agar n'a fait d'ailleurs que consacrer son usage empirique par les populations d'Extrême-Orient qui, consommant exclusivement le riz et le poisson, y ont depuis longtemps ajouté, sous la forme d'algues, un succédané des légumes verts des populations occidentales.

Le haut pouvoir gélifiant de l'Agar-Agar est également utilisé pour solidifier les liquides nutritifs employés en Bactériologie ; les propriétés neutres de la gélose qui ne réagit qu'avec un petit nombre de substances chimiques en font un milieu de choix pour ces applications scientifiques.

L'emploi de cette substance pour les gelées alimentaires commence à s'introduire également sous d'honnêtes auspices. C'est qu'en effet, les précieuses propriétés gélifiantes de l'Agar ont tenté, dès le début, les falsificateurs qui ont trouvé, dans ce produit, le moyen avantageux de fabriquer des gelées de fruits..... sans fruits. Si l'on écarte ces procédés blâmables, l'Agar peut être utilisé pour la fabrication loyale et marchande de produits alimentaires où la forme de gelée est utile ou agréable.

Vue générale de l'usine de Suva-Gori.

Enfin les industries du papier, des étoffes, certains procédés de moulage, etc., tirent profit de l'Agar-Agar, qui peut remplacer les empois ou les gommes.

COMMERCE DU KANTEN.

Le marché principal du Kanten se tient à Yokohoma. Depuis une dizaine d'années, l'exportation de la drogue s'est accrue régulièrement ; elle atteignait en 1909, près de 8.400 quintaux. Une forte proportion du Kanten japonais est consommée par la Chine et les Indes Anglaises. En Europe, l'Allemagne est le principal consommateur ; l'Angleterre et la France viennent ensuite ; la Hollande consomme surtout le Kanten carré.

Les prix de la matière ont subi quelques fluctuations et tendent actuellement à atteindre et à dépasser les prix pratiqués en 1900 qui étaient de 2 fr. 75 à 3 fr. le kilogramme pour le Kanten carré et 2 francs pour le Kanten mince de bonne qualité. Les sortes pour apprêts descendent à 1 fr. 25 le kilogramme. Tous ces prix sont majorés en Europe et souvent plus que doublés.

Pour les usages médicinaux, l'Agar est souvent employé en poudre. L'élasticité de la drogue rend difficile cette manipulation complémentaire et le prix s'en trouve accru d'autant. Il ne semble pas d'ailleurs que cette pratique soit rationnelle, sauf pour l'obtention de certaines formes pharmaceutiques telles que les comprimés; l'activité thérapeutique de l'Agar peut aussi bien s'exercer avec une division moindre du produit.

Scammonée.

SCAMMONÉE GOUTTE. — SCAMMONÉE 70 0/0 CODEX. — SCAMMONÉE SKILIP I ET II. — RÉSINE BRUNE ET RÉSINE BLANCHE DE SCAMMONÉE. — SCAMMONÉE FAUSSE. — COUTEAU ET SERPETTE POUR L'EXTRACTION.

La *Scammonée* est une drogue commerciale qui possède des propriétés purgatives dues à une résine spéciale, soluble dans l'alcool. La proportion de cette résine, d'ailleurs variable, constitue le *titre* et détermine la valeur du produit.

On retire la Scammonée de plusieurs plantes de la famille des Convolvulacées, le *Convolvulus Scammonia* Linné et quelques espèces voisines; c'est le suc ou latex, contenu dans la racine de la plante, qui, extrait sur place par incision et desséché, constitue la drogue.

Il existe dans le commerce un certain nombre de sortes commerciales de composition et de valeur très différentes, tant par le plus ou moins de soin apporté à la récolte que par les additions frauduleuses ou non qui en font varier la teneur en résine. Ces variations, même en dehors de toute fraude, rendent les produits assez dissemblables d'aspect pour qu'il soit difficile de donner de la drogue une définition simple et une exacte description.

Voici les caractères descriptifs de la *Scammonée d'Alep* d'après la Pharmacopée française de 1908 : « La *Scammonée d'Alep* se présente » en morceaux irréguliers, de volume variable, d'un gris sombre ou » tirant sur le noir, souvent couverts d'une poussière grisâtre, fria-

» bles, *à cassure lisse, résineuse, brillante et plus ou moins poreuse.*
» *Les lames minces ont une teinte rougeâtre et transparente.* Cette
» substance possède une odeur spéciale, une saveur acre. »

Certains de ces caractères descriptifs comme la transparence en lames minces, ainsi que le fait remarquer le professeur Guigues, de Beyrouth (Syrie) [1], s'appliquent plutôt à la résine de Scammonée du commerce qui, comparée aux Scammonées actuelles, peut seule présenter une cassure esquilleuse libérant des lames minces. Seules, des Scammonées naturelles anciennes à titre très élevé pourraient présenter ce caractère ou encore le produit desséché d'exsudation en coquilles dont il sera question plus loin. En réalité, la Scammonée du commerce, même des meilleures sortes, présente une cassure rugueuse et mate avec de petits points brillants dans les vieux échantillons secs et poreux.

Par contre, c'est avec justesse que le Codex ne mentionne pas, au nombre des caractères *nécessaires,* la propriété de faire facilement émulsion au contact de l'eau ou de la salive. Il existe en effet des Scammonées naturelles qui, additionnées d'eau pendant leur préparation et chauffées pour activer la dessiccation ou pour favoriser la division en gâteaux, perdent la propriété de s'émulsionner facilement. Par contre, certains produits à faible teneur résineuse et riches en pulpe végétale introduite frauduleusement peuvent conserver la propriété d'émulsion facile avec l'eau. Toutefois ce caractère de l'émulsion facile, bien que secondaire, peut être invoqué à juste titre pour caractériser une bonne Scammonée lorsqu'il s'allie à un ensemble d'autres propriétés typiques telles que la légèreté, la porosité et une odeur spéciale que l'on a comparée à celle de la brioche fraîche.

Origine. — Les plantes à Scammonée se rencontrent dans les garrigues de Syrie et d'Asie Mineure, dans la Grèce, les îles grecques et le sud de la Russie ; la partie occidentale du bassin de la Méditerranée en est au contraire dépourvue. Les environs de Smyrne, dans les provinces de Kirkagach et de Demirgik au nord, dans la vallée du Menderch au Sud sont surtout des centres importants de production. Les environs d'Alep, la Syrie montagneuse en fournissent également ; les Bédouins nomades étendent l'aire d'exploitation jusqu'aux confins de l'Inde occidentale.

Description. — Le *Convolvulus Scammonia* L. est un grand Liseron dont le port rappelle celui du *Convolvulus arvensis* qu'on rencontre

1. *Bull. Sc. pharmac.*, 1911, p. 14.

en Europe. La racine est plus développée, renflée en fuseau et de l'épaisseur moyenne d'une carotte ; sa longueur est plus considérable et varie de 30 à 60 centimètres. La plante est vivace et des racines âgées peuvent atteindre 1 mètre de longueur avec une épaisseur de 10 à 12 centimètres. Les tiges multiples, volubiles, partent du collet noueux de la racine et portent des feuilles alternes, à long pétiole, hastées et lisses. Les fleurs sont en cymes axillaires, régulières, portées par un long pédoncule et présentent un calice persistant et une corolle campanulée jaune pâle ou blanche avec bandes rouges externes. D'autres espèces de *Convolvulus* tels que *C. Palæstinus, C. hirsutus, C. farinosus* apportent aujourd'hui un contingent non négligeable à la production de la Scammonée ; l'extension de l'aire, autrefois très limitée, de récolte de la drogue, serait la cause de l'introduction de ces sources nouvelles. Bien que les racines de ces plantes ne diffèrent pas, quant à l'aspect, de celles du *C. Scammonia* L., la composition du latex semble présenter des différences qui expliqueraient l'inconstance de certains caractères physiques de la résine qui en constitue le principe actif.

La question d'origine se complique encore si l'on remarque que d'autres convolvulacées voisines, comme le Turbith (*Convolvulus Turpethum* L.) qui pousse dans les Indes, possède une aire de dispersion qui peut le mélanger aux Scammonées dans la Syrie orientale désertique. Or le principe actif de cette plante, bien que voisin de celui des Scammonées, présente des propriétés physiques différentes et notamment une insolubilité dans l'éther en opposition avec la solubilité dans ce véhicule de la résine de Scammonée. Nous verrons que ce caractère de solubilité fait précisément partie de l'essai officiel de la drogue.

SORTES COMMERCIALES. — RÉCOLTE ET PRÉPARATION.

Il existe dans le commerce un certain nombre de sortes commerciales de Scammonée dont le titre en résine peut varier de 8 à 85 pour cent. Ces différences dans la composition tiennent, d'une part, au mode de récolte et, d'autre part, à des mélanges frauduleux pratiqués soit par les intermédiaires, soit par les récoltants eux-mêmes.

La cueillette s'effectue en été, pendant la floraison de la plante ; elle est pratiquée par les paysans, au moyen des instruments primitifs cités plus haut. La racine de chaque plante est privée de ses tiges et dégagée du sol à sa partie supérieure ; elle se dresse ainsi au centre d'une petite excavation à bords surélevés dont les parois, souvent rehaussées de quelques pierres, protégeront les récipients (avec peu d'efficacité d'ailleurs), contre l'apport de poussières de sable, entraînées par le vent du désert. Le récoltant effectue, au-dessous du collet de la racine, une section oblique et dispose au-dessous un vase collecteur constitué parfois par une cupule de fer-blanc, mais plus souvent et plus économiquement, par une coquille de moule. Le suc s'écoule de la plaie dans le récipient d'où on l'extrait ensuite avec un couteau. Ce produit constitue la drogue la plus pure, la véritable *Scammonée en larmes* dont l'exposant présentait de beaux échantillons et qui n'est pas livrée au commerce sous cette forme. On y ajoute le suc concrété à la surface de la plaie et raclé avec un couteau ; le mélange de ces portions plus consistantes avec le suc filant des écailles donne un produit semi-fluide dont la dessiccation à l'air fournira le produit solide commercial désigné sous le nom de *Scammonée première goutte* ou encore *Scammonée noirâtre d'Alep supérieure*. C'est à ce produit que s'appliquent les caractères exigés d'une Scammonée officinale par la Pharmacopée française, mais la composition et notamment le titre en principe actif sont loin d'avoir une valeur constante et l'on s'explique les variations en considérant les différences de pratiques en usage pour la récolte. Si les variations de composition du suc peuvent, dans une certaine mesure, résulter de la station de la plante (et, à cet égard, les sols pauvres des régions montagneuses fournissent un produit plus dense et plus riche en résine que les terrains de plaine riches en humus), les causes principales d'inégalité résident dans l'introduction d'une proportion plus ou moins grande de débris végétaux par suite du ràclage intensif et plusieurs fois répété de la surface de section de la racine. La pratique constante qui consiste à saupoudrer de farine les coquilles réceptrices de suc pour faciliter le détachement de la matière, introduit encore une certaine quantité d'amidon étranger à la plante elle-même ; enfin les poussières minérales ou autres qui, entraînées par le vent et incorporées aux surfaces gluantes du produit semi-fluide, viennent en augmenter la masse, ajoutent, aux causes naturelles de variation du titre, une perturbation inhérente au mode primitif de cueillette et aux soins plus ou moins attentifs apportés par le récoltant.

La dessiccation elle-même peut être l'occasion d'additions supplémentaires d'amidon sous la forme de farine d'orge qui sert à saupoudrer les masses gluantes afin de les empêcher d'adhérer aux récipients.

Le pétrissage définitif, qui réunira en blocs, pour la livraison aux intermédiaires, les galettes plus ou moins consistantes de la récolté quotidienne, englobera définitivement dans la masse une proportion de farine qu'il ne faudrait pas toujours considérer comme étant le résultat d'une addition frauduleuse. P. Guigues rapporte que dans une série d'analyses ayant porté, en 1910, sur plus de 500 kilogs de Scammonée de la région d'Alep, il n'a rencontré qu'un seul échantillon ne donnant pas la réaction intense de l'amidon par l'iode. Il n'en est pas moins vrai que l'addition frauduleuse de farine est fréquente mais seul, un dosage exact, permet d'en affirmer l'intention. La présence seule d'amidon coexistant avec un pourcentage suffisant de résine ne saurait caractériser une fraude voulue.

Il est à remarquer que les Scammonées récoltées par les Grecs sont plus pures que celles que les Turcs fournissent au commerce. Ces derniers, moins soigneux ou plus rapaces, ont même introduit dans la préparation de la Scammonée une pratique qui a été l'origine d'une deuxième sorte commerciale inférieure à la première et connue sous le nom de *Scammonée deuxième goutte* ou encore de *Scammonée noire et compacte de Smyrne*. Alors que la Scammonée d'Alep fournit un pourcentage de résine qui peut s'élever à 80 et 85 0/0, les meilleurs échantillons de la Scammonée de Smyrne atteignent au plus 66 0/0.

Le mode de récolte, tout en comportant une première phase qui vient d'être décrite et qui est la seule en usage pour obtenir la Scammonée d'Alep, consiste à compléter l'extraction de la Scammonée en arrachant les racines déjà traitées par incision et en préparant, à partir de ces racines contusées, et traitées par décoction dans l'eau, un extrait sirupeux auquel on incorpore le produit plus riche obtenu antérieurement par l'écoulement direct du latex. La dessiccation est ensuite conduite de manière à obtenir des masses solides qui sont livrées au commerce sous la forme de gâteaux pressés et dont le marché principal est concentré à Smyrne. La grande inégalité de composition de la drogue ainsi préparée et les fraudes voulues, pratiquées par les récoltants et par des intermédiaires peu scrupuleux, a même amené progressivement la disparition de cette sorte commerciale qui est écoulée en réalité sous deux dénominations suivant son titre ou son aspect marchand. Les lots supérieurs sont vendus comme Scammonée d'Alep dont ils constituent des sortes inférieures et le reste est écoulé sous le nom de *Scammonée Skilip* qui correspond à une substance notoirement falsifiée.

La teneur en résine de la *Scammonée Skilip* peut descendre à 30 0/0, le reste de la drogue étant constitué par des substances étrangères où l'amidon figure pour 60 0/0 et la terre calcaire, les débris végétaux divers, de la gomme, etc., pour une proportion variable.

En réalité, l'aspect extérieur de la Scammonée ne saurait fournir à l'acheteur des renseignements probants sur l'origine de la drogue et sa valeur marchande, les trafiquants s'efforçant de donner aux sortes inférieures la forme usuelle du produit de bonne qualité. Le dosage du principe actif peut seul donner un renseignement exact. Nous allons voir que cet essai, tel qu'il est pratiqué actuellement, entraîne lui-même certaines causes d'erreur.

Composition et essai de la Scammonée.

Le latex des Convolvulacées est un suc gommo-résineux. Il renferme aussi des matières sucrées, albuminoïdes et cireuses ainsi qu'un tannin. Quant au principe actif, que ses propriétés physiques rapprochent des résines, il est constitué par un glucoside, la *Scammonine*, étudié par Keller, Spirgatis, Kromer, Tschirch et identifié, par ce dernier auteur, avec les produits semblables isolés d'autres racines de convolvulacées du genre *Ipomœa* (*Jalapine* de Mayer, *Tampicine* de Spirgatis, *Oribazine* de Flückiger).

On obtient la *Scammonine* en traitant par l'alcool fort la scammonée du commerce. Après distillation, pour retirer la majeure partie du dissolvant, on précipite la résine par l'eau froide. Le précipité, abondamment lavé et repris par une petite quantité d'alcool, est décoloré par le noir animal, précipité de nouveau par l'eau froide, lavé à l'eau bouillante et séché. Un dernier traitement par l'éther de pétrole qui ne dissout pas la résine elle-même, enlève la matière grasse que les précipitations par l'eau froide ont pu laissé subsister.

La *Scammonine* ainsi obtenue constitue la *Résine pure de Scammonée*. C'est une substance amorphe, de teinte brun jaunâtre en masse compacte et, blanc, jaunâtre en poudre. Insoluble dans l'eau et l'éther de pétrole, elle se dissout dans l'alcool, l'éther éthylique, l'éther acétique, la benzine et le chloroforme ; dissoute dans l'ammoniaque ou les alcalis fixes, elle n'est pas précipitée par les acides ; son point de fusion est situé entre 130° et 140° ; elle est lévogyre, la solution alcoolique à 4 p. 100 donnant une déviation moyenne de 21° dont la variation, suivant la pureté du produit, pourrait toutefois osciller entre 18° et 25° (Andouard).

C'est la teneur réelle en *Scammonine* qui détermine la valeur de la Scammonée naturelle et la Pharmacopée française exige que le titre ne soit pas inférieur à 70 p. 100. Les bonnes Scammonées d'Alep répondent facilement à cette exigence puisque certains échantillons peuvent titrer jusqu'à 85 p. 100 de résine pure. Pourtant des produits de même activité thérapeutique peuvent ne pas répondre rigoureusement à l'essai imposé par le Codex français. Ce procédé repose en effet sur le postulatum de la solubilité intégrale de la résine dans l'éther rectifié. Or des recherches de WEIGEL et surtout de celles de GUIGUES, il résulterait que les résines de Scammonée du commerce peuvent contenir un mélange de deux Scammonines dont l'une est insoluble dans l'éther. Ces résines du commerce ne sont pas extraites du suc desséché mais obtenues par le traitement direct de racines arrachées et séchées, vendues aux fabricants en vue de cette préparation. On peut supposer avec GUIGUES, que parmi ces racines, appartenant à divers espèces de Convolvulacées, il en existe dont la composition du latex est différente comme pour le *Convolvulus Turpethum* L. dont le glucoside actif est insoluble dans l'éther. De semblables substitutions d'espèces peuvent se trouver réalisées au moment de la récolte par incision et introduire dans la Scammonée naturelle des sucs de composition chimique analogue mais de propriétés physiques différentes.

D'ailleurs, l'éminent professeur de Beyrouth, qui a étudié cette question dans le pays d'origine et avec des matériaux présentant les meilleures garanties, a, depuis longtemps fait remarquer que l'essai des Scammonées à l'éther était sujet à des causes d'erreur dépendant de la *qualité* et de la *quantité* du dissolvant employé. Il observe en outre que cet essai ne saurait mettre en garde contre des falsifications opérées au moyen de résines solubles dans l'éther comme la Colophane, le Mastic, etc. L'incertitude du dosage de la Scammonine peut encore résulter de l'état d'hydratation de la Scammonée au moment de l'analyse. Or le taux d'humidité, qui atteint jusqu'à 14 pour cent au moment où le produit passe de la main du récoltant dans les magasins de l'acheteur en gros, tombe à 8 et même à 5 0/0 quand la dessiccation a atteint toute la masse. Toutefois, cet état stable, qui présente encore une certaine marge de variation, n'est pas obtenu en un temps déterminé et l'analyse peut porter sur un échantillon incomplètement desséché ; en outre les diverses parties d'un gâteau présenteront toujours les degrés divers d'hydratation. Si donc on rapporte les résultats du dosage au poids de Scammonée hydratée on risque de faire de graves erreurs. Or, la Pharmacopée française en prescrivant de n'accepter comme Scammonée officinale qu'une drogue titrant 70 pour cent de résine soluble dans l'éther, rapporte ce pourcentage au produit commercial hydraté. C'est pour remédier à cette cause d'erreur, source de discusions au point de vue du commerce de la drogue, que M. le Professeur GUIGUES avait proposé, au Congrès de la Croix blanche tenu à Paris en 1909, de rapporter le titre de la Scammonée au produit desséché à 105°. Il serait à désirer que cette mesure, déjà en usage pour le titrage de l'opium, fut adoptée.

RÉSINES COMMERCIALES DE SCAMMONÉE.

Le suc épaissi de racine de *Convolvulus Scammonia* ou Scammonée est resté pendant longtemps le seul produit commercial alimentant les pharmacies et c'est de ce produit relativement coûteux que l'on retirait la résine pure, seule susceptible de servir à une posologie un peu précise.

Dès 1839, le Collège d'Edimbourg prescrivait la préparation d'une Résine de Scammonée obtenue de la drogue commerciale par épuisement au moyen de l'alcool, distillation du dissolvant et lavage à l'eau du résidu [1].

SYDNEY MALTASS, de Smyrne, procédait sur place à l'extraction de la résine qui était expédiée en Europe. En 1856, WILLIAMSON, de Londres, prit un brevet pour l'extraction de la résine par l'alcool en traitant directement les racines sèches. Ce procédé, perfectionné plus tard par le même chimiste, qui imagina de traiter d'abord les racines par l'eau bouillante, puis par l'acide chlorhydrique dilué pour priver la plante de tous principes solubles dans ces véhicules, est devenu la base d'une industrie qui approvisionne le marché de Résine de Scammonée.

Les essais de WILLIAMSON avaient eu pour objet de substituer à un produit souvent fraudé et toujours de composition irrégulière, un principe actif semblable à lui-même. Le traitement de la racine entière de Scammonée opposé au mode d'extraction très primitif d'une faible portion du latex qu'elle contenait, pouvait en outre faire exposer que la résine pourrait être livrée au commerce à un prix inférieur à celui de la Scammonée brute. En fait, dès 1874, on cotait à Londres la résine de Scammonée à raison de 14 shillings la livre alors que la Scammonée elle-même valait 36 shillings. La Pharmacopée anglaise de 1867 rendit ce nouveau produit officinal ainsi que

1. Flückiger et Hanbury, *Pharmacographia*.

la racine servant à sa préparation. Aujourd'hui, la résine est extraite de la racine dans le pays d'origine mais une notable quantité de racine desséchée est exportée en France, en Angleterre et en Amérique à raison de 45 à 50 francs les 100 kilogrammes.

La résine commerciale ne se présente pas avec les caractères de la Scammonine pure et son aspect varie avec le degré de purification qu'elle a subi.

On distingue ainsi des résines brunes non lavées, résultant de la dessiccation directe du résidu de la distillation de l'alcool de colature. Ce produit, assez impur, renferme toutes les matières extractives solubles dans l'alcool à 90°.

On trouve ensuite des résines brunâtres ou blondes, résultant du lavage à l'eau du résidu de distillation ; les matières extractives solubles dans l'eau sont enlevées ; il reste encore un peu de matières colorantes. Les résines blondes, fouettées à l'air pendant le refroidissement de manière à incorporer de fines bulles gazeuses à la masse, prennent une teinte plus claire, presque blanche.

Les résines commerciales de Scammonée se présentent ordinairement en masses vitreuses brunes ou jaunâtres, à l'exception de la dernière sorte dite « *en tresse* ». L'odeur et la saveur sont celles de la Scammonée naturelle de bonne qualité. Ces résines peuvent servir à préparer une *Scammonine* pure en les dissolvant dans l'alcool, précipitant le glucoside par l'eau froide et lavant à l'eau chaude jusqu'à neutralité parfaite au tournesol. Le produit repris par l'alcool et décoloré par le noir animal est de nouveau précipité par l'eau, lavé et séché à l'étuve. Un dernier lavage à l'éther de pétrole enlève les dernières traces de matière grasse.

Il s'en faut de beaucoup que l'introduction sur le marché des Résines de Scammonée ait supprimé les inconvénients résultant pour l'acheteur des fraudes fréquentes pratiquées sur la drogue naturelle. Les résines extraites de la racine sont elles-mêmes fraudées par l'addition de résines étrangères telles que la Colophane, le Mastic, la Sandaraque et la résine de Gayac dont la coloration verdâtre peut se confondre avec la teinte que prennent certaines résines de Scammonée au contact d'un vase en fer. Ces fraudes peuvent être décelées par le polarimètre ; les résines employées frauduleusement ont un pouvoir dextrogyre et modifient plus ou moins la déviation gauche qui caractérise la résine de Scammonée. Quant à la résine de Gayac, qui est lévogyre, elle se reconnaît par ses réactions spéciales en présence des oxydants. L'introduction de certaines racines de convolvulacées sur le marché semblerait aussi fausser la nature vraie des Résines commerciales de Scammonée en apportant un produit résineux doué d'une forte déviation polarimétrique à gauche. La déviation maxima tolérable ne doit pas dépasser 25°.

Parmi les caractères physiques de la résine pure de Scammonée, nous avons vu plus haut que l'on admet à tort comme constante la solubilité totale dans l'éther. D'après GUIGUES, la proportion de résine insoluble dans l'éther peut atteindre 25 0/0 dans les résines blondes et 50 0/0 chez les résines brunes. C'est donc un caractère inconstant dont il ne convient pas de faire état dans les dosages et les identifications de produits.

De nouvelles recherches seront nécessaires pour substituer aux anciennes de nouvelles méthodes plus sûres.

RACINE SÈCHE DE SCAMMONÉE.

Comme on vient de le voir, la racine sèche de Scammonée est utilisée sur les lieux de production à l'extraction de la résine. Il en est néanmoins exporté, pour le même but, une forte proportion qu'on peut évaluer à 170.000 kilogrammes par an. Cette racine se présente en morceaux cylindriques épais, ligneux, à écorce profondément ridée et fissurée, souvent tordus en spirales et offrant alors une certaine ressemblance avec les racines de Turbith (*Convolvulus Turpethum* L.). La cassure, de couleur brun pâle, est résineuse, l'odeur faible et la saveur semblable à celle du Jalap. Le cylindre ligneux se distingue par sa division en multiples faisceaux concentriques déformés par pression en polygones irréguliers. La résine y apparaît sous forme de points brillants.

Le rendement de ces racines en résine varie de 4 à 7 pour cent.

COMMERCE DES SCAMMONÉES.

Les principaux centres d'exportation sont Alep, Beyrouth, Smyrne et Constantinople.

L'exportation totale de la drogue atteint 4.500 kilogrammes dont 1.500 à 1.800 des sortes supérieures dites Scammonées d'Alep. Ces Scammonées de bonne qualité se vendent au titre de résine à raison de 1 fr. le degré : une Scammonée Codex, à 70 p. 100 de Scammonine vaut 70 francs le kilogramme. Les autres sortes se vendent au kilogramme dont le prix oscille entre 12 francs et 20 francs. Ces prix s'appliquent évidemment à des produits impurs, peu riches en résine active.

Baume du Pérou.

BAUME DU PÉROU NOIR. — BAUME DU PÉROU BLANC. — ARBRE A BAUME
DU PÉROU.

Le Baume du Pérou est un produit très anciennement utilisé. Au pays d'origine, on l'emploie en nature pour le pansement des plaies: il entrait dans la composition du Baume du Commandeur et, après une période d'oubli, on voit cette drogue réapparaître avec ses vertus antiseptiques et cicatrisantes depuis longtemps signalées. Aujourd'hui, la petite chirurgie l'utilise en nature pour les pansements en applications directes sur les plaies préalablement aseptisées. Le baume durcit à l'air et forme, avec les pièces de gaze du pansement, une pellicule ferme et souple sous laquelle s'effectue la cicatrisation sans suppuration.

Les Japonais en ont fait usage avec succès lors de la dernière guerre, pour le pansement des plaies contuses.

Le Baume du Pérou qui est fourni par un arbre, le *Myroxylon Pereiræ* (Klotsch), Légumineuses, n'est pas un produit de sécrétion normale.

Le baume ne préexiste ni dans l'écorce, ni dans le bois. La substance apparait après contusion ou brûlure et l'extraction du produit est basée sur un traumatisme systématique de l'écorce qui comporte un certain nombre d'opérations successives empiriquement déterminées.

L'arbre à baume, de 15 à 20 mètres de hauteur, à écorce épaisse, rugueuse et bosselée, est localisé dans les forêts de la République de San-Salvador. La Côte du Baume, étroitement localisée, comprend une dizaine de localités situées à une certaine distance dans l'intérieur des terres, à une altitude de 300 à 700 mètres. L'exploitation commence sur les arbres âgés de 10 ans.

On enlève le rhytidome de l'écorce au voisinage du sol sur une étendue de 0 ^{m} 15 sur 0 ^{m} 25. Un premier battage de l'écorce suit cette dénudation et, en quelques jours, le baume apparaît à la surface. On le reçoit sur un chiffon appliqué sur la plaie. Quand l'écoulement est tari, on brûle l'écorce superficiellement avec des torches et l'écoulement reparaît ; on recueille le baume par le même procédé en imprégnant des chiffons. Une nouvelle dénudation de l'écorce suivie de brûlures nouvelles amène encore une sécrétion et lorsqu'on a re-

cueilli cette dernière, on enlève définitivement l'écorce qui, broyée
et bouillie dans l'eau, abandonne encore une certaine proportion de
baume. C'est aussi par l'ébullition des chiffons dans l'eau qu'on en
retire le baume qui, plus dense que l'eau, tombe au fond du récipient. Les produits successifs d'extraction diffèrent de qualité ; le
baume le plus pur, le moins coloré est celui du début ; le baume
d'écorce est très impur.

On obtient un produit de qualité commerciale moyenne en mélangeant le baume de chiffons et le baume d'écorce et en chauffant le
tout dans une chaudière pour éliminer les dernières traces d'eau. Le
baume est réparti dans des estagnons de tôle de 30 litres environ et
c'est sous cette forme qu'il est expédié en Europe.

Le Baume du Pérou est visqueux et filant comme un sirop et, vu en
masse, paraît noir. Par transparence il est brun clair. Il est soluble
dans l'alcool, insoluble dans l'eau, et possède une odeur balsamique
goudronneuse. Sa densité est de 1 150 à 1.160.

Le Baume du Pérou renferme un mélange d'éthers cinnamique et
benzoïque et d'alcool benzylique. Ce mélange constitue la *Cinna-
méine* dont la proportion dans le baume commercial est d'environ
60 pour 100.

Ce produit atteint un prix assez élevé. On le cote actuellement à
raison de 20 francs le kilogramme mais à certaines époques récentes, il a atteint 29 fr. 75. Aussi le Baume du Pérou est-il souvent
fraudé, surtout en Europe.

C'est à Hambourg et au Havre que se localisent les arrivages de
baume exporté de San Salvador. L'exportation, en 1908, a atteint le
chiffre de 82.639 dollars.

BAUME DE GRAINE OU BAUME DE SAN SONATIÉ.

On importait autrefois en Europe, comme matière rare, un Baume
du Pérou fluide, de couleur blond jaunâtre qui était surtout consommé en Angleterre où il était connu sous le nom de *Baume de
San Sonatié*.

Ce baume est fourni par les fruits de l'arbre à Baume du
Pérou ; seulement le produit dérive d'une véritable sécrétion localisée dans le fruit d'où on le retire par expression. Ce baume a une
odeur nette de mélilot et se sépare avec le temps en une couche supérieure fluide et une couche inférieure cristalline. Ce produit n'existe
pas couramment sur le marché ; il serait d'extraction facile et abondante si ses propriétés, que quelques essais rapprochent de celles du

Baume noir, venaient à être confirmées. La vitrine de la Maison
Salle et Cⁱᵉ contenait un échantillon de ce Baume blanc, retiré d'un
lot de graines de *Myroxylon Pereiræ* acquis et importé par la Maison.
L'extraction pourrait donc être effectuée en Europe avec l'importation
directe des fruits.

Guarana.

Pains de Guarana. — Graines de *Paullinia Sorbilis*.

Le *Guarana* est un produit originaire du Brésil, peu importé encore
en Europe, mais utilisé sur place comme tonique et stimulant. Il est
préparé par les Indiens Mahuès, Mundurucus, Araras, Muras et Apia-
cas qui habitent la région située entre le fleuve Tapajoz et le fleuve
Madeira, affluents de droite de l'Amazone. Les indigènes utilisent les
graines d'une Sapindacée, le *Paullinia Sorbilis* Martius, localisée
exclusivement dans cette région. Ces graines lavées, torréfiées et
privées de leur testa, sont écrasées à chaud et réduites en pâte avec
de l'eau, du sucre, de la poudre de cacao et de la farine de Manioc.
La pâte, moulée en pains ou plus souvent en bâtons, est cuite au
soleil ou à la chaleur d'un feu doux et acquiert une dureté telle qu'on
ne peut l'entamer qu'à la râpe.

On consomme le Guarana en le râpant dans l'eau froide. C'est une
boisson réconfortante et stimulante comme le café, qui est en usage
en Bolivie et dans les Etats Brésiliens de Matto Grosso, Amazonas et
Para.

Le Guarana possède une saveur astringente ; sa cassure est amyg-
daloïde, de couleur rouge brun plus ou moins foncé ; ce produit contient surtout de la caféine combinée à un tannin particulier, des
huiles fines et volatiles, de la gomme et de l'amidon. La richesse en
caféine peut atteindre jusqu'à 5 et 6 pour 100.

Le prix de la drogue, sur les lieux de production, est de 40 à
50 milreis les 15 kilogrammes (environ 8 fr. 50 le kilog.). Le Guarana
est importé en France, viâ Le Havre, par quantités annuelles qui
varient entre 4.000 et 5.000 kilogrammes ; il arrive en bâtons du
poids de 500 grammes environ. On a essayé jadis de préparer ce
produit en France avec les graines de *Paullinia* torréfiées ; les résultats ont toujours été négatifs. Il est probable que les Indiens doivent
détenir un tour de main particulier dont le secret n'est pas connu.

La richesse du produit en Caféine aurait pu le rendre intéressant pour l'extraction de ce produit. Cet intérêt a diminué avec la mise en œuvre des procédés d'extraction qui enlèvent l'alcaloïde du Café tout en conservaut les propriétés aromatiques de la graine torréfiée.

La forme commerciale en pains ou en boudins sous laquelle le Guarana est exporté n'est pas la seule qui caractérise cette drogue. Les Indiens profitent de la malléabilité de la pâte pour en confectionner des objets divers représentant des fruits, des animaux, etc...

L'Exposition de l'Etat d'Amazonas à Bruxelles faisait figurer une curieuse collection de ces œuvres d'art rudimentaires et naïves qui représentaient des fruits divers, des poissons, des caïmans, des tortues, des chevaux, des singes, des serpents, des oiseaux, etc... Le Guarana, sous cette forme, est consommé dans le pays d'origine.

Salep.

SALEP VRAI — SALEP FAUX

Le Salep est fourni par les tubercules desséchés de diverses espèces d'Orchidées. Employé autrefois comme médicament analeptique, il entre aujourd'hui seulement dans l'alimentation et sert à préparer des semoules ou des farines nutritives de digestion facile.

L'Asie Mineure est le principal centre de production, notamment le villayet de Sivas. On en reçoit aussi de Constantinople. Après la récolte, les tubercules sont séchés au soleil sur des voiles ou enfilés en chapelet sur des ficelles ou des poils de chameau. La France en reçoit par an 5.000 à 6.000 kilogrammes; cette quantité s'est trouvée réduite de plus de moitié depuis deux ans, à la suite de récoltes déficitaires.

Le Salep d'Orchidées doit ses propriétés à un mucilage dont la proportion atteint 45 pour 100. En outre, le Salep contient du sucre, de l'amidon, un peu de substance azotée et des sels, notamment du phosphate de potasse.

La drogue commerciale est parfois falsifiée par le mélange de tubercules étrangers, d'origine botanique encore indéterminée, et qui ne contiennent, à la place de la matière cornée du vrai Salep, qu'une pulpe amylacée qui se désagrège dans l'eau en noircissant et cède facilement sous la pression des doigts.

La maison SALLE exposait des échantillons de ce faux Salep dont l'origine réclamerait une étude attentive.

Tels sont les principaux produits d'importation directe que la maison Salle et Cie exposait avec les documents qui se rattachent à leur origine botanique et commerciale. Nous avons cru devoir résumer un peu longuement ces documents pour faire une place aux notions inédites et nouvelles qu'ils apportent à la partie déjà connue de l'histoire de ces produits.

Rappelons que la Maison Salle et Cie avait obtenu à Paris en 1900 un Diplôme de Médaille d'or; cette même récompense lui était attribuée à Milan en 1906.

Le jury de l'Exposition de Bruxelles en 1910 lui a décerné la plus haute récompense, le *Diplôme de Grand Prix*.

Laboratoire pharmaceutique de DAUSSE, aîné (Boulanger-Dausse et Cie, successeurs), 4-6, rue Aubriot, à Paris.

Plantes stérilisées et Extraits dérivés.

Le Laboratoire pharmaceutique fondé en 1834 par Dausse aîné, a conquis, dès son origine, une place prépondérante dans la fabrication des extraits de plantes médicinales ; le bon renom qu'avait valu à cette maison l'excellence des procédés de fabrication employés par son fondateur s'est encore accru par les efforts constants de ses successeurs qui, en perpétuant la dynastie familiale qui préside aux destinées de cette excellente firme, ont tenu à honneur de conserver les traditions de scrupuleuse conscience pharmaceutique en honneur dans la maison. La maison de commerce et les magasins de vente sont situés à Paris, 4, rue Aubriot ; une usine, pourvue de tous les appareils modernes dont un grand nombre ont été créés spécialement, occupe à Ivry-sur-Seine un vaste espace de terrain dont les constructions accrues d'année en année, attestent la prospérité de l'industrie qu'elles abritent. On aura une idée de l'importance de ces Laboratoires en remarquant que le poids d'extraits pharmaceutiques annuellement fabriqués atteint le chiffre de 50 000 kilogrammes. Il faut encore y ajouter un certain nombre de produits galéniques tels que Pastilles, Pilules, Granules, Dragées, etc. Le personnel employé à cette fabrication comprend actuellement 140 employés et ouvriers. En outre, un personnel scientifique, attaché aux Laboratoires de recherches et de perfectionnement, maintient au niveau des acquisitions scientifiques récentes, les procédés de fabrication en usage dans la maison.

Ce haut souci du perfectionnement des méthodes avait amené le

Laboratoire Dausse à présenter à la Classe 54 une Exposition de matières premières d'origine végétale qui offrait un intérêt nouveau et très spécial. Cette exposition comprenait en effet une série de nombreuses plantes médicinales *stabilisées,* c'est-à-dire amenées à l'état sec sans avoir perdu leurs propriétés principales.

C'est en effet une notion acquise depuis longtemps que les plantes perdent, à la dessiccation, une proportion plus ou moins grande de leurs principes actifs. Le chimisme du végétal, déjà complexe pendant la vie des cellules, se modifie après la mort, du fait de réactions secondaires où interviennent le plus souvent des ferments solubles. Les anciens pharmacologues pensaient que l'action médicamenteuse d'une plante pouvait être en entier réalisée par un principe unique ou multiple contenu dans l'*extractif* de cette plante ; les premières notions acquises sur la chimie végétale et l'isolement de principes définis, cristallisables ou non, tendirent à détruire cette notion et à remplacer les extraits pharmaceutiques de composition peu connue par ces nouvelles substances présentées à l'état de liberté et d'une posologie commode et précise. Sans renier les progrès accomplis dans cette voie, les praticiens durent reconnaître que ces substitutions, en apparence rationnelles, ne répondaient pas, dans certains cas, aux effets thérapeutiques obtenus des plantes elles-mêmes ou de leurs extraits ; la digitaline cristallisée n'a pas la même action que l'infusion de feuilles de digitale ; on ne saurait remplacer l'ergot de seigle par l'ergotinine cristallisée ; les plantes à émodine ont une action purgative différente de celle de la substance active extraite, etc.

Il existe donc dans la plante fraîche des complexes d'action physiologique définie qui exigent impérieusement, dans certains cas, l'administration du végétal en nature ou sous la forme d'une préparation pharmaceutique qui respecte l'intégralité d'action de ces complexes.

On sait aujourd'hui que la dissociation de ces complexes chimiques est surtout sous la dépendance d'actions diastasiques qui s'exercent pendant la mort lente des cellules au cours de la dessiccation des plantes ; le phénomène prend ainsi un caractère vital et justifie les idées émises jadis par les anciens médecins ou pharmacologues sur les précautions à prendre et la réserve à observer dans les traitements à faire subir aux plantes médicinales. En fait, les soins apportés à la fabrication des extraits ont toujours consisté à réduire le plus possible la durée et l'énergie des interventions étrangères ; c'est ainsi que l'évaporation des liqueurs à basse température a toujours été, pour

le fabricant de ces produits, une règle permettant d'éviter l'altération
par la chaleur des complexes fragiles de la chimie végétale. Malgré
ces précautions, la phase, même raccourcie, de dessiccation qui s'étend
entre la récolte et la préparation, suffit à apporter des perturbations
notables dans la composition du produit traité.

Fixer la plante, au moment précis de la récolte, dans les conditions
vitales de sa composition chimique doit donc être l'objectif du pharmacien pour l'emploi thérapeutique des végétaux dont l'activité physiologique est due à des complexes chimiques.

M. BOURQUELOT a montré le premier qu'il est possible d'obtenir ce
résultat en traitant les plantes au moment de leur récolte par l'alcool
bouillant qui détruit instantanément les enzymes. La stabilisation
ainsi obtenue présente, au point de vue industriel, l'inconvénient
d'un prix de revient élevé à cause de la quantité d'alcool nécessaire.
MM. PERROT et GORIS, en indiquant qu'on pouvait obtenir le même
résultat par l'emploi de la vapeur d'alcool sous pression, ont réduit
à des limites économiques acceptables le prix du traitement stabilisa-
teur et c'est par ce moyen que la maison BOULANGER-DAUSSE et Cⁱᵉ,
effectue la stabilisation des plantes actives, soit pour la vente directe,
soit surtout pour la transformation en préparations pharmaceutiques spéciales. Ces dernières consistent surtout en *Extraits physiologiques titrés* dont la composition se rapproche le plus de celle des
plantes fraîches qui ont servi à les préparer : ils représentent inaltérés les complexes où les glucosides et les alcaloïdes se trouvent
combinés aux tannins dans les végétaux vivants. Leur solubilité intégrale dans l'eau, leur aspect sensiblement le même pour les différentes plantes, leur action physiologique toujours semblable à elle-
même et leur posologie facile et constante fait de ces préparations
pharmaceutiques une forme nouvelle d'extraits que pour les distinguer des autres, MM. BOULANGER-DAUSSE et Cⁱᵉ, désignent sous le
nom d'*Intraits*.

L'exposition de plantes stabilisées par le procédé PERROT et GORIS
comprenait, à côté des plantes elles-mêmes (Digitale, Belladone,
Genêt, Muguet, Kola, Strophantus, etc...) les intraits correspondants.
Ajoutons que la stabilisation des propriétés physiologiques de ces
plantes s'appliquait également aux caractères de morphologie externe
concernant la forme et la couleur. Aussi les échantillons, présentés
sous verre, avaient-ils conservé l'aspect de la plante vivante avec ses
pigments en apparence inaltérés.

L'application de ces nouveaux produits pharmaceutiques est encore à ses débuts ; il est permis de penser que cette industrie se développera rapidement.

La maison BOULANGER-DAUSSE et Cie exposait pour la première fois à la Classe 54 : le Jury, en raison de la portée générale attachée à l'introduction de ces procédés perfectionnés dans l'art du traitement des plantes médicinales, a récompensé cette exposition par un *Diplôme de Médaille d'Or*.

LANCOSME, E. pharmacien, 71, avenue d'Antin, à Paris.

BOIS DE SANTAL ET PRODUITS DÉRIVÉS.

Cet exposant importe le Bois de Santal pour l'extraction de l'Essence qu'il utilise en préparations pharmaceutiques.

Nous avons donné plus haut les renseignements relatifs à l'origine et au commerce du Bois de Santal et de l'Essence qui en dérive.

M. LANCOSME, déjà titulaire d'une Médaille d'Or à une Exposition antérieure, se voit attribuer la même récompense par le Jury de l'Exposition de Bruxelles.

BORDE, F. pharmacien à La Rochelle (Charente-Inférieure).

CRISTE MARINE. — ESSENCES DÉRIVÉES.

En exposant des échantillons du *Crithmum maritimum* L. et les produits qu'il en a pu retirer, M. BORDE a voulu montrer que l'emploi très ancien de la Criste marine ou Perce-pierre comme condiment et comme médicament se justifie par l'activité réelle des principes immédiats qu'elle contient. Cette curieuse ombellifère, dont les touffes compactes garnissent les rochers de nos côtes, possède une aire de dispersion assez étendue ; on la rencontre dans tout le bassin méditerranéen, sur les rivages de la Mer Noire et le littoral de l'Europe occidentale. Les échantillons exposés proviennent des côtes de la Charente-Inférieure. Dans les cantons maritimes, on fait usage de la plante comme condiment en la faisant confire dans du vinaigre ; son emploi comme médicament est aujourd'hui assez restreint, mais la Criste marine a figuré autrefois dans les Pharmacopées officielles et les médecins anciens lui accordaient des propriétés diurétiques, emménagogues et vermifuges. Les propriétés du Perce-pierre sont dues aux essences que contiennent les fruits et les diverses parties de la plante ; on y rencontre aussi une huile fine. De l'essence brute, on retire un Apiol, isomère de l'apiol cristallisé du Codex et constituant presque la moitié de l'essence. L'action pharmacodynamique de cet apiol serait sensiblement la même que celle du produit fourni par l'essence de persil avec une toxicité un peu moindre.

Le *Crithmum maritimum*, plante sauvage sans valeur, pourrait donc être utilisé pour l'extraction de l'Apiol dont l'emploi thérapeutique est courant aujourd'hui. Un kilogramme de plante fraîche peut fournir 7 à 8 grammes d'essence, c'est-à-dire environ 3 grammes d'Apiol. Cet intéressant résultat, qui découle des travaux de M. BORDE, méritait d'être signalé et le Jury a récompensé l'exposant par un *Diplôme de Médaille d'Argent*.

CRÉTÉ, Louis, 5, place du Danube, à Paris.

FRUITS, GRAINES ET PULPE DE NÉTÉ. — PRODUITS DÉRIVÉS.

Cette exposition se rapportait à l'une des plantes les plus intéressantes de nos colonies de l'Ouest africain.

Le Houlle, ou Nété (*Parkia africana* R. Br.) est un arbre de la région subtropicale d'Afrique qui est apprécié des indigènes au même titre que le Colatier ou le Baobab. Les fruits, qui renferment une pulpe sucrée où se trouvent noyées des graines riches en matières grasses et en substances albuminoïdes, constituent la nourriture de nombreuses tribus. Il était à présumer que cet arbre pouvait avoir une importance industrielle considérable. C'est ce qui découle des recherches très complètes effectuées par M. CRÉTÉ sur les diverses parties de la plante. La pulpe du fruit, riche en sucres fermentescibles, peut être une source importante d'alcool ; l'industrie sucrière pourrait, en cas de besoin, en extraire le saccharose qui s'y rencontre dans la proportion de plus de 25 p. 100.

La graisse peu siccative que l'on retire des fruits et dont ils contiennent plus de 25 0/0 est propre à la fabrication des savons, des bougies, etc.

La pulpe complète est elle-même un aliment léger et nutritif, bien supporté par les jeunes enfants et pourrait, seule ou adjointe à des farines, être utilisée dans l'alimentation. Enfin le bois, blanc, léger, est susceptible de nombreuses applications.

Les différentes parties de la plante sont exposées en nature ainsi que les produits dérivés.

Cette intéressante étude, faite au Laboratoire de Matière médicale de l'École de Pharmacie de Paris, a été jugée digne d'un *Diplôme de Médaille d'Argent*.

GORIS, A., 99 *bis*, boulevard Brune, à Paris.

Noix de Kola. — Procédés de conservation et produits dérivés.

M. Goris expose des Noix de Kola stabilisées et un produit dérivé, la *Kolatine* qui en représente l'un des principes actifs.

On sait l'importance prise en thérapeutique par les graines du *Cola acuminata* (Rob. Br.) et espèces voisines. Leurs propriétés stimulantes et anti-déperditrices sont connues depuis longtemps par les nègres africains qui les consomment fraîches ; leur emploi s'est généralisé à la suite des récits enthousiastes des explorateurs, mais on n'a pas tardé à reconnaître que la dessiccation de la graine en altérait les propriétés.

Cette altération se manifeste extérieurement par la teinte rouge qui correspond à un dédoublement du principe actif complexe auquel la drogue doit son action dynamique ; ce dédoublement paraît dû à l'action de ferments solubles ou diastases. En 1898, M. le Professeur Bourquelot avait attiré l'attention sur la possibilité d'obtenir un extrait blanc des Noix de Kola en détruisant, par l'action rapide de l'alcool à 95° bouillant, les oxydases que contient la plante fraîche ; l'alcool dissout en même temps le principe actif inaltéré et une distillation, suivie d'une dessiccation dans le vide sulfurique, donne un extrait actif incolore. En 1907, MM. Goris et Arnould proposaient de détruire par la chaleur le ferment oxydant de la Noix de Kola et donnaient un procédé de traitement des graines fraîches par l'autoclave à la température de 105°-110° pendant 10 minutes ; les amandes ainsi stérilisées peuvent être desséchées sans perdre leur teinte blanche et en conservant toutes leurs propriétés ; en cet état, elles peuvent servir à toute préparation ayant pour objet d'utiliser les propriétés actives de la plante. C'est de ces Noix stabilisées que M. Goris a pu retirer un principe, la *Kolatine* qu'il considère comme la substance active et qui, en combinaison avec la caféine dans la Noix fraîche, formerait un complexe dont l'action pharmacodynamique emprunte sa spécificité à l'antagonisme de la Kolatine vis-à-vis de la Caféine ; l'effet contracturant de la caféine sur le myocarde serait contrebalancé par l'augmentation d'énergie de ce muscle.

La Kolatine de Goris est un produit défini ; c'est un tanide de nature phénolique, voisin de la catéchine, qui cristallise en aiguilles prismatiques fragiles et qui fond à 148°. L'action oxydante des ferments sur la solution aqueuse donne un dépôt rouge qui doit être considéré comme un des tanoïdes constituant le « Rouge de Kola ». La combinaison Kolatine-Caféine, principe actif de la noix fraîche, peut s'obtenir cristallisée à partir des deux substances.

La Kolatine ne peut s'extraire que des noix fraîches ou stabilisées par la stérilisation. C'est donc sous la forme stabilisée que les Noix de Kola devraient être introduites dans le commerce pharmaceutique, la stérilisation étant pratiquée sur le lieu de récolte, ou dans les ports d'arrivée avant la dessiccation de la graine.

En préparant une poudre sèche à partir des noix stabilisées, on pourrait en obtenir des formes pharmaceutiques actives contenant inaltérée la combinaison Kolatine-Caféine. Cette même combinaison pourra également être réalisée par mélange direct après extraction de la Kolatine pour obtenir, sous un faible volume, un produit thérapeutique de dosage exact.

Cette intéressante exposition de M. Goris a été récompensée d'un *Diplôme de Médaille d'Argent.*

MASSON, G., pharmacien à Epernay (Marne).

Plantes a Saponine. — Produits dérivés.

On connaît depuis longtemps les propriétés aphrogènes [1] et émulsives de certaines plantes qui font mousser l'eau à la manière du savon et peuvent y maintenir à l'état de suspension des particules solides de faible volume ou des globules graisseux.

Ces propriétés sont utilisées dans un certain nombre de cas où les savons ne peuvent servir et l'emploi bien connu de l'Ecorce de bois de Panama en fournit un exemple vulgaire. On a désigné sous le nom de *Saponine* le principe actif émulsif et aphrogène et les recherches effectuées sur les plantes qui le contiennent ont d'abord conduit à cette notion qu'il fallait admettre des *Saponines* différentes suivant leur origine végétale.

M. G. Masson, qui expose des plantes à Saponine et les produits qu'il a pu en extraire, montre, dans un Mémoire appuyé par ces documents, qu'on a confondu jusqu'à présent sous le nom commun de Saponines des principes végétaux assez différents pour mériter une classification différente. Il distingue ainsi des *Saponines véritables* qui seraient des éthers de l'acide sapogénique et de radicaux hydrocarbonés variables, les *Saponoïdes* qui sont de véritables sel d'acides organiques divers.

1. Du grec αφρος, mousse.

Les *Saponoïdes* peuvent exister seuls dans les plantes émulsives et aphrogènes. Il en est ainsi dans la racine de Polygala (*Polygala Senega* L.), dans les graines de Marrons d'Indes (*Æsculus Hippocastanum* L.), dans les fruits du Savonnier (*Sapindus Mukurossi* Trabut), dans la racine de Salsepareille.

Les Saponines vraies se rencontrent dans d'autres plantes où une certaine proportion de Saponoïdes les accompagnent. Tel est le cas pour la Racine de Saponaire officinale (*Saponaria officinalis* L.), pour la racine de Saponaire d'Egypte (*Gypsophila Struthium* L.), les graines de Nielle des blés (*Lychnis Githago* L.) et l'Ecorce de bois de Panama (*Quillaya Smegmadermos* D. C.).

Enfin, la présence, dans les plantes dites à Saponine, de certains hydrates de carbone qui constituent les *Matières extractives* et sont doués parfois de propriétés émulsives et aphrogènes, amène encore une confusion possible dans la nature des corps que l'on range habituellement sous le nom de Saponines.

Les huit plantes exposées ont été l'objet de recherches spéciales de la part de M. Masson qui expose, pour chacune d'elles, les produits dérivés.

Une étude spéciale des Saponines du commerce comparées aux produits purifiés qu'il a réussi à obtenir, l'amène à cette conclusion que ces produits renferment au plus 2/3 de leur poids de Saponine vraie ; il donne un procédé industriel d'extraction susceptible de fournir un produit plus pur en utilisant soit l'Ecorce de bois de Panama, soit la Saponaire d'Egypte, soit même les graines de Nielle des blés qui, provenant du nettoyage des céréales et par suite sans valeur, pourraient être utilement employées dans ce but.

Diplôme de Médaille d'Argent.

PERROT, Em., professeur à l'Ecole de Pharmacie de Paris, 4, avenue de l'Observatoire, Paris.

GALE PALUSTRIS. — PRODUITS DÉRIVÉS.

Le *Gale palustris* (Lamk) A. Chev. est un arbuste de régions marécageuses dont l'aire de dispersion très étendue est comprise entre le 38° et le 65° degré de latitude Nord. Cette plante est réputée abortive, et utilisée comme telle dans certaines régions du littoral français et notamment en Bretagne. M. le professeur Perrot en a retiré certains principes immédiats dont l'action pharmacodynamique semble justifier cet usage criminel. L'extrait alcoolique de la plante fournit une résine très active qui agit à la manière des drastiques comme l'Aloès en congestionnant les organes du petit bassin. Par distillation, on obtient une essence plus légère que l'eau et rappelant l'odeur de l'essence de Myrthe; elle reste liquide à la température ordinaire et même à 17°. Cette essence a des propriétés stupéfiantes dont l'action, s'ajoutant à celle de la résine signalée plus haut, peut produire dans l'organisme des troubles graves capables d'amener la mort.

L'empoisonnement par cette plante rappelle, par ses symptômes, celui qui est dû à l'emploi de la Rue et de la Sabine.

Diplôme de Médaille d'Argent.

PERROT, EM. et FOURNEAU, 4, avenue de l'Observatoire, à Paris.

Plante médicinale de la Côte d'Ivoire. — Produits dérivés.

Une plante africaine, le Kiumba, employée comme fébrifuge par les indigènes au moyen d'infusions d'écorces, avait été envoyée en Europe par le savant botaniste explorateur Aug. Chevalier qui, l'ayant reconnue pour appartenir à une espèce nouvelle de la famille des Rubiacées, l'avait dénommée *Pseudocinchona africana*. L'étude botanique et chimique de cette plante a été faite au Laboratoire de matière médicale de l'Ecole de Pharmacie de Paris et dans les Laboratoires des Etablissements Poulenc, frères, à Paris par MM. Perrot et Fourneau. Les documents et produits exposés fixent les caractères microscopiques de l'écorce active et enrichissent la chimie végétale d'un alcaloïde nouveau, la Kiumbaïne, qui se rapproche, comme composition, de la Yohimbine, alcaloïde déjà connu et isolé de plantes appartenant à des espèces voisines du *Pseudocinchona africana*, Chev.

Diplôme de Médaille d'Argent.

PERROT, E. et LEPRINCE, M., 4, avenue de l'Observatoire, à Paris.

Plantes exotiques. — Produits dérivés.

Cette exposition comprenait deux plantes exotiques employées par les indigènes pour leurs propriétés actives. L'une, le *Kidi-Sarané*, des nègres du Sénégal et de Mauritanie (*Adenium Honghel* D. C.) appartient à la famille des Apocynacées et sert à préparer un poison d'épreuve; l'autre, le *Bosuga blanca* des Vénézuéliens (*Xanthoxylum ochroxylum* D. C.) est fourni par la famille des Rutacées et s'emploie contre les névralgies.

De la première plante, les exposants ont pu retirer un corps défini l'*Adénine,* de fonction chimique encore inconnue, qui constitue un poison cardiaque analogue à la digitaline ; son action s'exerce sur le système nerveux central, le système nerveux cardiaque et le myocarde lui-même.

Du Bosuga blanca, ils ont isolé deux alcaloïdes, les Xanthérines α et β et deux corps neutres non déterminés ; aucun de ces corps ne possède d'action analgésique. Cette action appartient au contraire à une huile qui se rencontre dans la proportion de 6 0/0 et qui possède la propriété de produire une certaine atténuation de la sensibilité. Cette action n'est pas comparable à l'anesthésie locale obtenue par la Cocaïne.

Diplôme de Médaille d'Argent.

RONCERAY, P., 21, rue Jean-Vaury, à Paris.

LICHENS A ORSEILLE. — PRODUITS DÉRIVÉS.

Les plantes sauvages utilisées pour la teinture étaient représentées seulement par les Lichens à Orseille et l'unique exposant de cette catégorie, M. RONCERAY faisait connaître les résultats de ses recherches scientifiques sur ces cryptogames dont le pouvoir tinctorial est utilisé depuis les temps les plus reculés.

On sait que la matière colorante ne préexiste pas dans ces plantes et qu'elle se développe par une suite de réactions chimiques qui prennent naissance au cours de manipulations qui ont eu longtemps pour guide l'empirisme le plus absolu. Le produit tinctorial qui porte le nom d'*Orseille* et qui fournit une teinte pourpre solide se retire de divers Lichens auxquels on donne aussi, par extension, la dénomination d'Orseilles et que l'on divise, d'après le lieu de leur récolte, en *Orseilles de terre,* recueillies à l'intérieur du continent, et en *Orseilles de mer,* prises exclusivement sur les côtes. Ces dernières sont d'ailleurs de beaucoup les plus estimées et les *Orseilles de terre* sont délaissées aujourd'hui. Les lichens qui constituent l'Orseille de mer appartiennent au genre *Roccella,* sauf l'Orseille de Californie qui est fournie par un *Dendrographa* ; on distingue dans le commerce, avec l'Orseille de Californie, les Orseilles de Madagascar, de Mozambique et du Cap Vert.

Les transformations qui s'accomplissent au cours de la fermentation des Lichens à Orseille ont été l'objet d'un grand nombre de travaux. Aux procédés primitifs des fabricants florentins qui ont longtemps détenu le monopole de la production, on a substitué des méthodes plus rationnelles qui, malgré la connaissance plus approfondie de la chimie de la plante, laissent encore inexpliqués un certain nombre de phénomènes. On sait que plusieurs substances dont les principales sont l'*érythrine,* l'*acide lécanorique* et l'*orcine* concourent à donner la matière colorante sous l'influence de l'eau, de l'air, de l'ammoniaque ; le rôle de ce dernier agent explique notamment l'emploi de l'urine pour cette fermentation ; toutefois l'ammoniaque seule ne suffit pas et le dédoublement des substances chromogènes, l'influence de l'eau, de l'air et de l'ammoniaque exigent, d'après M. Ronceray, la présence d'une diastase spéciale qui n'est pas d'ailleurs une oxydase.

A côté des Lichens à orseille étaient exposés les produits dérivés. M. Ronceray donne un procédé pour obtenir pratiquement et en abondance l'érythrine pure. Il montre également en quelles régions de la plante se localisent les générateurs de la matière colorante et, par des réactions précises, établit que, dans le consortium symbiotique qui constitue le lichen, c'est le champignon qui produit l'Orcine tandis que l'Algue transforme cette substance en produits cristallisés rejetés dans les espaces intercellulaires. Ces produits cristallisés tels que l'érythrine, l'acide lécanorique, constituent la substance fermentescible chromogène dont la décomposition donnera la matière colorante rouge ou violette.

L'ensemble des recherches de M. Ronceray est récompensé par un *Diplôme de Médaille d'Argent.*

PORRAL, A. J., 64, boulevard Beaumarchais, à Paris.

Rotins, joncs.

Cette exposition de végétaux obtenus sans culture et utilisés pour divers usages tels que la sparterie, la vannerie, le cannage des sièges, la fabrication des câbles, etc., figurait comme annexe d'une exhibition plus importante de produits d'importation ressortissant à la Classe 53.

L'importance commerciale de ces produits végétaux aux applications multiples a valu à l'exposant, déjà titulaire de nombreuses récompenses dans les Expositions, un *Diplôme de Médaille d'Argent*

CHAPITRE IV

Caoutchouc et Gutta-Percha.

La Gutta-Percha ne figurait pas à la classe 34 à l'Exposition de Bruxelles.

Les Caoutchoucs étaient surtout représentés par la gomme sylvestre du Brésil.

Dans la Section française, en dehors des Expositions documentaires de Collection de M. Lamy-Torrilhon et de M. Labroy qui comprenaient des gommes de toute origine, les sortes commerciales de Caoutchoucs du Brésil étaient exposées par l'importante firme d'importation Marius et Lévy, de Paris.

Dans les Sections étrangères, le Brésil seul exposait une remarquable collection des meilleurs caoutchoucs de cette région qui alimente à elle seule la moitié de la consommation mondiale.

Aperçu historique sur le Caoutchouc.

C'est seulement au xviiie siècle que le Caoutchouc commença à être connu en Europe comme une substance susceptible de recevoir des applications. Le 28 avril 1745, La Condamine faisait connaître à l'Académie des Sciences de Paris que « dans les pays de la province de Quito voisins de la mer », les indigènes utilisent une résine élastique qu'ils appellent *cahout-chou* et qu'ils font servir à différents usages tels que la fabrication de vêtements imperméables et de divers objets élastiques, notamment de boules creuses en forme de poires, susceptibles de servir de seringues en expulsant, par compression, le liquide qu'on y introduit. Cette première relation abrégée de son voyage fut complétée en 1751 dans les Mémoires de l'Académie, mais, dès 1749, François Fresnau, ingénieur de la marine à Cayenne, donnait lui-même à l'illustre Compagnie, des renseignements complémentaires sur l'arbre à caoutchouc et la manière d'en extraire et de préparer la curieuse résine. En même temps que son mémoire, présenté par La Condamine et relatant la description succincte de l'arbre, le mode de récolte du latex et le procédé de coagulation par la fumée, Fresnau envoyait un certain nombre d'objets élastiques fabriqués par lui-même et mentionnait la possibilité de fixer le caoutchouc sur un tissu pour l'imperméabiliser ; il signalait les inconvénients qui pouvaient en limiter l'usage, comme la propriété de devenir cassant par le froid et poisseux par la chaleur. Quelques années plus tard, en 1762, le botaniste Aublet décrivait complètement l'arbre à caoutchouc de la Guyane française sous le nom de *Hevea Guyanensis*. Il semble néanmoins que les premiers échantillons connus de caoutchouc provenaient du *Castilloa elastica*.

Ces premières relations scientifiques avaient marqué le commencement de l'emploi du caoutchouc en Europe, emploi qui ne devint d'ailleurs réellement industriel qu'après la découverte de l'américain Goodyear qui, en 1840, reconnut que le caoutchouc, traité à chaud par le soufre, conserve ses propriétés élastiques au froid et à la chaleur.

Toutefois, les récits des voyageurs avaient, longtemps avant La Condamine et Fresnau, fait connaître l'existence de cette curieuse substance. Des renseignements analogues à ceux qui furent communiqués par La Condamine, dont la relation empruntait sa notoriété à la mission officielle que ce savant avait reçue en 1731 de l'Académie des Sciences, avaient été publiés dès 1723 par un missionnaire, le P. de la Neuville, dans sa *Troisième lettre sur les habitants de la Guyane* (*Mémoires pour servir à l'histoire des Sciences et des Beaux-Arts*, Trévoux, 1723). Auparavant, mention est faite dans plusieurs écrits des usages indigènes du caoutchouc et les premiers récits relatifs au Nouveau Monde signalent son emploi local et quelques-unes de ses propriétés.

C'est d'Anghiera (Pierre-Martyr) qui rapporte en 1525, dans son ouvrage *De Orbe novo*, que les Mexicains pratiquent le jeu de la balle avec des boules élastiques rebondissantes, relation que confirment avec détails Sahagun, en 1829, dans l'*Histoire générale des choses de la Nouvelle Espagne* ; Fernandès d'Oviédo dans son *Histoire générale des Indes* (1536) ; le jésuite Charlevoix ; Antonio de Herrera Tordesillas (1549-1615) dans son *Histoire générale des voyages et conquêtes des Castillans dans les Iles et Terre ferme des Indes Orientales* où se rencontre pour la première fois l'expression de « Gomme » qui est encore une des désignations commerciales actuelles du Caoutchouc ; c'est le provincial de l'Ordre des Augustins, Jean de TORQUE-MADA, dans sa *Monarchia Indiana* (Madrid 1515) qui précise le mieux l'origine végétale des balles élastiques en disant comment la matière en est fournie par le lait nommé *Ulli* d'un arbre déjà signalé par SAHAGUN sous le nom de *Ulequahuitl,* nom qui est encore en usage dans l'Amérique centrale pour désigner le *Castilloa elastica ;* TORQUE-MADA indique d'ailleurs le mode d'extraction et de préparation du lait et l'emploi de la substance élastique pour la confection de chaussures, vêtements et cuirasses, imperméables à l'eau mais altérés par l'action du soleil.

La gomme élastique n'était donc pas inconnue en Europe où certaines collections en montraient des échantillons lorsque LA CONDAMINE et plus tard FRESNAU firent leurs premiers envois ; FRESNAU eut le mérite d'en signaler l'utilisation industrielle en prenant part lui-même à l'extraction de la matière et à son emploi dans la confection des tissus imperméables. Dès lors les recherches concernant les applications du caoutchouc se généralisèrent en Europe, mais ces applications ne pouvaient s'accommoder du mode primitif de fabrication en usage chez les indigènes, procédé mis en œuvre par FRESNAU lui-même, c'est-à-dire l'emploi direct du latex, suivi de sa coagulation. On chercha à utiliser les masses gommeuses préparées d'avance, mais la difficulté de manipulation de cette matière en fit surtout rechercher la manutention par l'action des dissolvants. Malheureusement certaines qualités du caoutchouc ne se retrouvent pas dans le produit d'évaporation de ces solutions et la véritable voie fut ouverte, lorsque, au commencement du XIXᵉ siècle, Thomas HANCOCK montra que le caoutchouc, découpé en petits morceaux et soumis à un pétrissage énergique sous l'action d'une chaleur suffisante pour le ramollir, pouvait se souder à lui-même et recevoir par pression toute forme utile. On pouvait de la sorte utiliser tous les déchets et obtenir des blocs d'une substance homogène susceptible d'être laminée en feuilles minces au moyen d'un couteau circulaire arrosé d'eau. L'essor que prit l'industrie du caoutchouc à la suite des essais de HANCOCK ne fut pas de longue durée ; les qualités utiles de la matière ne restaient constantes qu'entre des limites étroites de température et les chaussures ou vêtements imperméables étaient mis rapidement hors d'usage. La découverte de la vulcanisation, qui étend considérablement les limites de résistance de la gomme au froid et à la chaleur, releva le crédit de la nouvelle industrie qui ne cessa dès lors de s'accroître.

En 1840, l'américain GOODYEAR découvrit que le caoutchouc, mélangé de soufre et chauffé, gardait une élasticité permanente à des températures basses ou élevées très différentes ; qu'il était aussi plus résistant aux agents chimiques et cessait de se souder à lui-même par pression ; que si la quantité de soufre était suffisante et le chauffage prolongé, le caoutchouc pouvait acquérir la consistance de la corne et même celle du bois en prenant une teinte noire et la faculté de recevoir un beau poli.

Les travaux de GOODYEAR, qui devaient révolutionner l'industrie du caoutchouc, lui profitèrent peu. Pendant qu'il étudiait ces nouveaux procédés, restés secrets jusqu'en 1844, l'anglais HANCOCK, qui avait eu entre les mains des échantillons du nouveau produit, retrouva lui-même le procédé de fabrication et fit breveter en Europe en 1843 sous le nom de *Vulcanisation* le procédé de trempe du caoutchouc dans du soufre en fusion. GOODYEAR prit lui-même un brevet l'année suivante aux Etats-Unis pour la vulcanisation par mélange préalable du soufre et du caoutchouc avec chauffage ultérieur pour combiner les deux substances, mais HANCOCK garda en Europe le bénéfice de l'exploitation. Plus tard, en 1846, PARKES fit connaître la vulcanisation au trempé par immersion rapide du caoutchouc au sein d'une solution de chlorure de soufre dans le sulfure de carbone et ces trois procédés sont demeurés, avec quelques variantes, la base de la pratique de la vulcanisation.

Nature et Origine du Caoutchouc.

Le Caoutchouc pur est un hydrocarbure de poids moléculaire élevé. Cette matière, depuis longtemps extraite du latex de certains végétaux, a pu être obtenue par synthèse ; toutefois, si des essais récents tendent à faire penser que le produit de laboratoire pourra quelque jour concurrencer efficacement le produit naturel, cette époque paraît encore lointaine. La production du caoutchouc de synthèse tend à obtenir le produit à partir de matières premières abondantes et peu coûteuses ; il n'en est pas moins vrai que ces substances ont une limite de production qui peut être contrebalancée par une meilleure utilisation des sources naturelles de caoutchouc.

Les plantes à latex mieux exploitées, propagées et cultivées, sont sans doute destinées à fournir à la consommation mondiale de plus en plus forte une production suffisante de matière première dont la qualité ne semble pas devoir être égalée de sitôt par le produit artificiel.

Il semblerait à priori qu'une substance dont la composition chimique est connue pût être obtenue dans des conditions de pureté où, toujours semblable à elle-même, elle offrirait les mêmes propriétés ; en réalité la résistance du caoutchouc aux agents chimiques, les conditions de formation dans le latex qui, suivant son origine botanique, offre une composition complexe où le pourcentage réel de l'hydrocarbure est variable, le mode de séparation du caoutchouc dans ce même latex, etc., rendent impossible une purification rationnelle du produit qui reste une matière première commerciale soumise à toutes les fluctuations de qualité que peut engendrer la diversité d origine et le mode de préparation.

Trois grandes familles végétales, les *Euphorbiacées,* les *Artocarpées* et les *Apocynées* se partagent aujourd'hui la production mondiale du caoutchouc ; il faut y ajouter quelques plantes disséminées dans d'autres familles végétales (*Asclepiadacées, Composées*), mais qui n'interviennent que pour une faible part dans la récolte. Toutes les espèces qui donnent du caoutchouc sont localisées dans les régions chaudes du globe, limitées par le 25ᵉ degré de latitude Nord et Sud ; beaucoup d'entre elles ne sont pas l'objet d'une exploitation régulière, laquelle est réservée aux espèces fournissant le meilleur produit ; toutefois, cette sélection laisse à désirer et l'exploitation, laissée dans certaines régions à la seule initiative des indigènes, introduit dans le produit commercial des matières premières de valeur très différente que représentent des nombreuses variétés de caoutchouc qui inondent le marché.

Les plantes à caoutchouc sont réparties dans une vingtaine de genres ainsi distribués :

Euphorbiacées.

Genre *Hevea* (10 espèces productrices environ).
  — *Manihot* (4 espèces).
  — *Micrandra* (1 espèce).
  — *Euphorbia* (2 espèces).
  — *Sapium* (6 espèces).

Artocarpées.

Genre *Castilloa* (2 espèces).
  — *Ficus* (7 espèces).

Genre   *Artocarpus* (2 espèces).
—   *Bleckrodea* (1 espèce).

Apocynées.

Genre   *Landolphia* (9 espèces).
—   *Hancornia* (1 espèce).
—   *Fontumia* (3 espèces).
—   *Mascarenhasia* (5 espèces).
—   *Carpodinus* (3 espèces).
—   *Willughbeia* (2 espèces).
—   *Leuconotis* (1 espèce).
—   *Tabernæmontana* (1 espèce).
—   *Dyera*   id.
—   *Parameria*   id.
—   *Urceola.*   id.
—   *Ecdysanthera*   id.

Asclepiadées.

Genre   *Cryptostegia* (1 espèce).
—   *Kompitsia*   —

Composées.

Genre   *Parthenium* (1 espèce).

Loranthacées.

Genre   *Struthanthus* (1 espèce).

Les végétaux à caoutchouc sont inégalement répartis et présentent une importance très inégale dans la production commerciale de la gomme ; toutefois l'Amérique tient la tête avec les *Hevea, Micrandra, Sapium, Castilloa, Manihot, Hancornia, Parthenium* et *Struthanthus* énumérés par ordre d'importance ; viennent ensuite l'Afrique tropicale et Madagascar avec les *Landolphia, Fontumia, Mascarenhasia, Euphorbia*, etc... et le Moyen-Orient avec les *Ficus, Bleekrodea, Willughbeia*, etc., parmi les plantes indigènes et les *Hevea, Manihot*, importés et cultivés.

Les Caoutchoucs exposés dans la Classe 54 à l'Exposition de Bruxelles ne comprenaient que les sortes américaines et spécialement celles du Brésil. Ce pays est d'ailleurs le grand producteur mondial.

Néanmoins, un exposant, M. Lamy-Torrilhon, Membre du Jury, exposait une collection remarquable où se trouvaient réunis des échantillons de presque tous les caoutchoucs connus ; cette collection présentait un intérêt documentaire de premier ordre.

Les produits commerciaux étaient représentés, dans la Section française, par les caoutchoucs brésiliens importés par la maison Marius et Lévy, de Paris : dans les Sections étrangères. par les mêmes produits exposés par les Etats de l'Amazone et de Para, par diverses Municipalités brésiliennes et quelques producteurs particuliers.

Nous nous limiterons par conséquent à l'étude des Caoutchoucs du Brésil qui constituent à eux seuls la moitié de la production mondiale et dont certaines sortes ont conservé une indéniable supériorité sur les autres produits du marché.

Les Caoutchoucs du Brésil.

Le territoire brésilien est presque tout entier producteur de Caoutchouc, mais l'immense bassin de l'Amazone l'emporte sur les autres régions. Les Etats d'Amazonas et de Para, qui fournissent à eux seuls la moitié de la production mondiale de la gomme, trouvent leur source principale de prospérité dans l'extraction de la précieuse matière que les habitants du pays appellent l'Or noir (Ouro preto). Les Etats voisins apportent à la production brésilienne un contingent d'autant moindre qu'ils s'éloignent davantage de la zone équatoriale ; il faut seulement citer les Etats de l'Acre, du Matto Grosso, de Goyaz, Maranhão, Piauhy, Céara, Pernambuco, Bahia, Minas Geraes et São Paulo ; tout à fait au Sud, l'Etat de Santa-Catharina marque la limite extrême de production de Caoutchouc du Brésil.

Un petit nombre de plantes sont l'objet d'une exploitation régulière. Les différentes sortes commerciales de caoutchouc du Brésil correspondent, à peu d'exceptions près, à une origine botanique déterminée.

On distingue ainsi :

1° Le Caoutchouc de Seringueira fourni surtout par les *Hevea* auxquels s'ajoutent toutefois des *Micrandra* et des *Sapium*.

2° Le Caoutchouc de Caucho, fourni surtout par les *Castilloa*.

3° Le Caoutchouc de Maniçoba, dit encore de Céara, fourni par les *Manihot*.

4° Le Caoutchouc de Mangabeira fourni par une Apocynée du genre *Hancornia*.

Nous allons examiner successivement ces diverses sources de Caoutchouc du Brésil.

I. — CAOUTCHOUC DE SERINGUEIRA.

Parmi les plantes productrices de caoutchouc les plus estimées, il faut citer en première ligne l'*Hevea brasiliensis* Mueller d'Argovie et quelques espèces voisines que les Brésiliens désignent sous le nom collectif de *Seringueiras* ou *Seringas*. La région des Seringueiras comprend la plaine de l'Amazone (Etats d'Amazonas, de Para, Territoire fédéral d'Acre) et ses hauts affluents (Rio Madeira, Rio Purus, Rio Jurua, Rio Negro). Ces arbres sont aussi très abondants dans le Matto Grosso, mais le mode d'exploitation est différent et ne fait que commencer dans cette immense région. On compte une vingtaine d'espèces d'Hevea dans le bassin Amazonien ; ce sont des arbres de 20 à 30 mètres de hauteur, à l'écorce lisse et de teinte variable, blanche, jaune ou violette ; le tronc, dilaté à la base, atteint 0 m. 80 à 1 m. 20 de diamètre et souvent plus, avec une hauteur de 14 à 15 mètres avant la frondaison. L'*Hevea brasiliensis* est l'espèce de choix ; elle comporte une variété de terre ferme, qui vit dans les hautes forêts jusqu'à 1600 mètres d'altitude et fournit le meilleur caoutchouc *(Para fin dur)* ; une autre variété, localisée dans les terrains inondés et les iles du fleuve, dont le produit est légèrement inférieur au précédent *(Para fin mou)* mais encore de qualité excellente. Les autres espèces d'Hevea, qui concourent également à la production du Para fin, sont l'*Hevea Benthamiana* Muell. Arg., l'*Hevea dukei* Huber, du Rio Negro et du Rio Yapura, et quelques autres dont la détermination botanique est indécise.

Le Dr Huber, qui dirige à Belem le Musée Goeldi, a fourni de précieux documents sur les différentes espèces d'Hevea.

Les seringuieras sont exploités par incision de l'écorce ; ces arbres peuvent vivre plus d'un siècle et ne produisent de manière rémunératrice qu'après 15 à 18 ans. La qualité du latex paraît liée à l'âge de l'arbre, ce qui explique pourquoi les caoutchoucs de plantations de la région Indo-Malaise ne peuvent concurrencer dès maintenant, pour certaines qualités de résistance et d'élasticité, les caoutchoucs du Brésil fournis par des arbres centenaires.

L'exploitation est faite par *estradas* ou groupes d'une centaine d'arbres, délimités en pleine forêt et compris dans une concession de terrains qui porte le nom de *Seringal*. Les concessions sont faites par le Gouvernement Brésilien à des Compagnies d'exploitation ou à des particuliers qui emploient des ouvriers que l'on appelle *Seringuieros*. Ceux-ci sont transportés sur le lieu d'exploitation, pourvus de vivres de réserve et de marchandises diverses qui constituent une avance *(aviamento)* consentie par les entrepreneurs propriétaires de *Seringaes*. Ces patrons, les *aviados*, reçoivent eux-mêmes l'aide pécuniaire de grands négociants de Belem ou de Manaos, les *aviadores*, qui font commerce de caoutchouc et vendent directement aux exportateurs la matière qui, sortant des mains du *Seringuiero*, a déjà subi deux transactions.

La récolte ne dure pas toute l'année ; elle a lieu généralement de Juin à Octobre, mais avec les *Hevea* de terre ferme on peut prolonger l'exploitation susceptible de durer toute l'année. Généralement, *l'estrada* est délimitée par le Seringuiero lui-même, aidé au besoin de sa famille, et les arbres sont reliés entre eux par un sentier tracé dans la forêt vierge au moyen du sabre d'abatis. L'estrada une fois constituée pourra être exploitée chaque année, à la condition de pratiquer les incisions avec les précautions nécessaires pour permettre à l'arbre de réparer ses pertes.

Le matériel d'exploitation est simple : il comprend une hachette en fer doux ou *machadinha*, à tranchant étroit de 3 centimètres environ servant à inciser les arbres ; 700 à 800 godets ou *tigelinhas*, en fer-blanc, pouvant contenir 100 à 150 centimètres cubes de latex, le seau ou *balde* d'une contenance de 10 litres et la cuvette ou *bacia* qui servira à réunir la collecte de la journée. La préparation du caoutchouc à partir du latex exige encore le moule ou *forma*, sorte de pelle de bois quelquefois réduite à un simple bâton : la calebasse ou *cuia* et enfin le *boïaó* ou *defumador*, sorte de *diable* en fer ou en argile cuite au soleil, par l'orifice supérieur duquel sortira la fumée qui doit coaguler et conserver le caoutchouc.

La récolte se fait dans la matinée. Le seringuiero parcourt l'*estrada* en pratiquant sur chaque Hevea des incisions obliques ou en V dont le nombre varie de 4 à 10 avec la grosseur de l'arbre. Ces incisions sont pratiquées en cercle, espacées de 12 à 15 centimètres et pratiquées le plus haut possible ; au-dessous se fixent des godets qui forment un cordon autour de l'arbre et recueillent le latex qui s'écoule de la blessure. Quelques heures suffisent à l'épuisement et la collecte du contenu des *tigelinhas* se fait au moyen du seau ou *balde* dont le contenu, rapporté par le seringuiero à la hutte, est versé dans la *bacia*. Lorsque la récolte est faite avec soin, le latex est filtré sur une toile avant l'opération de la coagulation. On emploie aussi maintenant des seaux pourvus à la partie supérieure d'un tamis mobile qui retient les impuretés solides du latex au moment du transvasement des tige-linhas.

La coagulation du latex et l'enfumage du caoutchouc s'effectuent en une opération. Des fruits d'*Urucuri* (*Attaléa excelsa, Palmiers*), des noyaux d'*Inaja* (*Maximiliana regia*), sont brûlés avec des bois résineux dans le *boiáo* dont l'orifice laisse passer une épaisse fumée, riche en produits pyridiques. Le latex, versé sur la *forma* au moyen de la *cuia*, est exposé à la fumée et se coagule en une couche mince qui s'imprègne de produits antiseptiques. L'opération répétée fournit soit une sorte de biscuit, soit une boule (*bolacha*) formée de couches concentriques et dont le poids peut varier de 2 à 12 kilogrammes et parfois davantage. La *bolacha* est détachée de la forme et marquée, au fer chaud, de l'initiale ou de la marque du propriétaire.

Les bolachas bien préparées constituent généralement la sorte commerciale supérieure; obtenues d'un latex pur et récent, elles fournissent le Para fin (Borracha fina ou fine para).

Un latex déjà fermenté et mal fumé donne un produit moins estimé, le Para demi-fin (Borracha entrefina) dont le prix est moins élevé. La qualité s'abaisse encore quand des latex d'origine différente sont mélangés et mal débarrassés des impuretés; c'est le Para grossier (Borracha grossa), peu estimé. Enfin, les déchets de latex, spontanément coagulés sur les parois des récipients, les larmes (choro) concrétées sur l'arbre dans les incisions, sont réunis en boules, séchés et enfumés après avoir été recouverts ou non d'une couche de latex qui sert d'agglomérant. C'est la sorte Sernamby (*Tête de nègre, Cabeça de negro, Negroheads*). Le Caoutchouc Sernamby qui est toujours de prix moins élevé, est cependant recherché quand il provient de latex de bonne qualité.

Un seringuiero actif peut préparer une dizaine de kilogrammes de caoutchouc par jour et recueillir ainsi en une saison de 700 à 800 kilogrammes de produit qu'il vend aux aviados à raison de 4 à 5 francs le kilogramme. La récolte moyenne d'un ouvrier Seringuiero est d'environ 500 kilogrammes.

Le caoutchouc de Seringuiero n'est pas exclusivement fourni par des Hevea. On rencontre, dans les mêmes régions, d'autres Euphorbiacées arborescentes qui sont exploitées par saignée de la même façon et donnent un produit de même valeur. L'une de ces Euphorbiacées est le *Micrandra siphonioides* Benth. Divers *Sapium* qui, d'après le Dr Huber, doivent être en partie rapportés au *S. aucuparium* Jacq.

(*Excœcaria biglandulosa*, var. *aucuparia* Muell. Arg.) sont exploités par les *Seringueiros* qui les désignent sous les noms de *Tapuru, Curupita, Murupita* et *Seringuarana*. Comme pour les *Hevea*, avec lesquels ils sont mélangés, on distingue des *Tapurus de terra firme*, sur les hauteurs, et des *Tapurus de Vargem*, en plaine. Le latex des Tapurus est très abondant et donne un caoutchouc semblable au Para des Hevea ; tantôt ces arbres sont mélangés aux *Hevea* et exploités en même temps ; tantôt ils croissent distincts et sont exploités à part.

On les rencontre dans les Iles de l'Amazone et les vallées des affluents Madeira, Japura, Jurua et Purus.

Le caoutchouc de Tapuru, préparé comme le caoutchouc d'Hevea, ne lui cède pas en qualité ; il est d'ailleurs souvent mélangé de latex d'Hevea. On le présente au commerce comme le caoutchouc de Seringuiera, en sortes dites *borracha fina, borracha entrefina* et *Sernamby* (Cameta negroheads).

Caoutchouc de Seringuiera de l'Etat de Matto Grosso.

L'immense forêt vierge de l'Etat de Matto Grosso, qui s'étend au sud des Etats d'Amazone et de Para, où il comprend une partie des hauts affluents de l'Amazone et du Paraguay, a commencé, depuis une dizaine d'années, à apporter son contingent à la production du caoutchouc brésilien.

On y rencontre en abondance les Seringas et d'autres espèces à caoutchouc et l'on devrait théoriquement en retirer des produits comparables à ceux de l'Amazone et du Para. Malheureusement, l'industrie d'extraction est encore rudimentaire dans cette région où les voies de communication n'existent pas. L'exploitation se fait par des caravanes d'ouvriers peu expérimentés qui recueillent grossièrement le latex et le coagulent hâtivement à l'alun. Les masses coagulées sont pressées dans des auges de bois et mal desséchées au soleil. Le caoutchouc d'Hevea est offert en pains de 25 kilogrammes, de forme parallélipipédique, de couleur brun rouge à l'extérieur et blanc jaunâtre à l'intérieur. Il dégage une odeur désagréable.

Ce caoutchouc d'*Hevea* est néanmoins estimé et la première qualité (blanc vierge) atteint un prix peu inférieur à celui du Para des Iles.

Valeur marchande du caoutchouc de Para.

Lorsque le caoutchouc cessa d'être une curiosité de cabinet pour

prendre une valeur marchande il rencontra tout d'abord un faible
débouché. En 1825, la matière se vendait 0 fr. 20 la livre. En 1855,
lorsque les applications industrielles devinrent possibles, le prix
monta à 2 francs la livre et s'accrut ensuite régulièrement pour
atteindre en 1890, 9 à 12 francs le kilogramme pour le Para fin, supérieur aux autres sortes qui s'étaient créées peu à peu. Avec des
oscillations diverses, ces prix se maintiennent jusqu'en 1900 ; on les
voit ensuite progresser et atteindre une moyenne voisine de 13 francs.
Le tableau suivant montre les cours maxima et minima pratiqués de
1904 à 1910. Les cours élevés atteints en cette dernière année étaient
dus à des causes économiques spéciales et devront revenir à un taux
plus normal.

Cours du kilogramme de Para fin

DE 1904 A 1910.

	1904	1905	1906	1907	1908	1909	1910
Plus bas..	10.94	14.09	14.09	9.36	7.85	14 15	15.94
Plus haut.	15.13	15.99	15.13	14.50	14.78	25.18	34 31
Moyenne .	13.00	15.00	14.60	11.90	11.30	19.50	25.12

II. — CAOUTCHOUC DE CAUCHO.

Origine. — Le caoutchouc de Caucho noir est fourni par une Arto-
carpée, le *Castilloa elastica* Cervantès dont l'aire de développemen
s'étend à toute l'Amérique centrale où cette plante est exploitée depuis longtemps. Au Brésil, elle occupe les rives des affluents du
Haut Amazone, le Jurua, le Purus et son affluent l'Acre, le Madeira,
de même que les vallées du Tapajoz, du Xingu, du Tocantins et de
l'Araguaya.

Le Castilloa est un arbre de dimensions plus réduites que celles de
l'Hevea, de longévité moindre et de croissance plus rapide. Le tronc
présente une écorce lisse et claire comme les Hevea ; l'exploitation
se fait par saignées d'abord et par abatage ensuite ; il en résulte une

destruction rapide des arbres qui sont appelés à disparaître comme ils ont presque disparu dans l'Amérique centrale à la suite d'une exploitation irraisonnée. Ils sont d'ailleurs sensibles aux incisions qui constituent des portes d'entrée pour un insecte parasite, le Cupim, qui tue l'arbre rapidement.

Le caoutchouc de Caucho, différent du caoutchouc de Seringa et semblable au caoutchouc de l'Amérique centrale dont il a la même origine botanique, n'a été introduit qu'en 1896 sur les marchés du Brésil.

C'est un caoutchouc noir à l'extérieur, jaunâtre à l'intérieur et criblé de nombreuses cavités. Il se présente en planches *(pranchas)* de 1 m. sur 0 m. 50, du poids moyen de 60 kilogrammes. Le collecteur ou *Cauchero* l'obtient en déversant dans une cavité rectangulaire creusée dans le sol, le latex obtenu de l'arbre par incision d'abord, par abatage de l'arbre ensuite. La coagulation se fait en mélangeant au latex de l'eau de savon. Il faut en moyenne trois arbres pour obtenir une planche de Caucho.

Ce caoutchouc est moins estimé que le Para, bien qu'assez nerveux, mais il est abondant. Toutefois le procédé d'extraction aboutira rapidement à la disparition des Castilloa, comme le fait s'est produit en Amérique centrale, si l'on ne prend pas de dispositions pour la replantation.

On trouve aussi sur le marché le *Sernamby de Caucho* qui est plus prisé que le Caucho en planches. On l'obtient en laissant écouler le latex sur le sol dans des rigoles où il se coagule spontanément. On enroule ces rubans en masses de formes diverses et ce caoutchouc se montre plus sec et plus nerveux que le Caucho coagulé au savon. Cette sorte vient immédiatement après le Para fin mou.

On connaît encore sous le nom de Caucho blanc un caoutchouc provenant des *Sapium*. Ce produit résulte de l'application, au latex des Tapurus, des procédés de coagulation sans enfumage en usage pour les Castilloa. La production en est peu importante.

Production. — La production du Caucho, dans le bassin Amazonien était, en 1896, au moment de son arrivée sur les marchés, de 1776 tonnes ; elle atteignait 4656 tonnes en 1906 et 7485 tonnes en 1908.

En général, les statistiques d'exportation confondent sous une même rubrique le caoutchouc de Seringueira et le caoutchouc de Caucho qui arrivent par les mêmes voies.

Le tableau qui suit montre l'importance de ces exportations pour

la période comprise entre 1900 et 1909. Ces chiffres s'appliquent à la
production de l'Amazonas, du Para, du Matto Grosso et de quelques
régions voisines.

Production annuelle (en tonnes) du Caoutchouc Para
(Y compris le caoutchouc de Caucho.)

ANNÉES	AMAZONAS	PARA	MATTO GROSSO	AUTRES SOURCES	TOTAL
1901	15.694	13.467	212		29.373
1902	13.711	13.407	356		27.474
1903	16.509	12.559	258	2	29.328
1904	15.335	13.171	255	32	28.793
1905	15.253	16.222	444	154	32.073
1906	14.810	16.553	219	62	31.644
1907	16.768	16.018	392	204	33.382
1908	18.065	16.781	537	313	35.696
1909					36.654

III. — CAOUTCHOUC DE MANIÇOBA.

ORIGINE. — Quelques Etats Brésiliens, en dehors du bassin de
l'Amazone, produisent le Caoutchouc dit de *Maniçoba*, du nom indigène de la plante qui le fournit. Cette gomme, souvent désignée sous
le nom de Caoutchouc de Céara, du nom de l'Etat qui en produit le
plus, est fournie par une Euphorbiacée, le *Manihot Glaziovii* Muell.
Arg. qui se plaît dans les régions montagneuses et sèches du Nord
Est. Outre l'Etat de Céara, les Etats de Maranhâo, Piauhy, Rio Grande
do Norte, Parahyba, Pernambuco, Bahia, sont le siège d'exploitation
de ces arbres, qui sont de taille réduite mais riches en latex.

D'autres espèces de Manihot accompagnent l'espèce principale ;
c'est le *Maniçoba de Jéquié*, localisé dans le district de ce nom au
Sud-Est de l'Etat de Bahia près de la côte ; il répond au *Manihot dicho-
toma* Ule, *Manihot heptaphylla* Ule, qui habite la rive droite du Rio
San Francisco ; le *Manihot piauhyensis* Ule, répandu sur la rive gauche du même fleuve, dans l'Etat de Piauhy. Le Maniçoba de Jéquié est
un petit arbre ; à son état de plus grand développement, le tronc ne dé-

passe pas 10 centimètres de diamètre. Le Manihot de Piauhy n'est plus qu'un arbuste.

Les Maniçobas sont saignés par des incisions ; ils peuvent supporter plusieurs saignées par an et fournissent, par arbre et par an, de 500 à 1500 grammes de caoutchouc. Le latex se coagule spontanément à l'air; on exprime à la main le liquide interposé. Ce mode primitif de préparation laisse subsister dans la masse des corps étrangers, de la terre et surtout une forte humidité. Aussi le caoutchouc de Céara, tout en étant de qualité excellente, n'atteint sur le marché que des prix inférieurs de moitié environ à ceux du caoutchouc Para fin, à cause du déchet plus considérable.

La rapidité de croissance des Manihot, la possibilité de les exploiter dès la 3ᵉ ou la 4ᵉ année font de ces producteurs de Caoutchouc d'excellents arbres de culture. Des plantations de ces espèces ont été déjà réalisées dans les Etats de Bahia, de Minas Geraes, de Rio de Janciro et de São Paulo. Le gouvernement Brésilien encourage cette culture par des primes.

PRODUCTION. — Les Etats qui produisent les plus grandes quantités de caoutchouc Céara sont ceux de Céara, de Piauhy et de Bahia. L'exportation, qui était de 463 tonnes en 1901 a notablement augmenté pour prendre, en ces dernières années, les valeurs suivantes :

1902.	829 tonnes.
1903.	1.688 —
1904.	2.200 —
1905.	2.623 —
1906.	2.660 —
1907.	2.428 —
1908.	2.166 —

IV. — CAOUTCHOUC DE MANGABEIRA.

ORIGINE. — On exploite au Brésil pour l'extraction du caoutchouc sous le nom de Mangabeira, une Apocynée arborescente du genre *Hancornia* ; c'est l'*Hancornia speciosa* Gomez, qui admet quelques variétés. Cette plante est commune dans les *Catingas* ou forêts clairsemées d'arbres rabougris des plateaux centraux depuis l'Etat d'Amazonas jusqu'à São Paulo. L'arbre est petit, très ramifié, avec des branches contournées et un feuillage rare. L'exploitation se fait par des incisions et parfois l'abatage. Le produit obtenu est inférieur à celui des Hevea. Un Hancornia ne fournit guère qu'un kilogramme de caoutchouc. Cet arbre fournit d'autre part un fruit sucré, aromatique et de saveur vineuse, la *Mangaba*, qui est utilisée en conserves.

La coagulation du latex s'obtient par des moyens chimiques : une solution de sel de cuisine à 300 gr. par litre fournit de bons résultats à la dose de 20 cc. par litre de latex. Après coagulation, la masse doit être soigneusement exprimée. Ce caoutchouc se présente en biscuits ou feuilles (*sheets*), de couleur rouge à l'extérieur et rose à l'intérieur. Il est mou et peu élastique.

Production. — Le caoutchouc de Mangabeira est exporté des Etats de São Paulo, Minas Geraes, Goyaz, Maranhào, Céara, Piauhy, Rio Grande de Norte, Pernambuco et Bahia. L'Etat de Matto Grosso est devenu, depuis quelques années, un important producteur de cette sorte qui provient aussi, pour une faible part, du Haut Amazone, dans la vallée du Rio Javary.

Malgré son aire de répartition assez étendue, le Mangabeira ne fournit qu'une faible partie du caoutchouc du Brésil. L'exportation totale qui était en 1901 de 395 tonnes s'est élevée pendant les années suivantes pour diminuer ensuite, ainsi que le montre le tableau suivant :

Année	Tonnes
1903	661 tonnes.
1904	855 —
1905	637 —
1906	653 —
1907	678 —
1908	344 —

Les prix du caoutchouc de Mangabeira correspondent à peu près à ceux qui sont pratiqués sur les deuxièmes sortes de Maniçoba.

Aperçu économique sur la production de Caoutchouc du Brésil.

La production mondiale du caoutchouc en 1909 s'est élevée au total à 76.000 tonnes environ. Dans ce chiffre, la production brésilienne totale peut être évaluée à 38.000 tonnes, en chiffres ronds, c'est-à-dire à la moitié de la production totale du globe. On peut diviser les autres sources de caoutchouc en trois groupes principaux dont l'appoint respectif peut être représenté par 18.000 tonnes pour l'Afrique et contrées voisines, 16.000 tonnes pour l'Amérique centrale et 4.000 tonnes pour le Moyen-Orient.

Le Brésil doit-il garder sa suprématie comme producteur de caoutchouc ? Si l'on considérait seulement les richesses naturelles de ce pays merveilleusement doté des meilleures espèces et l'étendue de ses forêts encore inexploitées, on pourrait regarder comme presque inépuisable cet immense réservoir de caoutchouc. On peut remarquer aussi que l'extraction a suivi progressivement la demande et si les prix de la matière ont atteint, en 1909 et surtout en 1910 un taux inconnu jusqu'ici (34 francs le kilog pour le Para fin). il faut y voir une hausse accidentelle qui n'indique pas un déficit dans la production. C'est à partir de 1899 que la consommation mondiale du caoutchouc a pris un essor très rapide ; c'est aussi à cette époque que la production brésilienne, répondant à la demande, a pris une ampleur qui a augmenté de plus de 1.000 tonnes par an le chiffre des exportations de caoutchouc.

Le tableau suivant montre cette ascension avec la proportion relative des diverses sortes commerciales du contingent annuel.

Production annuelle du Caoutchouc du Brésil en tonnes métriques.

DE 1901 A 1909.

ANNÉES	PARA ET CAUCHO	MANIÇOBA	MANGABEIRA	TOTAL
1901	29 373	463	395	30.231
1902	27.474	829	350	28.653
1903	29 328	1.688	661	31 677
1904	28.793	2.200	855	31 848
1905	32.073	2.623	637	35.333
1906	31.644	2.660	653	34.957
1907	33.382	2.428	678	36.488
1908	35.696	2.166	344	38.206
1909	—	—	—	39.027

Il est intéressant de comparer à ces chiffres ceux que relèvent les statistiques depuis 1827, époque à laquelle le Brésil exportait 31 tonnes de caoutchouc, jusqu'à 1900 où l'exportation atteignait déjà plus de 26.000 tonnes.

Production annuelle du Caoutchouc du Brésil

DE 1827 A 1900.

ANNÉES	POIDS en tonnes métriques	ANNÉES	POIDS en tonnes métriques
1827	31	1877	9.215
1837	290	1887	13.390
1847	624	1897	21.256
1857	1.808	1899	23.600
1867	5.827	1900	26.270

On peut avoir une vue d'ensemble de la progression en traçant, à l'aide de ces chiffres, une courbe représentative comme celle qui est figurée ci-contre.

L'examen de cette courbe montre que, de 1827 à 1847, la production brésilienne reste limitée. C'est l'époque des tâtonnements de la manipulation industrielle. En 1840, GOODYAR découvrait la vulcanisation et en 1846, HANCOCK inventait le procédé de moulage de la gomme ; ces deux découvertes fondamentales allaient donner l'essor à l'industrie du caoutchouc, fourni à cette époque presque tout entier par l'Amérique. Aussi voit-on la courbe d'exportation du Brésil s'élever doucement et régulièrement jusqu'en 1857 pour prendre, à partir de cette époque, une ascension rapide jusqu'en 1899. L'accroissement moyen annuel de l'exportation, depuis 1847 jusqu'à 1900, fut environ de 500 tonnes.

Le commencement du xxᵉ siècle, avec le développement de l'automobilisme et les applications nombreuses de l'électricité, est marqué par un nouveau redressement de la courbe qui, avec des oscillations légères, accuse une augmentation moyenne annuelle de plus de 1.000 tonnes de caoutchouc.

Ces chiffres sont encourageants pour l'avenir de la production Brésilienne, mais on peut se demander si cette progression est susceptible de se maintenir et au besoin de prendre une valeur plus élevée.

Il ne faut pas oublier que les difficultés de récolte sont de nature à restreindre une production en apparence illimitée ; que la main-d'œuvre devient de plus en plus onéreuse en raison des centres d'exploitation de plus en plus lointains et du pourcentage élevé de vies humaines prélevé par le climat Amazonien.

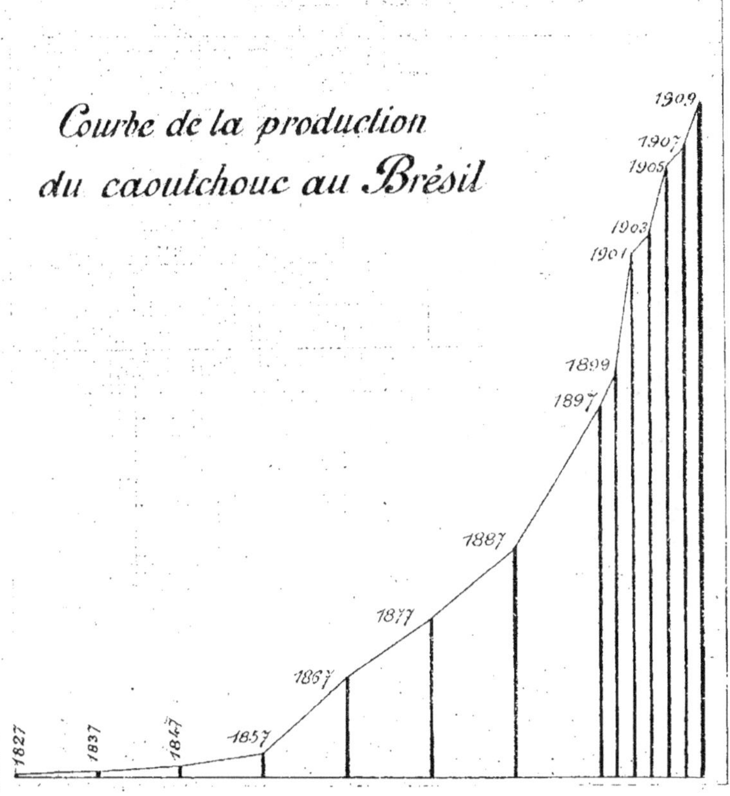

Si, d'autre part, on porte attention sur la progression rapide de la production du caoutchouc de plantations du Moyen-Orient (Middle East) il faut y voir une concurrence sérieuse qui commence à s'affirmer. Sans doute les quantités globales de caoutchouc de plantations mises sur le marché n'interviennent encore que pour une faible part dans la consommation, mais ces plantations sont à leurs débuts et

les évaluations, basées sur l'accroissement de production qui semble
devoir se manifester à une échéance peu éloignée, laissent entrevoir
une production considérable. A la fin de l'année 1909, on estimait à
plus de 200.000 hectares les plantations de caoutchouc de Ceylan, des
Etats fédérés Malais, de Bornéo, Java, Sumatra, de l'Inde du Sud et

Récolte du caoutchouc en Malaisie.

de la Birmanie. Encore les capitaux des nombreuses sociétés de plantations ne sont-ils pas employés en totalité et faut-il prévoir un
accroissement des terrains « sous caoutchouc » qui, dans une dizaine
d'années pourront doubler la production. A cette époque, en estimant à 200 kilogrammes à l'hectare le rendement moyen, on peut
évaluer à 60 ou 80.000 tonnes la quantité de caoutchouc fournie
annuellement par les plantations, si le développement de ces entreprises ne rencontre aucun obstacle imprévu. Il est vrai qu'à ces
espérances d'une rémunération légitime de l'effort s'opposent des

constatations qui ne sont pas sans jeter une ombre inquiétante sur l'avenir du caoutchouc de plantations. De même qu'au Brésil, la question de la main-d'œuvre se pose en Moyen-Orient. A Java, les ouvriers indigènes sont nombreux, mais en Malaisie, à Ceylan, dans l'Inde méridionale, la main-d'œuvre fait défaut. Dans une plantation adulte, il faut un coolie par 150 arbres à saigner ; les immenses territoires plantés exigeront bientôt un recrutement de personnel susceptible d'augmenter notablement les salaires. Or c'est surtout par le prix de revient de la matière que les planteurs peuvent se maintenir en concurrence avantageuse avec le caoutchouc sylvestre. Alors que le Para Brésilien doit être vendu au minimum 7 à 8 francs le kilogramme pour équilibrer les frais de production, les qualités semblables du caoutchouc de plantation peuvent être obtenues à 3 fr. 50 ou 4 francs. Malgré les conditions économiques défavorables de production, un facteur, au moins momentané, intervient, il est vrai, en faveur des sortes brésiliennes de qualité supérieure. Bien que le Para fin présente pour le fabricant un déchet qui peut aller jusqu'à 18 0/0 et que les belles sortes de Ceylan se présentent avec une pureté qui réduit à 1/2 ou 1 0/0 la proportion de matières étrangères, le Para fin continue à faire prime sur le marché, à cause de ses qualités d'imperméabilité et d'élasticité, seules capables de satisfaire certaines exigences industrielles. Il faut sans doute en voir la raison dans la manipulation de l'enfumage et surtout dans la qualité du latex qui, fourni au Brésil par des arbres âgés, offre des qualités que le latex des arbres jeunes des plantations n'atteindra sans doute que dans un avenir éloigné.

Le Brésil peut encore adjoindre à sa production naturelle, l'appoint de la culture des bonnes espèces à latex qui, naturellement acclimatées dans le pays, donneront un rendement supérieur.

De timides essais ont été tentés dans cette voie ; ceux qui ont été réalisés dans l'Amérique centrale n'ont pas donné les résultats escomptés. Les questions de développement des voies de communication et de main-d'œuvre sont ici prépondérantes et c'est sur ce terrain que s'établira sans doute la lutte économique entre la gomme sylvestre et la gomme de cultures.

Quoiqu'il en soit, les pays à caoutchouc n'ont pas à redouter une surproduction. La consommation absorbera toujours le disponible car les usages d'une matière unique par ses qualités de résistance, de souplesse, d'élasticité, de plasticité, d'inertie chimique, sont pour ainsi dire illimités. Les premières applications du caoutchouc à l'industrie des chaussures, des vêtements, des articles de toilette et d'hygiène ont été suivies de son emploi en électricité où ses qualités isolantes le rendent indispensable. Les industries de transports, chemins de fer, bateaux et surtout les véhicules routiers, en consomment des quantités prodigieuses ; la faculté précieuse du caoutchouc de s'incorporer à diverses substances fournit des mélanges doués de propriétés nouvelles et, de même que l'industrie des alliages métalliques a révolutionné la métallurgie moderne, on entrevoit dans les alliages de caoutchouc des applications comme celle du pavage des rues dont les essais semblent donner pour les villes, la solution d'un problème hygiénique de haute importance.

L'Exposition des caoutchoucs était représentée dans la Section française par trois exposants.

G. LAMY-TORRILHON, 15, rue d'Enghien, à Paris.

CAOUTCHOUCS BRUTS ET OUTILS DE RÉCOLTE. — OUVRAGES RELATIFS AUX CAOUTCHOUCS.

Cette exposition, très remarquable, avait surtout un caractère documentaire. A côté des instruments propres à l'extraction du caoutchouc et dont il a été parlé au chapitre 1er, la vitrine offrait aux visiteurs des échantillons types de caoutchouc du monde entier.

Les sortes américaines étaient représentées par le Para fin et demifin en pains ronds et aplatis *(bolachas)*, en biscuits, en feuilles *(Sheets)* ; par le Caucho de *Castilloa* en planches *(Slabs)* fragments *(Scraps)* bandes *(Strips)*, etc. ; les sortes Sernamby de Seringa ou de Caucho, en boules *(negroheads)* ou en cornets *(nuggets)* ; le caoutchouc de Ceara et de Mangabeira en fragments *(Scraps)* en feuilles *(Sheets)* ; le caoutchouc de Guayule en pains vert jaunâtre, etc.

Les sortes africaines étaient aussi figurées par des boules de fils pelotonnés *(balls, niggers)*, par des cordons entrelacés *(twist)*, par des bandes entières *(strips)* ou découpées en cubes *(thimbles)* ou en petits fragments *(buttons)*, par des masses petites *(oysters)* ou grosses *(lumps)* ou même de véritables pains *(cakes)*.

Ces formes commerciales n'ont d'ailleurs rien de fixe et sont souvent soumises à la fantaisie des récoltants.

Les caoutchoucs de plantations étaient largement représentés dans la collection. Ces sortes très pures et bien préparées ont la forme de biscuits, de feuilles minces ridées ou crêpées et de plaques plus ou moins épaisses. Ce caoutchouc se fait remarquer par son aspect translucide et son peu de coloration.

Vitrine Lamy-Torrilhon (Paris).

Enfin, la vitrine de l'Exposant renfermait des échantillons d'herbier et des graines d'espèces à caoutchouc, des fruits servant à l'enfumage, et divers documents se rapportant à l'origine et à la récolte du caoutchouc. On remarquait notamment un curieux exemplaire de la relation du voyage de LA CONDAMINE qui contient le véritable acte de baptême du caoutchouc.

M. Lamy-Torrilhon, membre du Jury, était classé *Hors concours* dans la liste des récompenses.

MARIUS et LÉVY, 123, rue du Faubourg-Poissonnière, à Paris.

Produits naturels de l'Amazone. — Caoutchoucs.

La beauté des échantillons de caoutchouc du Brésil exposés par l'importante firme Marius et Lévy, attirait vivement l'attention des visiteurs. Divers types de « borracha fina » (caoutchouc fin) étaient représentés par les bolachas (boules) d'origine.

On remarquait surtout deux énormes blocs de 260 et 330 kilogrammes obtenus par enfumage et provenant de la vallée du Rio Negro. D'autres boules de borracha fina, de poids moindre et variant entre 2 et 40 kilogrammes figuraient des échantillons des récoltes du Rio Jurua, du Rio Purus, du Rio Madeira, du Rio Javary et autres affluents de l'Amazone.

Les sortes *Sernamby* de Seringuiera étaient représentées par plusieurs lots de *Têtes de nègres* renfermés dans les emballages d'origine à claire-voie, et en provenance du Rio Negro.

Des caoutchoucs en planches, préparés par voie chimique et provenant du Rio Negro et du Manacapuru se présentaient comme une matière de belle qualité. Enfin, le Sernamby de Caucho, sorte estimée, était représenté par une planche et un rouleau.

Un bocal de graines d'*Atalea excelsa* servant à l'enfumage et des photographies apportaient une contribution à l'histoire de la préparation du caoutchouc du Brésil.

La firme Marius et Lévy, dont le siège social est à Paris, possède au Brésil des intérêts puissants. Installée depuis 1883 à Manaos, capitale de l'État d'Amazonas, elle a deux succursales importantes, l'une à Rio Javary (Brésil) et l'autre à Yquitos (Pérou). Son commerce comprend l'importation au Brésil et au Pérou de marchandises européennes diverses et l'exportation en France de matières premières en provenance de ces régions américaines. Le commerce du caoutchouc retient surtout l'activité de cette maison qui, en dehors du négoce auprès des producteurs du pays, pratique elle-même la récolte dans l'immense concession qu'elle possède sur les rives du Rio Javary. Accessoirement, la firme Marius et Lévy importe en Europe d'autres produits de l'Amazone dont quelques-uns figuraient à côté des caoutchoucs.

Vitrine Marius et Lévy (Paris).

Cette exposition, très remarquable par l'importance et la qualité des caoutchoucs exposés, a été récompensée par un *Diplôme d'Honneur*.

O. LABROY, 57, rue Cuvier, à Paris.

Caoutchoucs divers. — Collection de graines et plantes a caoutchouc. — Publications concernant le caoutchouc.

Dans la vitrine de l'exposant figuraient un grand nombre d'échantillons d'herbier ayant trait à l'histoire naturelle des plantes à caoutchouc.

Cet herbier se complétait par une belle collection des graines d'espèces susceptibles de servir aux plantations. Des échantillons de caoutchouc, correspondant aux espèces botaniques, donnaient à cette exposition un caractère à la fois scientifique et pratique.

M. Labroy exposait en outre l'intéressante publication périodique dont il est le Rédacteur principal, le *Journal d'Agriculture tropicale*, fondé par Vilbouchewitch. Ce recueil traite avec compétence des questions coloniales et constitue une collection très appréciée.

Diplôme de Médaille d'Argent.

SECTION ALGÉRIENNE

Le catalogue officiel de la Section Algérienne portait inscrits à la Classe 54 un total de 250 Exposants. En réalité, il s'agissait, pour partie, d'une erreur d'attribution. La majorité de ces Exposants présentaient des huiles d'olive et appartenaient par suite à la Classe 39 ; le déclassement fut d'ailleurs opéré d'office par le jury de cette dernière Classe.

Six exposants de Graines de Sapindus restaient inscrits à la Classe 54 ; trois d'entre eux ont exposé réellement ce produit.

Le Jury a récompensé d'une Médaille de bronze M. Bertrand, Julien, à l'Arba, tant à cause de l'importance de sa production qu'en raison de son active propagande pour la diffusion du Savonnier en Algérie où cet arbre est parfaitement acclimaté. Nous avons signalé d'autre part la richesse en Saponine de ces graines susceptibles de concurrencer l'Écorce de Panama.

SECTIONS ÉTRANGÈRES

Sans entrer dans l'examen détaillé des Expositions étrangères qui ressortissaient à la Classe 54, il nous paraît utile d'en donner un compte rendu sommaire, à titre de comparaison avec les Sections française et algérienne.

Belgique.

Un seul exposant belge, M. Chesneau, Georges, de Bruxelles, exposait des produits d'herboristerie. Les plantes exposées, choisies parmi celles qui possèdent des propriétés aromatiques, étaient présentées à l'état de mélanges préparés pour la fabrication domestique des liqueurs de table. Ces mélanges, très appréciés du public, sont l'objet d'un commerce important et le Jury a décerné à M. Chesneau, un *Diplôme de Médaille d'Or*.

Brésil.

La Classe 54 était représentée au Brésil par 114 exposants parmi lesquels 34 présentaient isolément leurs produits, les autres s'étant groupés en collectivités, parmi lesquelles se distinguaient, par leur importance, celle de l'Etat d'Amazonas et celle de l'Etat du Para.

Ces deux groupes s'imposaient à l'attention du Jury par le nombre et la beauté des produits exposés parmi lesquels se détachaient surtout les Caoutchoucs et les Plantes médicinales. Toutes les sortes commerciales de Caoutchouc du Brésil étaient représentées. Des artes géographiques de répartition des arbres à gomme, des documents statistiques divers montraient l'importance de la production dont nous avons plus haut donné les chiffres. L'Etat d'Amazonas avait en outre installé dans le Pavillon du Brésil un intéressant Panorama de la récolte du Caoutchouc avec les instruments types employés par les Seringuieros.

Ces deux expositions hors de pair, tant pour l'Etat d'Amazonas que pour l'Etat du Para ont été récompensées chacune par un *Diplôme de Grand Prix*.

Une autre exposition collective importante était celle de la *Société d'Agriculture de Rio de Janeiro* qui présentait une riche collection de Plantes médicinales. Cette Société a reçu le *Diplôme de Médaille d'Or*.

Le Jury a attribué ensuite des *Diplômes de Médaille d'Argent* à la Direction de l'Agriculture de l'Etat de Bahia ; au Gouvernement de l'Etat de Pernambuco ; à M. Raymondo Monteiro da Costa et à M. Antonio de Santos Cardosa pour leurs belles expositions de Caoutchouc, ainsi qu'à l'Intendance des Forêts de l'Amazone pour les Gommes et Résines.

Huit diplômes de *Médaille de bronze* ont récompensé l'Association commerciale de Sergipe (Caoutchouc de Mangabeira et de Maniçoba) ; C.-J. Barreiros (Caoutchouc d'Hevea du Rio Purus) ; Antonio Braga et C° (Caoutchouc d'Hevea) ; Castro et Cie (Gommes) ; Gruner et C° (Caoutchouc d'Hevea) ; Mendonça, Ribeiro et C° (Caoutchouc d'Hevea) ; José da Silva Simoes (Caoutchouc du Rio Purus) ; T.-H. White (Caoutchouc d'Hevea).

Grande-Bretagne.

Un seul exposant, le Laboratoire scientifique Wellcome figurait à la Classe 34 pour des plantes non cultivées à usage médicinal et produits dérivés. Une autre partie de cette exposition qui comprenait, dans la même vitrine, des plantes médicinales cultivées ressortissait à la Classe 41 ([1]).

Ce Laboratoire, qui fonctionne sous la direction et aux frais particuliers de M. Wellcome, de la firme Berroughs Wellcome et C° de Londres, poursuit depuis plusieurs années l'étude chimique et physiologique des plantes médicinales. Les produits exposés étaient beaux et bien présentés. Le Jury a récompensé cette exposition par un *Diplôme d'Honneur*.

Hollande.

Un exposant, M. K. Heyne, de Buitenzorg (Java), exposait des Plantes médicinales sauvages.

Diplôme de Médaille d'Or.

([1]) L'exposition Welcome, qui présentait, en un ensemble homogène, les plantes médicinales sauvages et cultivées. était un exemple très net de l'inconvénient d'une Classification qui localise en deux Classes distinctes les matières premières végétales destinées à la pharmacie. A notre avis, une pareille disjonction est irrationnelle au même titre que celle qui rangerait en deux catégories les Caoutchoucs sylvestres et les Caoutchoucs de plantations.

CONCLUSIONS

Le but des Expositions universelles internationales est de marquer les étapes de l'évolution qui s'accomplit d'année en année dans les diverses branches de l'activité humaine. Ces manifestations, présentées sous la forme de tournois pacifiques où l'attrait des récompenses et du bon renom attire les concurrents, constituent à la fois un utile enseignement pour le public qui s'y presse et un stimulant fécond pour les Exposants eux-mêmes.

Le succès obtenu par l'Exposition de Bruxelles en 1910 a prouvé que l'appel de la Belgique (symbolisé récemment et de si noble façon par le héraut d'armes d'une médaille commémorative) avait trouvé un écho dans le monde entier et que les nations qui tiennent la tête dans le progrès mondial avaient tenu à y figurer.

Il ne nous appartient pas de rappeler, ce que fut la Section française dans ce concert mais c'est le devoir du Rapporteur de la Classe 54 de dire ce que fut à Bruxelles ce groupement et de déduire, de l'intérêt qu'il a présenté et aussi des difficultés qui en ont accompagné la formation, quelques observations propres à dégager du passé un enseignement pour l'avenir.

Les matières premières issues du Règne végétal alimentent les industries les plus diverses et sont l'objet de transactions commerciales dont le seul énoncé serait fastidieux. Limitées à une origine sauvage où n'interviennent pas les soins culturaux de l'homme, ces matières restent encore nombreuses. C'est dans le cadre de la Classe 54 que cette dernière catégorie de produits figure aux Expositions régies par la Classification générale adoptée à Paris en 1900 ; c'est sous la rubrique de Produits des Cueillettes que se trouvait groupé à Bruxelles un ensemble de matières premières dont certaines d'entre elles comme les Caoutchoucs, les Gommes et Résines, les Drogues médicinales ont une importance de premier ordre.

Les récompenses ont attesté le mérite et l'intérêt de ces expositions. Trois Grands Prix, un Rappel de Grand Prix, trois Diplômes d'Honneur, onze Médailles d'Argent et vingt et une Médailles de Bronze, soit un total de soixante récompenses, prouvent que le Jury a su reconnaître l'effort commercial et industriel des Exposants de la Classe dans les différentes Sections où ce groupement était représenté. Si l'on ajoute que plus des deux tiers de ces récompenses s'adressaient aux Exposants français, on doit les louer sans réserve d'avoir répondu à l'appel du Comité d'organisation.

Au début de ce Rapport, nous avons attiré l'attention sur les difficultés que ce Comité avait rencontrées dans sa tâche, difficultés qui devaient avoir une répercussion dans le fonctionnement du Jury des récompenses. Nous avons montré notamment par des exemples pour quelles raisons les limites de la Classe 54 étaient imprécises. Il faut reconnaître d'ailleurs que cette Classification litigieuse est difficile à établir. C'est le caractère même du progrès de tendre à élargir, à aider les moyens de production de la nature et, en ce qui concerne les végétaux, de faire intervenir, quand c'est possible, les soins culturaux.

Tous les végétaux ne reçoivent pas avec un égal succès ces soins qui ont pour objet de les affranchir pour partie de la lutte vitale et d'en favoriser le rendement ; certains d'entre eux modifient leurs propriétés ; la disproportion entre la valeur du produit à retirer, et celle du travail nécessité par la culture donne souvent l'avantage économique au produit de la cueillette sauvage. Ce n'est que lorsqu'une matière première augmente notablement d'importance que l'on substitue les procédés de culture aux sources naturelles. Les Caoutchoucs nous offrent actuellement un exemple de ces essais. Le domaine des Cueillettes tend donc à s'amoindrir progressivement et la limite entre les produits sauvages et les produits cultivés se déplace sans cesse.

L'artificiel de cette délimitation ne saurait d'ailleurs échapper aux visiteurs de nos Expositions. Déjà, la diversité des matières premières exposées aux Cueillettes produit une impression d'étonnement sur le public qui ne saisit pas tout d'abord les raisons qui font voisiner les Truffes et le Caoutchouc, les Rotins et les Plantes médicinales. Son incertitude s'accroît lorsqu'il découvre, dans d'autres Classes, des produits de même dénomination, Champignons, Truffes, Plantes médicinales, tinctoriales, tannantes, oléagineuses, résines, etc., qu'exposent parfois les mêmes firmes commerciales.

C'est qu'en effet, pour le commerçant, l'industriel et souvent même l'importateur, les matières premières se classent par destination et l'origine du produit est secondaire. Le commerce de la Droguerie médicinale ne distingue pas entre les plantes sauvages ou cultivées ; il en est de même des négociants en plantes tannantes, tinctoriales, oléagineuses. Sauf quelques cas d'espèce, les Exposants, pour répondre aux invitations des Comités des différentes Classes, doivent limiter leur concours ou le fragmenter en participations multiples qui, au point de vue des récompenses, peuvent fausser l'œuvre du Jury.

Ces inconvénients de la classification des matières premières d'origine végétale ont depuis longtemps attiré l'attention ; ils se sont retrouvés à Bruxelles, rendant difficile la tâche des Comités d'organisation et délicate celle des Jurys.

En ce qui concerne la Classe 54, la constitution du Jury Internationale tendait encore à compliquer le problème en plaçant sous une juridiction unique les deux Classes 53 (*Engins, instruments et produits de la Pêche*) et 54 (*Engins, instrumemts et produits des Cueillettes*) qui n'ont de commun que les quatre premiers termes, d'ailleurs non spécifiques, du titre qui les définit.

L'examen de produits aussi différents que ceux des Pêches et des Cueillettes exige des compétences distinctes et la scission du Jury mixte pour l'attribution des récompenses a répondu à cette nécessité.

Toutefois, cette difficulté d'ordre intérieur, momentanée et facile à régler, laissait intacte la question litigieuse de classification qui s'étend à diverses classes des Groupes VII, VIII, IX et X.

C'est pour cette raison que le Jury des Classes 53 et 54, réuni à Bruxelles le 4 août 1910, a cru devoir attirer sur ce point l'attention de M. le Ministre du Commerce et de l'Industrie en émettant le vœu qu'une Commission fût désignée pour procéder à la revision de la classification des Classes 35, 39, 41, 43, 44, 50 et 58.

Une pareille révision n'intéresse pas seulement les Expositions futures qui pourront se tenir en France, mais encore les Expositions à l'Etranger, pour les nations qui nous font l'honneur d'emprunter nos méthodes.

La classification de 1900 réalisait un perfectionnement, il importe que le progrès s'affirme de nouveau dans la nomenclature qui servira de guide aux Expositions futures.

Ce Rapport serait incomplet s'il ne rappelait l'accueil empressé reçu de la Belgique par nos exposants français et les efforts courtois des Représentants belges de l'Exposition pour faciliter la tâche de leurs collègues des sections étrangères.

On dira où il faut et comme il convient ce que furent pour la Section française des organisateurs tels que M. le commissaire général CHAPSAL, représentant le Gouvernement français et M. le Président PINARD, du Comité français des Expositions à l'Etranger. Le Comité d'organisation de la Classe 54 a trouvé auprès d'eux un appui éclairé et ferme qui a simplifié sa besogne parfois difficile.

C'est aussi aux efforts de M. le docteur M. LEPRINCE, Vice-Président du Groupe IX, que la Classe 54, précédemment dissociée et fondue dans d'autres classes, a pu reprendre son autonomie et figurer dignement à Bruxelles. M. Louis LUTZ, secrétaire du Comité, mérite des éloges particuliers pour le zèle et l'activité dont il a fait preuve dans l'organisation de la Classe. Enfin M. C. GIRARD qui avait pris charge des transports, de l'installation et de la décoration des vitrines a su réaliser, à la satisfaction des organisateurs et des exposants, un ensemble décoratif des plus appréciés.

TABLE DES MATIÈRES

I. — Section Française.

CHAPITRE PREMIER

Appareils et instruments des cueillettes

CHAPITRE II

Champignons

Truffes

CHAPITRE III

Plantes médicinales, tinctoriales, tannantes, etc.
Gommes et résines.

CHAPITRE IV

Caoutchouc

II. — Section Algérienne.

III. — Sections Etrangères.

Imp. Mellottée, 33, Quai des Gds-Augustins, Paris et Châteauroux